中国科学院大学研究生教材系列

网络空间安全学科系列教材

计算复杂性理论导引

吕克伟 黄桂芳 编著

国防工业出版社

·北京·

内容简介

计算复杂性理论是研究各种计算模型、探究各种计算问题求解有效算法的存在性、比较计算问题求解的困难程度并据其复杂度进行分类研究的理论。本书对这些基础理论知识进行了全面介绍。在此基础上，引入了格的LLL算法、最近平面算法和格的某些困难问题的相关复杂度研究结果，并进一步介绍计算复杂性在密码学中的应用，尝试为读者呈现计算复杂性理论和密码学相融合的知识体系，特别适合于从事密码学尤其是从事基于格的后量子密码研究的读者。

本书可作为计算机科学与技术和网络空间安全专业师生的教材，也可作为相关方向科研人员或工程技术人员的参考书。

图书在版编目（CIP）数据

计算复杂性理论导引/吕克伟，黄桂芳编著.—北京：国防工业出版社，2024.5

ISBN 978-7-118-13093-5

Ⅰ.①计… Ⅱ.①吕… ②黄… Ⅲ.①计算复杂性-教材 Ⅳ.①TP301.5

中国国家版本馆CIP数据核字（2024）第014520号

※

国防工業出版社出版发行

（北京市海淀区紫竹院南路23号 邮政编码100048）

北京虎彩文化传播有限公司印刷

新华书店经售

*

开本 710×1000 1/16 **印张** 12¾ **字数** 229千字

2024年5月第1版第1次印刷 **印数** 1—1000册 **定价** 79.00元

国防书店：（010）88540777 书店传真：（010）88540776

发行业务：（010）88540717 发行传真：（010）88540762

前　言

计算复杂性理论是理论计算机科学的分支，其研究内容包括：对各类计算问题的求解进行定量分析，比较各类计算问题的求解困难程度并据此进行归类划分，进一步对每类问题的特点和性质进行深入分析。

目前，计算复杂性中最著名的问题是“P 与 NP 问题”，被视为理论计算机科学中最难的问题之一。自二十世纪五六十年代以来，人们以图灵机为最基础的计算模型、以时间或空间复杂度作为度量指标，对计算复杂性理论展开了深入研究。虽然现阶段对“P 与 NP 问题”等核心问题的研究尚未取得实质性进展，但是归约技术和 NP 完备理论等一系列研究成果的出现使得我们可以按照求解困难程度对计算问题归类划分，增强了我们对解决该问题的信心。与此同时，一些新的计算模型的出现，如概率计算模型、Boolean 电路、交互证明系统等，不仅可以帮助我们更好地深入了解一些计算问题的困难程度，分析其计算困难的本质，而且可以在其他领域产生意想不到的应用。最典型的例子就是交互证明系统，它是密码学与计算复杂性的结合，对密码学与计算复杂性均产生了深远的影响。恰如著名密码学家 S. Goldwasser 所说，“密码学和复杂性理论的结合是天作之合”。

密码学是研究“设计算法实现隐私保护功能或分析算法评估隐私保护安全性”的系统理论。根据 Oded Goldreich 的观点，现代密码学是构建在单向函数存在性基础之上的。假设存在“易于赋值但难于求逆”的单向函数（one-way function），那么可以通过一个变换将单向函数转变为密码系统（如公钥加密方案），实现私密数据的隐私保护。由于“单向函数存在”本身就要求 P 与 NP 不等的猜想成立，因此现代密码学几乎全部是建立在计算复杂性理论之上的。密码学近几十年发展所取得的丰硕研究成果也充分体现了计算复杂性理论应用的重要性。

格相关问题近年来备受关注：一方面，随着量子计算的发展，格的某些问题已经成为设计后量子密码体制的优选困难问题，在其上构建密码体制被认为是能够抵抗量子攻击的；另一方面，格的这些问题激发了人们更大的兴趣和关注度，而对这些问题求解的困难程度的研究也属于计算复杂性理论的范畴。在计算复杂性领域，早期的研究结果表明，寻找最坏情况下的最短格向量和最近格向量的渐进复杂度均在现实计算资源下不可行。相比之下，在密码学领域，当密码分析者们在对格密码方案进行分析时，经常使用LLL算法和最近平面算法求解某些具体参数下格的近似短向量和最近向量。由此可以看出，虽然某些计算问题具有超多项式时间的计算复杂度，但在面对适度的参数规模时，可以通过使用现实的计算资源运行这些非多项式时间的算法，来完成某些特定的计算任务。

目前，国内高校已普遍设立网络空间安全专业。作为网络空间安全专业和计算机科学与技术相关专业的基础理论之一，计算复杂性理论的学习不可或缺。本书旨在帮助这些专业的学生全面系统地掌握计算复杂性基础理论、思维方法和证明技巧，建立计算复杂性理论的知识框架，了解其密码应用，尝试为读者呈现计算复杂性理论、密码学和格理论相融合的知识体系。

本书首先介绍图论、逻辑以及格中若干计算问题的算法及复杂性，使读者对计算复杂性理论的基本思想方法和研究对象有初步认识；然后详细介绍计算复杂性理论的计算模型、计算复杂类划分、Karp归约和NP完备性理论、相对化方法和Cook归约、P、NP、coNP、一致/非一致语言类和多项式谱系等；最后针对网络空间安全专业特点，介绍随机化算法、交互语言类、计数复杂类、概率可验证证明以及密码学的计算复杂性视角等，为相关专业的学生学习和研究提供工具和思想方法。

本书既可以作为网络空间安全、计算机科学与技术及相关专业高年级本科生和低年级研究生的基础课教材，也可供相关研究人员参考查阅。需要说明的是，对格复杂性理论和密码学理论不感兴趣的读者在学习本书时可自行略过相应内容，剩余内容仍然具有完整体系，不影响学习和阅读。

本书在写作过程中，参考了较多文献，在此向文献作者表示感谢。同时感谢中国科学院大学教材出版中心对本书出版的资助。

由于水平有限，书中难免有不妥之处，敬请同行专家批评指正。

编著者

2023年10月

目　　录

第1章　绪　　论

1.1　计算机与可计算理论

每位能操作计算机的人都知道，我们让计算机执行某项任务，其实就是打开存储在计算机存储器中的应用程序。但是，19世纪三四十年代的计算机却不是如此的。最早的计算机是大型电子数字“计算机”，如英国的科洛萨斯（1943）与美国的埃尼阿克（1945），并没有存储程序。因此，如果让这些机器执行一项新的任务就需要修改其线路，即通过手动装置修改电缆和开关。

计算机发展面临着很多基本问题，如计算机的基本模型是什么？计算机能否计算任何问题？计算的有效性如何衡量？计算机能计算哪些问题？等等。面对这些问题，1935年图灵提出新想法，在计算机存储器中存储一系列指令程序（符号或数字编码）来控制计算机器的功能。这就是图灵抽象的“通用计算机器”，简称“通用图灵机”，1937年丘奇（Church，代数和逻辑学家）将其称为图灵机。1936年，图灵在其论文“论可计算数在判定问题中的应用”中提出抽象模型“计算机器”。该文中的“可计算数”开拓了计算研究的新领域，即现代计算机的不可计算性研究领域，这是现代计算机科学的奠基性著作，另一个重要贡献是证明并非每个实数都是可计算的。由此可见，数学范畴超出了通用计算机领域，并非所有明确阐述的数学问题均能被图灵机解决，如打印问题和停机问题就是典型的不可计算问题。所谓打印问题就是判定“一段程序在某阶段打印0后，余下的程序就不再打印0”；而停机问题就是判定“一台图灵机从空白带开始执行是否会停机”。图灵利用打印问题证明一阶命题函数演算是不可判定的，即如果图灵机能够辨别出任一给出的命题能否被一阶命题函数演算所证明，那么图灵机就能够辨别出任意给出的图灵机是否曾经打印过0。不可计算问题的存在导致了原有数学和哲学观点的混乱。

20世纪初，希尔伯特（Hilbert）认为，数学应该具有完备性、一致性以及判定性的形式系统（公理体系），即数学的整个思想内容具有同一性。这里，完备性是指每个真命题都可被证明；一致性是指所有真命题可以被统一证明；而判定性则是指有一个有效方法判别每一个数学命题。这就是著名的希尔伯特纲领

(Hilbert's Programme)。1930年，Gödel证明了不完备性定理，即任何一个公理体系，一定存在一个真命题不能被证明。这说明希尔伯特纲领是不正确的，但是该纲领的提出促进了可计算理论（Computability Theory）的发展。

> 如果不可判定性失败了，那么从今天的意义上来讲，数学将不复存在；它的位置将被完备的机械规则所替代，如此一来，任何人都可以利用这个规则去判定某给定的命题能否被证明。
>
> ——von Neumann，1927

对于计算有效性，Kolmogorov建议由求解问题的最短程序的大小做度量。此外，人们还给出很多非正式描述，这些描述都难以应用。但是，借助一台图灵机可使其明确易用，即定义其时间为图灵机关于输入的运行时间为输入长的多项式。这可以使我们将“探讨是否存在遍及数学和逻辑的有效方法”代替为“是否存在图灵机的程序”。既然任何图灵机能解决问题的方法都是有效的，图灵机的有效性就决定可计算的数是可数的，即图灵机没有足够的程序去证明每个实数都可计算的。

图灵的思想很快被冯·诺依曼（Von Nuemann）和纽曼（M. Newman）分别传到美国和英国。1945年，美英两国的研究机构开始硬件实现通用图灵机。在这场研制电子存储程序式计算机的竞赛中，曼彻斯特大学胜出，于1948年6月21日纽曼的计算机器实验室研制出“曼彻斯特婴儿”并执行它的第一个程序。1951年，电子存储程序式计算机开始上市，第一个上市的模型是曼彻斯特计算机，又称为曼彻斯特马克I，共计有9台分别卖到英国、加拿大、荷兰和意大利，其中第一台计算机于1951年2月安装在曼彻斯特大学。美国也在同一年稍晚时期售出第一台通用电子计算机。1951年，第一台商用计算机问世，1953年，基于冯·诺依曼的原型IAS计算机IBM701诞生，这是首次由公司大规模生产存储程序式计算机。由此，现代计算机的时代开启。但是，随着现代计算机的产生，问题也随之产生。

什么是图灵机？在图灵写出“可计算数”的时代，计算机器根本不是指一台机器而是指人，是凭记忆和根据计算之前学到的一些“有效方法”进行计算的助手。恰如Wittgenstein所言，图灵的机器就是能够进行计算的人。按照图灵的描述，图灵机由存储器和扫描器两部分组成。其中，存储器由可无限存储符号的被划分为许多单元格的磁带组成，每个单元格存一个符号，如0/1，或空白格⊔。扫描器则是，可在存储器中前后移动，每次扫描一个单元格，一个接一个地读取、写符号。除了擦除、写入、移动、停止等功能外，还可以改变状态，其本身有一个指针和一个刻度盘（简单的存储器），每个位置代表一个状态，随刻度盘上标识位置的改变而改变状态；它能够存储少量信息，以至于通过改变状态，机器可以记住先前的符号。如图 1.1-1 所示。

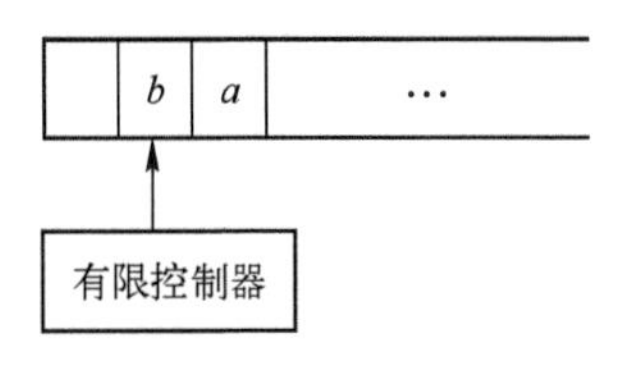

图 1.1-1 图灵机

图灵机是一种抽象的机器，因此我们无须为了让机器服从指令而制定一些特殊的机制。下面通过例子说明图灵机如何运行。

简单记这台机器为 M，在一条无限长空白磁带上开始工作。任务是在带上打印出 0␣1␣0␣1␣0␣1…。我们需要解决的问题是，如何对机器设置，使得如果扫描器可以定位在磁带的任何一个单元格上，并可以进行移动，那么它可以在磁带上交叉打印出 0␣1␣0␣1␣0␣1…，从起始单元格向右移动，每两个数字之间留下一个空格。

为了执行此任务，我们定义四个分别标识为 a、b、c、d 的状态，令 R 表示指针向右移动，其中，当处于状态 a 时，表示 M 开始工作。具体执行如下：

(1) a：表示 M 开始工作；若扫描的是空白格␣，则写 0 并向右移动，进入下一个状态 b。简写为$(a,␣)\to(b,0,R)$。

(2) b：若扫描的是空白格␣，则向右移动，进入下一个状态 c。简写为$(b,␣)\to(c,␣,R)$。

(3) c：若扫描的是空白格␣，则写 1 并向右移动，进入下一个状态 d。简写为$(c,␣)\to(d,1,R)$。

(4) d：若扫描的是空白格␣，则向右移动，进入状态 a，简写为$(d,␣)\to(a,␣,R)$。

直观地，我们可以想象为扫描器有一组开关和插头，类似于一台老式电话交换台，通过特殊方式排列插头并调整开关，使机器按照如上指令执行。当然，随着交换台设定方式的不同，机器可以按照不同指令执行相应的操作。

既然类似交换台的装置可以使机器进入指令操作，我们可以设置一个单独固定的指令桌面，通过交换台进入机器内部，再根据指令桌面上的指令进行操作。由此，我们得到通用图灵机。通用图灵机能够执行原来机器在指令桌面上写下的任意指令。我们可以采取如下办法通过指令桌面把指定任务写入通用图灵机的磁带：桌面上的第一行首先占用磁带上的一些单元格，第二行接着第一行占据磁带的另一些单元格等，以此类推；然后，通用图灵机读取指令并在磁带上执行操作。因此，通用图灵机就是利用存储概念的数字计算机，这种想法是计算机发展的基础。Turing 同时指出：无论哪种图灵机所能执行的计算，用上述方法，均可由一台固定结构的单机执行。于是，我们得到如下论断，虽然无法证明，但是被普遍接受。

Church-Turing 论题 通用图灵机可以执行任一人工计算者执行的计算。即任何有效的或机械的方法均能被通用图灵机执行。

由此可见，所有合理的计算模型可以互相模拟，因而，计算可解问题的集合与计算模型无关。注意，“合理”计算模型没有准确的定义，因此上述命题无法被证明。但是，人们普遍认为合理计算模型具有三个最基本的条件：①计算一个函数只需要有限条指令；②每条指令可由模型中的有限个计算步骤完成；③执行指令的过程是确定的。到目前为止，合理的计算模型均被证明符合这些命题，因而得到广泛认可。

我们进一步也有如下广义 Church-Turing 命题。

广义 Church-Turing 命题 对于任意两个合理的计算模型 $\boldsymbol{R}_1$ 和 $\boldsymbol{R}_2$，存在一个多项式 p，使得关于长为 n 的输入，$\boldsymbol{R}_1$ 的 t 步计算可以被 $\boldsymbol{R}_2$ 在 $p(t,n)$ 步内模拟。

近年来，广义 Church-Turing 命题受到挑战，主要因为量子图灵机的出现使很多在确定有效时间内没有找到算法的数论问题可在量子图灵机上找到有效求解算法。我们选取图灵机作为复杂性理论的计算模型，并以其基本的计算步数来衡量计算时间。由于其计算步数仅对局部变化有影响，因此选取它可以为我们带来方便。

1.2 计算问题

作为计算机科学的一个活跃领域，计算复杂性理论主要研究（数学）问题的内在难度，反映算法可行性及其所用合理资源的下界。其常用的资源包括计算所需要的时间、空间（用于存储）等，这也是计算机的基本资源。计算复杂性理论的一个主要目标是确定任何有定义的计算问题的复杂度，这是要求对特定计算问题给予明确回答；另一个主要目标是理解不同计算问题之间关系的（如不同计算问题之间的复杂性比较）。有趣的是，目前计算复杂性理论在后一目标的研究成就更显著。可以认为，恰恰是解决确定的问题的失败导致了研究问题之间相互关系的方法的繁荣。事实上，从某种意义上说，建立问题之间的关系要比解决某类问题更有启发作用，如 NP 完备理论。目前计算复杂性理论虽然不能完全确定问题的内在复杂度，如有效找到给定的“(可满足）公式”的成真赋值或者

"已知可3-染色图"的3-染色。但是，我们可以证明这两个看似不同的计算问题是计算等价的，类似的复杂性理论的其他方面的问题也很有趣。下面我们先简单概述一下复杂性理论及其问题。

贯穿全书，对于任意正整数 n，我们记 $\log n=\log_2 n$。另外，除了特殊的说明外，本书中所有的图都是有限的有向图。令$\mathbb{N}$表示所有非负整数的集合，除非特殊说明外，在本书中假设所涉及的函数都是从$\mathbb{N}$到$\mathbb{N}$的函数，并且对于一般函数 f，定义 $f(n)=\max\{\lceil f(n)\rceil,0\}$。对于任何正实数函数 $f(n)$ 和 $g(n)$，有如下规定：

(1) $f=O(g)$，当存在两个常量 a，b 使得对于所有 $n\geqslant b$ 有 $f(n)\leqslant a\cdot g(n)$。即 f 的增长不会比 g 快。

(2) $f=o(g)$，如果 $\lim\limits_{n\to\infty}f(n)/g(n)=0$。

(3) $f=\Omega(g)$，如果 $g=O(f)$。即 f 的增长不会比 g 慢。

(4) $f=\omega(g)$，如果 $g=o(f)$。

(5) $f=\Theta(g)$，如果 $f=O(g)$ 和 $g=O(f)$，即 f 和 g 具有相同的增长比例。

(6) $f=\widetilde{O}(g)$，如果对某常数 c 和所有充分大的 n，有 $f(n)\leqslant\log^c g(n)\cdot g(n)$。

例如，若 $p(n)$ 为 d 次多项式，则 $p(n)=O(n^d)$，即 $p(n)$ 的增长比例由第一个非零项决定。又 $p(n)=\Omega(n^d)$，从而 $p(n)=\Theta(n^d)$。若 $c>1$ 是一个整数，则 $p(n)=O(c^n)$。但是 $p(n)\neq\Omega(c^n)$，$p(n)=o(c^n)$，即任何多项式的增长严格慢于指数函数。类似地，$\log n=O(n)$，$\log^k n=O(n)$，其中 k 为任意数。

如果对于任何多项式 $g(n)=n^c$ 有 $f=o(1/g)$，则称函数 f 是可忽略的。

假设字母表 Σ 是符号的有限非空集，其中包含空符号$\sqcup$。称这些符号为字符，则$\sqcup$为空字符。字符串是由 Σ 产生的有限字符序列。我们称没有字符的串为空串，记为 ε。字符串 y 的长度是字符串 y 中包含符号的个数，用 $|y|$ 表示。显然，$|\varepsilon|=0$。所有 Σ 上的字符串的集合用 Σ^* 表示，所有长度为 n 的字符串集合用 Σ^n 表示。对于字符串组成集合 $L\subseteq(\Sigma\backslash\{\sqcup\})^*$，称 L 为语言。称由语言组成的族为语言类。由于每个问题实例都可以描述成字符串，因此语言即为问题，其中元素即为该问题的实例。

称图灵机 M 在时间 $t(n)$ 内运行，如果对于任何长度为 n 的输入字符串 w（基于某固定输入字母表 Σ），$M(n)$ 在至多 $t(n)$ 步内停机。我们用在输入长度的多项式时间内停机的图灵机来区分有效计算的概念，即对于某些独立于 n 的常量 a 和 b，图灵机在时间 $t(n)=a+n^b$ 内运行。

判定问题是指判定输入的字符串是否满足特定要求的语言，即是否是满足一定条件的问题实例。形式上，判定问题是要指定语言，即字符串集合 $L\subseteq\Sigma^*$，对于给定一个输入串 $w\subseteq\Sigma^*$，判断是否有 $w\in L$。

P 与 NP 问题 能被确定性图灵机在多项式时间内解决的判定问题类称为 P。能被非确定性图灵机在多项式时间内解决的判定问题类称为 NP。显然，$P\subseteq NP$，但是普遍认为 P 与 NP 不等，即存在不能在确定多项式时间内解决的 NP 问题。

日常经验告诉我们解决一个问题要比判定解的正确性更困难（如思考一个谜语或者做数独游戏）。这是巧合还是客观事实？我们能想象到解决问题和验证解答正确性的难度没有显著区别的世界吗？在这样一个假想的世界中，解决问题这个词语就失去它的意义。这个困惑的否定就是“$P\neq NP$”，其中 P 代表能有效解决的问题，而 NP 代表解答能被有效验证的问题。

喜欢理论的学者也许会考虑证明定理和验证证明正确性之间的关系。事实上，找到证明是解决问题的一种特殊方法，而验证证明则对应于验证证明正确性。“$P\neq NP$”意味着“证明定理”要比“验证定理证明的正确性”困难。此时，NP 代表能在适当证明（也称为“证书”）帮助下被有效验证的断言的集合，而 P 代表能被无条件验证的断言集合。等价地，NP 问题可被表述为所有语言 L 的集合，满足：存在关系 $R\subseteq\Sigma^*\times\Sigma^*$ 使得 $(x,y)\in R$ 在以 $|x|$ 的多项式时间内检验，并且 $x\in L$ 当且仅当存在字符串 y 满足 $(x,y)\in R$。这样的字符串 y 称为 L 中 x 成员关系的 NP 证据或者 NP 证书。

P 与 NP 问题似乎超越我们现有能力，但它导致了 NP 完备理论的发展。该理论的研究确定了一个难度等同于整个 NP 的计算问题集合，P 与 NP 问题的发展与每一个这样问题相关，即如果任何一个这样的问题容易求解，那么所有问题都在 P 中，称此性质为 NP 完备性。因此，在“$P\neq NP$”假设下，要证明一个问题是 NP 完备的就要提供其困难性证据，NP 完备性可以作为刻画计算问题困难性的一个中心工具。

另外，NP 完备性也说明所讨论问题的内容非常丰富，足以对 NP 中其他问题“编码表示”。一般来讲，复杂性理论是研究在问题描述中解答不明显的那类问题，即这个问题包含所有必要信息，需要仅仅通过处理这些信息来获得答案。因此，复杂性理论也是关于信息处理的理论，是从一种表示（已知信息）到另一种表示（希望得到的信息）的转化。事实上，一个计算问题的解可以被视为已知信息的不同表示，而在该表示中答案是明确的。例如一个布尔公式是否是可满足的问题的答案隐含在公式本身里，求解的目的是让它明确。因此，复杂性理论就是通过表示来展示明确信息和隐含信息之间的区别。此外，它还对信息明确程度给予量化。总之，复杂性理论为各种被前人思考过的问题提供了新视角，这不仅包括前面提及的证明和表示观点，也包括随机性、知识、交互、保密性等概念。

为了理解不同计算问题之间的关系（如不同计算问题之间的复杂性比较），需要引入比较工具，称之为归约。

对于从$(\Sigma\backslash\{\sqcup\})^*$到$\Sigma^*$的函数$f$，称$M$计算$f$，如果对于任意串$x\in(\Sigma\backslash\{\sqcup\})^*$，$M(x)=f(x)$。令$A$和$B$是两个判定问题。从$A$到$B$的Karp归约是一个多项式时间可计算函数$f$：$\Sigma^*\to\Sigma^*$使得$x\in A$当且仅当$f(x)\in B$。显然，如果$A$可归约到$B$并且$B$可在多项式时间内求解，那么$A$也能在多项式时间内求解。

如果任何其他NP问题B可归约到问题A，则称判定问题A是NP困难的。如果A也在NP中，那么称A为NP完备的。显然，如果问题A是NP困难的，除非NP=P，否则A不能在多项式时间内解决。证明问题A是NP困难的一个标准方法（因此A的多项时间解法不可能存在）是将其他NP困难的问题B归约到A上。

另一个比较的工具是Cook归约。从A到B的Cook归约是一个多项式时间带Oracle的图灵机M，接入以B的实例作为输入的Oracle。称M归约A到B，如果已知正确解答B的Oracle，M正确解决问题A。问题A称为Cook归约下NP困难的，如果对于任何NP问题B，存在B到A的一个Cook归约。如果A是在NP中的，那么称A是Cook归约下NP完备的。Cook归约下的NP困难度也给出了问题内在复杂性的证据，因为如果A能在多项式时间内被求解，那么NP=P。后面我们也将介绍其他复杂类和不同的归约概念，如随机复杂类或者非一致归约。

诺言问题（Promise问题） 诺言问题是将所有字符串集合Σ^*划分成三个两两不交子集$(\Pi_{\text{YES}},\Pi_{\text{NO}},\Pi_{\text{disallowed}})$，满足$\Pi_{\text{YES}}$为表示YES实例的串的集合，$\Pi_{\text{NO}}$为表示NO实例的串的集合，而$\Pi_{\text{disallowed}}$为表示既不是YES实例也不是NO实例的串的集合。求解诺言问题的算法被要求区分实例属于Π_{YES}还是Π_{NO}，而对于$\Pi_{\text{disallowed}}$中实例，则可以任意行为。称$\Pi_{\text{YES}}\cup\Pi_{\text{NO}}$为诺言。

形式上，对于互不相交语言对$(\Pi_{\text{YES}},\Pi_{\text{NO}})$，即$\Pi_{\text{YES}}$，$\Pi_{\text{NO}}\subseteq\Sigma^*$并且$\Pi_{\text{YES}}\cap\Pi_{\text{NO}}=\varnothing$，称算法解决诺言问题$\Pi=(\Pi_{\text{YES}},\Pi_{\text{NO}})$，如果输入实例$I\in\Pi_{\text{YES}}\cup\Pi_{\text{NO}}$，它能正确判定$I\in\Pi_{\text{YES}}$或者$I\in\Pi_{\text{NO}}$。在$I\notin\Pi_{\text{YES}}\cup\Pi_{\text{NO}}$（当$I$不满足诺言时）并未指定，即对于超出诺言的实例，算法允许返回任何回答。

判定问题是诺言问题的一个特例，其中集合$\Pi_{\text{NO}}=\Sigma^*\backslash\Pi_{\text{YES}}$是没有明确指定的并且诺言$I\in\Pi_{\text{YES}}\cup\Pi_{\text{NO}}$是显然为真。对于判定问题，诺言问题形式刻画如下。

(1) P是在确定多项式时间可求解的一类诺言问题。即$\Pi=(\Pi_{\text{YES}},\Pi_{\text{NO}})$在P中，如果存在确定多项式时间算法$A$使得，对于任意$x\in\Pi_{\text{YES}}$，$A(x)=1$；而对于任意$x\in\Pi_{\text{NO}}$，有$A(x)=0$。

（2）NP类很容易被扩展到包含承诺问题。我们说承诺问题$(\Pi_{\mathrm{YES}},\Pi_{\mathrm{NO}})$是在NP中的，如果存在一个关系$R\subseteq\Sigma^*\times\Sigma^*$使得$(x,y)\in R$能在以$|x|$为变量的多项式时间内判定并且对于任何$x\in\Pi_{\mathrm{YES}}$，存在一个$y$使得$(x,y)\in R$；而对于任何$x\in\Pi_{\mathrm{NO}}$，不存在一个$y$使得$(x,y)\in R$。如果$x$不满足承诺时，$R$可能包含也可能不包含对$(x,y)$。

（3）BPP是一类概率多项式时间可求解的诺言问题。即$\Pi=(\Pi_{\mathrm{YES}},\Pi_{\mathrm{NO}})$在BPP中，如果存在概率多项式时间算法$A$使得，对于任意$x\in\Pi_{\mathrm{YES}}$，$\Pr[A(x)=1]\geqslant 2/3$；而对于任意$x\in\Pi_{\mathrm{NO}}$，有$\Pr[A(x)=0]\geqslant 2/3$。

由此可见，诺言问题比判定问题更自然，在零知识等交互协议方面有很好的应用。此外，近似求解问题也可以用诺言问题来刻画，下面给出格近似问题的诺言问题实例。

令$\mathbb{R}^m$是m维欧几里得空间，给定n个线性无关向量$\boldsymbol{b}_1,\cdots,\boldsymbol{b}_n$，$\mathbb{R}^m(m\geqslant n)$生成的格定义为$\mathcal{L}=\left\{\sum_{i=1}^{n}x_i\boldsymbol{b}_i \mid x_i\in\mathbb{Z},1\leqslant i\leqslant n\right\}$，这里$\boldsymbol{b}_1,\cdots,\boldsymbol{b}_n$称为格基，我们可以把基向量作为列表示成$m\times n$矩阵的形式，即$\boldsymbol{B}=[\boldsymbol{b}_1,\cdots,\boldsymbol{b}_n]\in\mathbb{R}^{m\times n}$，由$\boldsymbol{B}$生成的格可以写为$\mathcal{L}[\boldsymbol{B}]=\mathcal{L}(\boldsymbol{b}_1,\cdots,\boldsymbol{b}_n)=\{\boldsymbol{Bx}:\boldsymbol{x}\in\mathbb{Z}^n\}$，称$m$是格的维数，$n$是格的秩。若$m=n$，则该格称为满秩格或满维格。格$\mathcal{L}(\boldsymbol{B})\subseteq\mathbb{R}^m$是满秩的当且仅当由基向量张成的线性扩张$\mathrm{span}(\boldsymbol{B})=\{\boldsymbol{Bx}:\boldsymbol{x}\in\mathbb{R}^n\}$等于整个空间$\mathbb{R}^m$。

格$\mathcal{L}$中第一个连续最小量是格中非零最短格向量的长度，记为$\lambda_1(\mathcal{L})$，即$\lambda_1(\mathcal{L})=\min\{\|\boldsymbol{x}\|:\boldsymbol{x}\in\mathcal{L}\setminus\{\boldsymbol{0}\}\}=\min\limits_{\boldsymbol{x}\neq\boldsymbol{y}\in\mathcal{L}}\|\boldsymbol{x}-\boldsymbol{y}\|$。格$\mathcal{L}$中第$i$个连续最小量$\lambda_i(\mathcal{L})$是以原点为圆心包含$i$个线性无关格向量的最小的球半径，即$\lambda_i(\mathcal{L})=\min\{r:\dim(\mathcal{L}\cap\mathcal{B}(\boldsymbol{0},r))\geqslant i\}$，其中$\mathcal{B}(\boldsymbol{0},r)$是以原点$\boldsymbol{0}$为球心、半径为$r$的开球。

近似最短向量问题即，给定一个格$\mathcal{L}$，找到一个非零格向量$\boldsymbol{v}$满足$\|\boldsymbol{v}\|\leqslant\gamma\cdot\lambda_1(\mathcal{L})$。近似最近向量问题即，给定一个格$\mathcal{L}$和一个目标向量$\boldsymbol{t}$，找到一个格向量$\boldsymbol{v}$满足$\mathrm{dist}(\boldsymbol{v},\boldsymbol{t})\leqslant\gamma\cdot\mathrm{dist}(\mathcal{L},\boldsymbol{t})$。我们现在定义与近似最短向量问题（SVP）和最近向量问题（CVP）相关的诺言问题，用GAPSVP_γ和GAPCVP_γ表示。

【例1.1】（SVP实例）　诺言问题GAPSVP_γ，其中γ（差距函数）是秩的函数，定义如下：

（1）YES实例是这样的对$(\boldsymbol{B},r)$，其中$\boldsymbol{B}\in\mathbb{Z}^{m\times n}$是格基和$r\in\mathbb{Q}$为有理数使得对于某$\boldsymbol{z}\in\mathbb{Z}^n\setminus\{\boldsymbol{0}\}$，有$\|\boldsymbol{Bz}\|\leqslant r$。

（2）NO实例是这样的对$(\boldsymbol{B},r)$，其中$\boldsymbol{B}\in\mathbb{Z}^{m\times n}$是格基和$r\in\mathbb{Q}$为有理数使得对于所有$\boldsymbol{z}\in\mathbb{Z}^n\setminus\{\boldsymbol{0}\}$都有$\|\boldsymbol{Bz}\|\leqslant\gamma r$。

【例1.2】（CVP实例）　诺言问题GAPCVP_γ，其中近似因子γ（差距函数）是向量阶的函数，定义如下。

（1）YES 实例是三元组$(\boldsymbol{B},\boldsymbol{t},r)$，其中$\boldsymbol{B}\in\mathbb{Z}^{m\times n}$是格基，$\boldsymbol{t}$是一个向量，$r\in\mathbb{Q}$为有理数，使得对于某$z\in\mathbb{Z}^n\setminus\{\boldsymbol{0}\}$，有$\|\boldsymbol{B}z-\boldsymbol{t}\|\leqslant r$。

（2）NO 实例是这样的对$(\boldsymbol{B},\boldsymbol{t},r)$，其中$\boldsymbol{B}\in\mathbb{Z}^{m\times n}$是格基，$\boldsymbol{t}$是一个向量，$r\in\mathbb{Q}$为有理数，使得对于所有$z\in\mathbb{Z}^n\setminus\{\boldsymbol{0}\}$都有$\|\boldsymbol{B}z-\boldsymbol{t}\|>\gamma r$。

注意到当近似因子$\gamma=1$时，GAPSVP_γ和GAPCVP_γ等价于精确 SVP 和 CVP 的判定问题。这里符号有点混淆，我们考虑实例$(\boldsymbol{B},r)$（或者$(\boldsymbol{B},\boldsymbol{t},r)$）其中$r$是一个实数，如$r=\sqrt{2}$。这不是一个实际问题，因为$r$总能被合适的有理逼近所取代，如在$\ell_2$范数中，如果$\boldsymbol{B}$是整数格，那么$r$可以被区间$[r,\sqrt{r^2+1})$中的任何有理数所代替。承诺问题$\mathrm{GAPSVP}_\gamma$和$\mathrm{GAPCVP}_\gamma$在下面的意义下捕获了因子为$\gamma$的近似 SVP 和 CVP 的计算任务。

假设算法A近似解决因子为γ的 SVP，即对于输入的一个格Λ，找到向量$\boldsymbol{x}\in\Lambda$使得$\|\boldsymbol{x}\|\leqslant\gamma\lambda_1(\Lambda)$。那么算法$A$可以用来解决$\mathrm{GAPSVP}_\gamma$如下：对于输入$(\boldsymbol{B},r)$，在格$\mathcal{L}(\boldsymbol{B})$上运行算法$A$来获得最短向量长度的估计$r'=\|\boldsymbol{x}\|\in[\boldsymbol{\lambda}_1,\nu\lambda_1]$。如果$r'>\gamma r$，那么$\boldsymbol{\lambda}_1>r$，即$(\boldsymbol{B},r)$不是一个 YES 实例。因为$(\boldsymbol{B},r)\in\Pi_{\mathrm{YES}}\cup\Pi_{\mathrm{NO}}$，所以$(\boldsymbol{B},r)$必是一个 NO 实例。反之，如果$r'<\gamma r$，那么$\boldsymbol{\lambda}_1<\gamma r$并且由承诺$(\boldsymbol{B},r)\in\Pi_{\mathrm{YES}}\cup\Pi_{\mathrm{NO}}$，可以得出$(\boldsymbol{B},r)$是一个 YES 实例。另一方面，假定有一个判定 Oracle A 能解决GAPSVP_γ（根据定义，当输入不满足承诺时，Oracle 返回任何答案）。令$u\in\mathbb{Z}$是$\boldsymbol{\lambda}^2(\boldsymbol{B})$的上界（如令$u$是任何一个基向量长度的平方）。注意到$A(\boldsymbol{B},\sqrt{u})$总是返回 YES，同时$A(\boldsymbol{B},0)$总是返回 NO。使用二分搜索可找到一个整数$r\in\{0,\cdots,u\}$使得$(\boldsymbol{B},\sqrt{r})=\mathrm{YES}$并且$A(\boldsymbol{B},\sqrt{r-1})=\mathrm{NO}$。那么$\boldsymbol{\lambda}_1(\boldsymbol{B})$必须位于区间$[\sqrt{r},\gamma\sqrt{r})$。对于最近向量问题有相同的讨论。

随机性、知识与交互系统 在复杂性理论中以随机性为中心的研究中（在伪随机性、概率证明系统和密码体制的研究中显而易见），人们会问，在各种应用中所需要的随机性能否在现实生活中获得？一个受到很多关注的具体问题是得到“纯”随机的可能性，即我们能否用“有缺陷”随机性资源得到几乎完美的随机资源（从坏的资源中抽取好的随机性）。当然，答案依赖于有缺陷资源的模型。这项研究被证明与复杂性有关，与随机抽取器和伪随机发生器紧密关联。

随机性的概念曾长期困惑着人们，因为以前所描述的随机性观点是存在性的。人们会问“什么是随机的”并且想知道它是否存在于所有事情中（否则，这个世界是确定的）。而复杂性理论的观点是行为性的，其实质是：如果对象不能被任何有效程序区分，就认为它们是等价的。例如，如果预测掷币结果是不可能的，那么掷币是随机的（即相信世界是非确定的）。在密码学中，如果我们有足够多的随机掷币，即随机比特，那么一次一密的应用将使一切变得相当容易。

但是一次一密不适合应用，因为高度随机字符串难于生成，高度随机的比特产生过程非常慢，往往依赖于量子现象。密码学的解决方法是利用伪随机生成器代替，即只要有足够随机性的字符串即可。

什么是一个足够随机的字符串？Kolmogorov 定义为：一个 n 长字符串为随机的，如果任何描述长度小于 $0.99n$ 且初始状态为空带的图灵机都无法输出该字符串。该定义在某些哲学和技术意义上来说是“正确的”定义，但是其在复杂性设置上不是很有用。统计学家们也尝试着给出自己的定义，他们将定义归结为利用统计规律来检验一个字符串是否具有某个期望的“正确的次数”，例如，11100次可以看作一个子字符串。结果是这种定义对密码学设置来说太弱了，事实上，我们可以找到一个可以满足该统计检验的分布，但该分布用于产生一次一密中的填充在密码学中会导致不安全。

在 20 世纪 80 年代初期，Blum-Micali 和 Yao 分别给出了复杂性理论上的伪随机性的定义。对于字符串 $y\in\{0,1\}^n$，我们用$y|_{[1,\cdots,i]}$表示 y 的前 i 比特。Blum-Micali 的定义来自观察：对于一个统计随机的字符串 y，如果仅给定$y|_{[1,\cdots,i]}$，那么，无论具有多么强大的计算能力，我们都无法以优于 1/2 的概率要预测 y_{i+1}。因此，我们可以通过考虑一个预测器来定义“伪随机字符串”，该预测器具有有限的计算能力并且无法从$y|_{[1,\cdots,i]}$中以优于 1/2 的概率要预测 y_{i+1}，即比特是不可预测的。该定义是具有缺点的，因为当任意的单个有限字符串与一个作为预测机的图灵机相连时其可以被预测。为了克服该缺点，Blum-Micali 定义字符串分布的伪随机性，而不是定义单个字符的伪随机性。即该定义关注于分布的无限个序列，每个对应一个输入长度，如果我们允许检验器为任意的多项式时间的图灵机，这将使得在密码学中限制敌手为计算能力有界的假设是有意义的。

早期复杂性理论提出的伪随机生成器，如线性或者二次同余数生成器，是不满足 Blum-Micali 的伪随机性定义的，因为它们的比特预测可以在多项式时间内实现。

Yao 给出了另一个定义。该定义允许检验图灵机一次访问整个字符串，给出的随机性的检验器与人工智能中的图灵检验器类似。检验图灵机从两种渠道得到一个字符串 y，其或为均匀随机分布的字符串，或为将某个短随机字符串作为某确定性函数 G 的输入产生的字符串。如果检验图灵机认为字符串看起来是随机的，那么就输出“1”，否则输出“0”。称 G 为一个伪随机生成器，如果没有多项式时间的检验图灵机以很大优势判定这两个字符串分别是利用哪种渠道产生的。

在不考虑安全参数的微小变化的情形下上述两定义是等价的。在应用中，依据 Blum-Micali 的定义设计伪随机生成器似乎更容易；而 Yao 的定义在应用中更有利于为我们所要证明和所需要的命题之间建立了联系，因为其允许敌手以不受限的方式访问伪随机字符串。

伪随机数生成器是否存在？伪随机生成器存在当且仅当单向函数存在。这表明，随机性与难解（困难）性之间有着紧密的关系。我们目前具有一些令人满意的候选的陷门单向函数，这个结论可以帮助我们设计伪随机生成器。如果伪随机生成器被证明是不安全的，那么候选的陷门单向函数事实上为非单向的，因此我们可以得到对其求逆的有效算法。

复杂性理论提供了知识（不同于信息）的概念，它把知识视为一个难以计算的结果，因此一切能被有效实现的对象都不能被认为是知识。如应用于公共信息的难于计算的函数值是知识，而简单计算结果则不被认为是知识。特别地，如果有人给予你这样函数值，那么他给了你知识。这就又涉及一个新的概念，零知识交互系统（没有增加知识的交互系统）。这样的交互是有用的，因为它可以使对方相信事先提供的特定知识的正确性。因此，对于 NP 完备问题而言，证书就是知识，而且每个 NP 完备问题都可以用于构造零知识交互系统。

交互的动机之一是获得知识。事实表明，交互在很多背景下是有用的。例如，当与一个证明者交流时，验证一个断言的正确性要比得到证明容易得多。这样的交互证明的能力源于其随机性（即验证程序是随机的）。如果验证者的问题能被提前确定，那么证明者只需在交互中提供证明的复制品就可以。另一个关于知识的概念是保密性。知识是一部分人知道而另一部分人不知道的东西（至少仅靠自己不容易得到），因此，在某种意义上讲，知识就是秘密。

密码学 一般而言，理想的密码函数是可以抵抗任意的恶意攻击的体制。密码学中典型的问题：通信双方通信的内容不被非授权用户获取，即秘密通信。这个目标可以达到，如果双方同享一个随机密钥并且只有他们知道。发送者用密钥对欲发送的信息编码，再通过公共网络传递给接收者。接收者收到信息后，通过用共享的密钥进行译码得到原始信息。原始信息、加密后信息、编码、译码通常称为明文、密文、加密、解密。一个加密模式是安全的，如在没有密钥情况下，从密文中获取明文是计算不可行的。因此，窃取者从密文中不会获得任何信息，除了知道密文长度、双方通信（由于技术原因，在不严重影响通信效率下隐藏发送信息长度是不可能的。鉴于效率和安全的因素，泄露信息长度是可以接受的）。密码学最重要的任务是设计和分析加密方案或密码函数。一个首要任务是对“安全性”和“敌手”这两个直观的术语给出正确的定义。目前，已知有两种定义安全性的方法。

方法一是香农在 1949 年给出的信息论方法。它与密文中有关明文的信息有关。通俗地说，如果密文中不存在有关明文的信息，则加密方案是安全的。在该理论中，香农表明，假设敌手拥有无限的计算资源，只有当使用的密钥至少与使用加密体制要交换的信息一样大时，安全的加密体制才存在。

方法二是基于计算复杂性的现代方法。它放弃了敌手拥有无限的计算资源的假设，并假设敌手的计算能力以某种合理的方式有界，通常假设敌手有概率多项式计算能力。在这种情况下，重要的问题不是密文中是否存在明文信息，而是该信息是否可以被有效计算出来。此时，安全性是基于为合法用户保证的有效算法与为敌手寻找信息的计算不可行性之间的差距。设计这样的体制需要存在具有某种计算困难性质的计算工具，其中最基本的是单向函数。

单向函数是密码学中基础概念。称一个函数 f 是单向的，如果从其定义域任意选取一个元素 x，$f(x)$ 容易求出，但是求 f 逆是困难的，即一个容易计算但很难求逆的函数。单向函数在密码学中有非常多的应用，如数字签名、伪随机生成器、承诺方案等。这些的安全性都是在平均困难的假设下定义的。

【例 1.3】(大数分解问题)　定义分解问题是：给定一个数 n，输出一组整数 $a>1$ 与 $b>1$，满足 $n=ab$。使用简单的数学尝试，我们就能发现，其实分解问题的难度和 n 这个数字的分布有很大的关系。如果 n 是一个均匀分布的随机数，那么 $\Pr\left[n=2\cdot\frac{n}{2}\right]=1/2$。事实上，每两个相邻的数字中就一定有一个偶数，如果我们均匀的选取随机数的话，分解问题有一半的概率都是极其简单的。为了避免这个问题，我们在挑选整数 $n\in\mathbb{N}$ 的分布的时候需要格外的谨慎。如果我们挑选 $n=pq$ 且选取 p，q 为安全大素数，那么在这个新的 n 的分布下，我们相信分解问题是困难的。于是，整个分解问题的平均复杂度完全取决于我们如何挑选 n 的随机分布。

对于整数 $n\in\mathbb{N}$，目前用于分解 n 最佳算法的运行时间为 $2^{O(\sqrt{\log p \log\log p})}$，其中 p 是 $n=pq$ 中的第二大素因子。因此我们可以推测函数 $f_{\text{mult}}(p,q)=n$ 是单向的。假设大数分解的复杂性和使用素数的密度，可以构造一个基于 f_{mult} 的单向函数。如，RSA 或 RABIN-SQUARE 都与整数分解有关。

【例 1.4】(离散对数)　设 p 为素数，g 为乘法群 $\mathbb{Z}_p^*$ 的生成元。定义函数 $\text{EXP}_{g,p}$ 为 $\text{EXP}_{g,p}: x\to(g^x \bmod p)$，称计算 $\text{EXP}_{g,p}$ 的逆的问题为离散对数问题(DLP)。目前，已知的最快的随机算法在次指数运行时间内求解离散对数。我们认为函数 $\text{EXP}_{g,p}: x\to(g^x \bmod p)$ 是单向的。与 DLP 相关的一个有趣问题是找到一种算法，该算法将生成一个素数 p 和一个 $\mathbb{Z}_p^*$ 的生成元 g。对此，目前还不知道确定性多项式时间算法，只有期望多项式运行时间的随机算法是已知的。著名的

ElGamal 密码体制、DDH 问题等与 DLP 密切相关。

在密码学中平均困难的定义即是，对一个加密方案，若其密钥是随机选取，则不存在多项式概率算法以不可忽略的概率攻破该体制。这不同于计算复杂性里面的最坏情况，如 NP 完备性。证明一个问题是 NP 难的需要说明：不存在一个多项式算法能正确解决该类所有问题，除非 NP=P。换言之，任意的多项式运行的程序，对该类问题的某些例子都会给出错误的回答。通常地，我们在设计一个加密方案时，如果密钥空间中有不可忽略的密钥不安全，则认为该加密体制不安全。因此，在密码学中我们往往采用的问题是，对任意的多项式概率算法，只能以可忽略的概率成功解决。

形式上，称一个函数是可忽略的，如果对所有足够大的 n，该函数都小于任意的 $1/n^c, c>0$。类似地，称一个加密方案是安全的，如果对任意的 $1/n^c$ 和任意的多项式概率算法，存在 n_0，所有大于 n_0 的 n，破译该方案的概率小于 $1/n^c$，这里 n 为方案的安全参数。

现代密码学的终极目的是构造可证明安全的密码函数，即在平均情况下很难攻破。遗憾的是，根据当前计算复杂性的研究结果，暂没有这样的构造。如果 P=NP，则大部分的密码问题将会可解，因为攻击者可以非确定的猜测密钥。由此可见，一个无条件安全的密钥必要条件是 P≠NP。在现阶段，我们最满意的目的是，在某些困难假设下，构造可证明安全的密码函数。例如，假设不存在多项式算法，随意输入整数 n，输出 n 的所有因子。我们在此假设下，可以构造一个安全的加密算法。但是，目前还没有一个基于大数分解问题的密码方案，这里要求难分解不仅是在最坏情况下，而且也在平均情况下。这个情况对用在密码学中的其他数学难问题也一样存在。

最近，格受到了很多关注，在密码学中有巨大的潜力。一方面，格中 CVP 和 SVP 在密码攻击方面有着应用，这其中 LLL 约化算法和 Babai 的最近平面算法发挥重要的作用；而且目前人们已经证明一般的 CVP 是 NP 困难的，而在随机归约下，SVP 也是 NP 困难的。

格之所以受到众多关注，另一个关键点是 Ajtai 把平均情况和最坏情况联系起来了。Ajtai 证明，对任意格，近似因子为 $\gamma(n)=n^c$，如果没有算法可以近似解决（判断）SVP，则从某些样本空间里随机选取一个格，解决其 SVP 是困难的，其中这个样本空间是容易找到。基于这个结果，Ajtai 提出了一个基于格的单向函数。

Ajtai 发现格问题平均情况下和最坏情况下的联系后，许多学者建议利用格去解决密码学中一些问题，如抗碰撞哈希函数、后量子公钥体制、全同态加密以及高效的安全协议等。构造抗碰撞哈希函数类似于 Ajtai 的单向函数，很好地说明了如何利用格去构造密码函数且难度等价于解决格的某些近似问题。注意，基于某种数学难题构造的密码函数，如果攻破此密码函数与攻破该数学难问题最坏情况难度类似，则是非常好的。对于格问题，已知的所有近似算法（如 LLL 算法）在解决平均难问题上比解决最坏情况更加有效。因此，我们可以合理假设，没有多项式概率算法能近似解决在最坏情况下的格问题，且近似因子很小。

值得注意是，有些假设是不合理的，如当随机从一个样本空间里选取一个格，不存在多项式概率算法以不可忽略的概率解决。原因在于，选取能否成功很大程度上取决于样本分布。但是，我们不知道有算法能近似解决格最坏情况下问题，其近似因子不大于$\sqrt{n}$，因此我们可以假设没有多项式概率算法能近似解决在最坏情况下的格问题，且近似因子很小。然而，如果我们考虑随机选取的格，那么作为输入的 n 个不相关的基向量是随机选取，有很大的概率到这些基向量距离最短的向量在近似因子$\sqrt{n}$内。针对这种情况，随机输入一个格，平均而言是能近似解决其 SVP 问题。Ajtai 所研究结果令人惊叹的是，针对格，他提供了一个详细的概率分布，使得从这个分布里随机抽取一个格，基于假设解决某些格问题最坏情况下是没有有效算法，即可证明这些格问题是困难的。

综上所述，复杂性理论与密码学密切相关。密码学是研究“易于使用但难以破坏”的系统理论。这样的系统理论的典型性质不仅包含保密性、随机性和交互性，也包括与“易于正确使用而难以使系统偏离规则”的行为相关的复杂性差距。因此，密码学更多的是基于复杂性理论假设得到一个典型变换结果，该变换将相对简单的计算基础工具（如单向函数）转变为更复杂的密码体制（如安全加密方案）。过去几十年里，密码学的最大进展是将密码学建立在计算复杂性的基础上，也恰是计算复杂性理论在密码学中的应用促成了密码学的飞跃，使密码学从一门艺术发展为一门严格的科学。二者相互交织，相互促进，恰如 S. Goldwasser 所说，“Cryptology and Complexity Theory：A Match Made in Heaven（密码学和复杂性理论的结合是天作之合）”。

近似解问题 前面我们已经提及复杂性理论的两种基本类型的任务“搜索求解（或找到解）”和“做出判定（如断言的真假判定）”，也说明在某些场合二者是相关的。现在我们考虑另外两种类型的任务：计算解的数目和近似求解。这两个问题都与寻找相应问题的任意解一样困难，事实表明，对于某些问题而言它们实质上不会更难，甚至在某些关于问题的自然条件下，近似计算解的数目和生成一个近似随机解不会比寻找任意解更难。

寻找近似解的复杂性研究已经得到很多关注。一类近似问题是定义在可能解集合上的目标函数，除了寻找达到最优值的解，近似任务还包括寻找“几乎最优”解，其中“几乎最优”的概念可以理解为以不同方式产生不同近似程度的解。有许多例子表明，找到近似解与找到最优解一样难；在其他一些情况，一定程度的合理近似比解决原始（精确）搜索问题容易。令人惊奇的是，近似结果的困难性与概率可检验证明相关。概率可检验证明是一种允许存在快速概率验证的证明，其中每一个证明都能被有效转变为一个允许基于常数多个比特探测的概率验证证明。

显然，近似是多种计算问题要求的一种自然放宽。另一种自然放宽是平均复杂性的研究。尽管未明确说明，前面讨论的问题都涉及对算法的最坏情况分析，但是，我们认为平均复杂性是比最坏情况复杂性更强的概念，但它的发展远不如最坏情况复杂性。1996 年，Ajtai 等人开创性地给出了格中困难问题最坏情况到平均情况的归约证明，这一工作是格复杂性领域中的重大突破，打破了 NP 问题的困难性只是针对最坏情况的限制；并于 1997 年基于最坏情况下格问题构造出密码体制，得到安全性依赖于格中最难问题的密码体制，使得格密码具有了可证明安全的性质。

对于 CVP 和 SVP，可以考虑不同的算法任务（以困难性的阶递减）。

（1）搜索问题：找到（非零）格向量 $\boldsymbol{x}\in\Lambda$ 使得 $\|\boldsymbol{x}-\boldsymbol{t}\|$（相应地 $\|\boldsymbol{x}\|$）是最小的。

（2）最优问题：在 $\boldsymbol{x}\in\Lambda$（相应地 $\boldsymbol{x}\in\Lambda\setminus\{\boldsymbol{0}\}$）找到 $\|\boldsymbol{x}-\boldsymbol{t}\|$（相应地 $\|\boldsymbol{x}\|$）的最小值。

（3）判定问题：已知有理数 $r>0$，判定是否存在一个（非零）格向量 $\boldsymbol{x}$ 使得 $\|\boldsymbol{x}-\boldsymbol{t}\|\leqslant r$（相应地 $\|\boldsymbol{x}\|\leqslant r$）。

我们注意到到目前为止，几乎所有已知 SVP 和 CVP 的（指数时间）算法解决搜索问题（也包括相关联的最优问题和判定问题），同时所有困难性结果都对判定问题成立（表明了搜索问题和最优问题的困难性）。这表明解决 SVP 和 CVP 问题的困难性已经被判断在已知阈值下是否存在解的判定任务所涵盖。我们将在后面看到，不存在算法能在多项式时间内解决 CVP 问题，除非 NP = P。同样的结果（在随机归约下）对 SVP 也成立。

解决 SVP 和 CVP 问题的困难性导致计算机学家开始考虑这些问题的近似版本。近似算法返回的结果可以保证在与最优结果相差某特定因子 γ 范围内。SVP 和 CVP 搜索问题的近似版本形式定义如下。

（1）近似 SVP：已知一组基 $\boldsymbol{B}\in\mathbb{Z}^{m\times n}$，找到一个非零格向量 $\boldsymbol{Bx}$（$\boldsymbol{x}\in\mathbb{Z}^n\setminus\{\boldsymbol{0}\}$）使得对于任何 $\boldsymbol{y}\in\mathbb{Z}^n\setminus\{\boldsymbol{0}\}$ 有 $\|\boldsymbol{Bx}\|\leqslant\gamma\|\boldsymbol{By}\|$。

在近似 SVP 的最优版本中，只需要找到 $\|\boldsymbol{Bx}\|$，即找到值 d 使得 $\lambda_1(\boldsymbol{B})\leqslant d<\gamma\lambda_1(\boldsymbol{B})$。

（2）近似 CVP：已知一组基 $\boldsymbol{B}\in\mathbb{Z}^{m\times n}$ 和目标向量 $\boldsymbol{t}\in\mathbb{Z}^{m}$，找到一个非零格向量 $\boldsymbol{Bx}(\boldsymbol{x}\in\mathbb{Z}^{m})$ 使得对于任何 $\boldsymbol{y}\in\mathbb{Z}^{m}$ 有 $\|\boldsymbol{Bx}-\boldsymbol{t}\|\leqslant\|\boldsymbol{By}-\boldsymbol{t}\|$。

在近似 CVP 的最优版本中，只需计算 $\|\boldsymbol{Bx}-\boldsymbol{t}\|$，即找到值 d 使得 $\text{dist}(\boldsymbol{t},\mathcal{L}(\boldsymbol{B}))\leqslant d<\gamma\text{dist}(\boldsymbol{t},\mathcal{L}(\boldsymbol{B}))$。

无论是在近似 SVP 还是在近似 CVP 中，近似因子 γ 可以是任何格的相关参数的函数，典型地有与阶 n 相关，这与该参数增加时问题变得更难的事实一致。到目前为止，最著名的 SVP 和 CVP 的多项式近似算法（可能是概率的）取得最坏情况的（基于输入的选择）近似因子 $\gamma(n)$ 为 n 的指数阶。找到获得近似因子 $\gamma(n)=n^{c}$ 为多项式（对于独立于 n 的某常量 c）的算法仍是这一领域的主要未解问题。当然，也存在许多有关格可以有效解决（在确定多项式时间内）的计算问题，如 2.3 节及习题 2.10。

目前为止，我们一直关注计算问题的时间复杂度，并用时间刻画效率。但是，如前面所述，时间不是我们关注的唯一资源。另一个重要资源是空间：计算所消耗的（暂时）存储量。空间复杂性的研究也让人们发现了不同于时间复杂性的性质。例如，在空间复杂性的背景下，验证（任意指定）断言成真的证明与验证同类断言的非真的证明的复杂度是相同的。

后面我们将从算法开始逐步详细地介绍复杂性理论的基本内容，但我们将不涉及近似计算（求解）、随机抽取器的内容，有兴趣的读者可以参考相关文献中的内容。

本书主要介绍问题的计算复杂度，即时间和空间资源的消耗，所用算法仅用于对资源占用的估计，因此对于算法叙述更侧重于思想，非严谨论述和分析。此外，在本书中判定性问题发挥重要的作用。为了统一和简便，我们只考虑判定性问题。

习题

1.1　一个运行时间为 $O(n\cdot\log n)$ 的分类算法恰好用 1μs 可以分类 1000 条数据。假设分类 n 条数据的时间 $T(n)$ 与 $n\cdot\log n$ 成正比，即 $T(n)=c\cdot n\log n$。试给出 $T(n)$ 的公式表达，并估计分类 1000000 条数据所需要的时间。

1.2　一个运行时间为 $O(f(n))$ 的算法处理数据的时间为 $T(n)=cf(n)$，这里 $f(n)$ 是一个已知的 n 的函数。若该算法处理 1000 条数据花费 10s，那么，当 $f(n)=n$ 和 $f(n)=n^{3}$ 时花费多少时间可以处理 100000 条数据？

1.3　证明 $T(n)=a_0+a_1n+a_2n^2+a_3n^3$ 为 $O(n^3)$。

1.4　给定两个正整数 a，b，两者的最大公约数为 g。试计算 t，u 使得 $g=$

$ta+ub$；并证明，欧几里得算法将在最多$\lfloor 2\log_2 M \rfloor+1$次整数除法后找到它们的最大公因子$g$，其中$M=\max(a,b)$。

1.5 估计下列代码的时间复杂度。

（1）计算以下代码的计算复杂度：

```
for(int i=n; i>0; i/=2){
    for(int j=1; j<n; j*=2){
        for(int k=0; k<n; k+=2){
            ...//constant number of operations
        }
    }
}
```

（2）计算出下面这段代码的计算复杂度。

```
for(i=1; i<n; i*=2){
    for(j=n; j>0; j/=2){
        for(k=j; k<n; k+=2){
            sum +=(i+j*k);
        }
    }
}
```

（3）假设$n=2^m$计算出以下代码的计算复杂度：

```
for(int i=n; i>0; i--){
    for(int j=1; j<n; j*=2){
        for(int k=0; k<j; k++){
            ...//constant number C of operations
        }
    }
}
```

（4）计算以下代码的计算复杂度（在“Big-Oh”意义上），并解释如何使用“Big-Oh”表示法的基本特征推导出它：

```
for(int bound=1; bound <=n; bound *=2){
    for(int i=0; i<bound; i++){
        for(int j=0; j<n; j+=2){
```

```
            ...//constant number of operations
        }
        for(int j=1; j<n; j *=2){
        }       ...//constant number of operations
    }
}
```

（5）确定如下递归算法的平均处理时间 $T(n)$：

```
int myTest(int n){
    if(n<=0)return 0;
    else {
        int i=random(n-1);
        return myTest(i)+myTest(n-1-i);
    }
}
```

算法 random（int n）用一个时间单位返回一个随机整数值，该值均匀分布在 $[0,n]$ 范围内，而所有其他指令花费的时间可忽略不计（如 $T(0)=0$）。（提示：导出并求解与 $T(n)$ 平均相关的基本递归 $T(n-1),\cdots,T(0)$。）

（6）假设数组 a 包含 n 个值，方法 randomValue 采用常数 c 个计算步骤来产生每个输出值，并且方法 goodSort 采用 $n\log n$ 个计算步骤来对数组进行排序。仅考虑上述计算步骤，确定以下代码片段的 Big-Oh 复杂度：

```
for(i=0; i<n; i++){
    for(j=0; j<n; j++)
        a[j]=randomValue(i);
    goodSort(a);
}
```

1.6 两个算法 A 和 B 的时间复杂度分别为 f 和 g，其中 $f(n)=3n^2-3n+1$ 和 $g(n)=n^2$。问哪个算法更快？

1.7 计算一个规模为 n 的问题，算法 A 和 B 分别花费 $T_A(n)=0.1n^2\lg n(\mu s)$ 和 $T_B(n)=2.5n^2(\mu s)$。选择在 Big-Oh 意义上更好的算法，并找出 n_0 使得对于任何更大规模的问题，即，规模 $n>n_0$，所选择的算法都优于另一个。如果您的问题规模 $n\leqslant 10^9$，您会推荐使用哪种算法？

1.8 计算一个规模为 n 的问题，算法 A 和 B 分别花费 $T_A(n)=c_A n\log_2 n(\mu s)$

和$T_B(n)=c_Bn^2(\mu s)$。如果算法A用10μs处理1024个数据项，而算法B只用1μs处理1024个数据项，则找到处理$n=2^{20}$个数据项的最佳算法。

1.9 计算规模为n的问题，算法A和B分别花费$T_A(n)=5\cdot n\cdot \lg n(\mu s)$和$T_B(n)=25\cdot n(\mu s)$。从Big-Oh的角度来看，哪种算法更好？它在哪些问题规模上优于其他问题？

1.10 要选择A或B这两个软件包之一来处理非常大的数据库，每个数据库最多包含10^{12}条记录。包A的平均处理时间为$T_A(n)=0.1\cdot n\cdot \log_2 n(\mu s)$，包$B$的平均处理时间为$T_B(n)=5\cdot n(\mu s)$。哪种算法在Big-Oh意义上具有更好的性能？当这些软件包相互超越时，计算出确切的条件。

1.11 应选择A或B这两个软件包之一来处理数据集合，每个软件包最多包含10^9条记录。包A的平均处理时间为$T_A(n)=0.001n(\text{ms})$，包B的平均处理时间为$T_B(n)=500\sqrt{n}(\text{ms})$。哪种算法在Big-Oh意义上具有更好的性能？当这些软件包相互超越时，计算出确切的条件。

1.12 复杂度$O(n\log_2 n)$和$O(n)$的软件包A和B分别花费$T_A(n)=c_An\lg n(\text{ms})$和$T_B(n)=c_Bn(\text{ms})$来处理$n$个数据项。在一次测试中，使用包$A$和$B$处理$n=10^4$个数据项的平均时间分别为100ms和500ms。当一个包实际上优于另一个包时，计算出确切的条件，如果应该处理至多$n=10^9$个项目，则推荐最佳选择。

1.13 递归-迭代范式。

(1) 使用给定算法处理n个数据项的运行时间$T(n)$由递归描述：

$$T(n)=k\cdot T\left(\frac{n}{k}\right)+c\cdot n;\quad T(1)=0$$

根据c、n和k导出$T(n)$的封闭式公式。从Big-Oh的意义上说，这个算法的计算复杂度是多少？（提示：为了得到明确定义的递归，假设$n=k^m$，整数$m=\log_k n$和k。）

(2) 用另一种略有不同的算法处理n个数据项的运行时间$T(n)$由递归描述：

$$T(n)=k\cdot T\left(\frac{n}{k}\right)+c\cdot k\cdot n;\quad T(1)=0$$

根据c、n和k导出$T(n)$的封闭式公式，并在Big-Oh意义上确定该算法的计算复杂度。（提示：为了得到明确定义的递归，假设$n=k^m$，整数$m=\log_k n$和k。）

(3) $k=2$，3或4的哪个值导致上述算法的处理速度最快？（提示：可能需要一个关系$\log_k n=\frac{\ln n}{\ln k}$，其中ln表示以e=2.71828…为底的自然对数。）

（4）导出描述递归方法的处理时间 $T(n)$ 的递归：

```
public static int recurrentMethod(
                        int[]a, int low, int high, int goal){
  int target=arrangeTarget(a, low, high);
  if(goal<target)
    return recurrentMethod(a, low, target-1, goal);
  else if(goal>target)
    return recurrentMethod(a, target+1, high, goal);
  else
    return a[target];
}
```

输入变量的范围是 $0 \leqslant \mathrm{low} \leqslant \mathrm{goal} \leqslant \mathrm{high} \leqslant \mathrm{a.length}-1$。非递归方法 arrangeTarget()具有线性时间复杂度 $T(n)=c \cdot n$，其中 $n=\mathrm{high}-\mathrm{low}+1$ 并返回 low≤target≤high 范围内的整数 target。在这个范围内，arrangeTarget()的输出值是等概率的。例如，如果 low=0 且 high=n−1，则每个 target=0,1,⋯,n−1 以相同的概率$\frac{1}{n}$出现。在递归中不应考虑执行 if-else 或 return 等基本操作的时间。（提示：考虑为 n = a.length 个数据项调用 recurrentMethod()，如 recurrentMethod(a,0, a.length−1,goal)并分析不同输入数组的 $T(n)$ 的所有递归。每次递归都涉及该方法递归调用的数据项的数量。）

（5）如果 $T(n)$ 由递归隐式指定，则导出处理大小为 n 的数组的时间 $T(n)$ 的显式（封闭形式）公式 $T(n)=\frac{1}{n}(T(0)+T(1)+\cdots+T(n-1))+c \cdot n; T(0)=0$。（提示：可能需要第 n 次调和数 $H_n=1+\frac{1}{2}+\frac{1}{3}+\cdots+\frac{1}{n} \approx \ln n+0.577$ 来推导 $T(n)$ 的显式公式。）

（6）如果 $T(n)$ 与 $T(n-1),\cdots,T(0)$ 的平均值相关，则确定处理大小为 n 的数组的时间 $T(n)$ 的显式公式：$T(n)=\frac{2}{n}(T(0)+\cdots+T(n-1))+c$，其中 $T(0)=0$。（提示：可能需要公式$\frac{1}{1\times2}+\frac{1}{2\times3}+\cdots+\frac{1}{n(n+1)}=\frac{n}{n+1}$来推导 $T(n)$ 的显式公式。）

（7）求 x^n 幂的明显线性算法使用 $n-1$ 次乘法。提出一种较快的算法，并通过编写程序和求解递推公式求其在 $n=2^m$ 的情况下的 Big-Oh 复杂度。

第 2 章　计算问题的算法实例

计算复杂性理论与算法的设计与分析是计算机科学的两个领域，都是极力估计算法复杂度，衡量在现实资源要求下能做什么和不能做什么，但它们是从两个相反的方向研究算法问题的。算法是一个详细的逐步解决问题的方法，即确定性算法 A 是一个定义明确的计算程序，它以变量 x 为输入并以 $A(x)$ 表示的输出停止。自然地，证明一个问题有有效可解的算法是一个更受欢迎结果，因为一个有效算法不仅可以直接求解问题，也是该问题有效可解的一个证明。每个问题都有确定的算法复杂度，复杂性理论就是要弄清楚求解问题所需要的最小资源，证明求解困难问题不能有更节省资源的办法，这是问题本身的固有难度。

当设计一个算法时，我们只需要形成算法并分析，这将得到求解问题所需要的最小资源上界；而复杂性理论则是提供下界，即每个求解该问题的算法都必需的资源下界。对于上界的证明，设计和分析一个有效算法是足够的，而每个下界则是要研究求解一个特定问题的所有算法。对于这些算法组成的集合，我们能够掌握的性质就是它们能够求解该问题。因此，为了证明一个特定问题的求解要求一定的极小资源，必须被考虑到关于该问题的所有算法，这恰是计算复杂性的难点所在。

当然，二者是相互联系，相辅相成的。当证明一个问题没有有效解时，我们会发现问题的一些本质，通常能够揭示问题的困难性所在，有助于得到问题困难性证明的突破口。此外，当我们发现所研究的问题不是有效可解的时候，首先得到的好处是“放弃寻找该问题的有效算法”，避免浪费精力于一个不可达到的目标；其次，通过加强限制条件等，可以找到有效可解的问题（所谓加强限制条件是指问题的特殊化，或要求更弱的解形式）。因此，“证明一个问题不是有效可解的”与“设计有效算法”一样都有意义，这便于人们设计更高效的算法和评价某个算法的优劣。

什么是问题呢？一般性的问题的定义太宽泛，难以形式化。为了能够研究更多可处理的问题，我们仅考虑需要解决且有价值的计算问题。这些问题可以通过计算机处理，且其正确结果的集合是确定的。但是，就复杂性理论而言，并不是所有计算机可处理的问题都是计算问题，计算问题具体定义如下。

【定义 2.1】 一个计算问题组成如下：

（1）对可允许的输入集合的描述：在计算机的有限字母表上，每个输入可以表示为一个字符串；

（2）对映射每个输入到正确输出（回答或结果）的函数的描述：每个函数亦是一个有限字母表上的有限序列。

由定义可见，一个问题不是由单个的询问构成，而是一族要被回答的询问构成。对于一个给定的问题，这些询问都是相关的，而且有一个简单的“填空”式结构。每个输入就是一个实例。对于不同的询问，每个不同的输入被填入空格，如下列的形式：

实例：一个正整数 n。

问题：n 是否为素数？

对于问题的回答，则需要寻找算法。尽管精确的形式化不重要，但是通常问题与算法都需要分别作为语言和图灵机（定义见第 3 章）被形式化并被分析。根据实际可解性的直观意义，多项式时间可计算性是计算问题重要的理想性质。另外，也存在一些问题，不管效率如何，它们没有求解算法。

根据对问题回答的不同要求，问题可分为以下几类。

（1）搜索性问题：对于给定的问题，找到一个可能的答案。

（2）最优化问题：对于给定的问题，找出最佳的解答。若仅要求一个最优解的值，则称问题为最值问题。

（3）验证问题：对于给定的问题及一个解，验证其是否为该问题的解。

（4）判定性问题：给定一个问题，判定是否有解。

图 2.0-1 中，有向图 $G=(V,E)$ 的顶点 $V=\{1,2,3,4,5\}$，边为 $E=\{(1,4),(4,3),(2,1),(2,3),(5,4),(3,5)\}$。

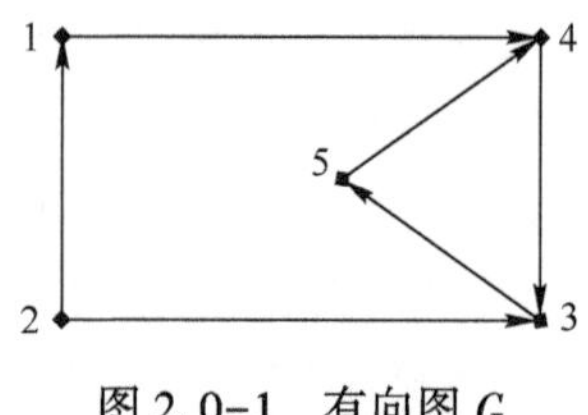

图 2.0-1 有向图 G

于是，对于图 2.0-1，u，$v \in V$，上述四类具体问题如下：

（1）搜索性问题：给定两顶点 u 与 v，找到 u 与 v 间的一条通路。

（2）最优化问题：找出从 u 到 v 的最短路径。若仅要求一个最优解的值，则称问题为最值问题。

（3）验证问题：对给定 u 到 v 的一条通路，验证是否是最短的。

(4) 判定性问题：判定是否有从 u 到 v 的一条通路。

显然，搜索性问题比判定性问题更难，判定性问题比验证性问题更难，对于最优化问题，多数情况下可以利用判定性问题求解。

2.1 图论中问题与算法

【例 2.1】 图的可达性（GRAGH REACHABILITY）。

一个图 $G=(V,E)$ 由一个顶点集 V 和边集 E 组成，其中 $V=\{1,2,\cdots,n\}$，$E=\{(i,j):i,j\in V\}$ 均为有限集。图有许多计算问题，但最基本的是图的可达性(GRAGH REACHABILITY)：给定一个图 G 和两个顶点 1，$n\in V$，是否有一条从 1 到 n 的通路（Path）？称此问题为可达性问题，记为 REACHABILITY。

如大多数有趣的问题一样，REACHABILITY 有如下特点。

(1) 无限多个可能的实例。

(2) 每个实例是一个数学对象，这里对象是一个希望得到回答的具体问题，并且其回答的是 yes 或 no，即是否有通路。

(3) 它是判定性问题。

下面给出 REACHABILITY 的一个求解问题的算法，在后面引入图灵机的概念后，我们会给出正式的描述。对于 REACHABILITY，我们有如下搜索算法，整个算法中，我们保存一个顶点集合 S。

> 初始，$S=\{1\}$，每个顶点或者已被标记或者未被标记，这里点 i 被标记意味着在过去的某一时刻曾在 S 中或者目前正在 S 中。因此，初始只有 1 被标记。重复执行如下：
>
> 从 S 中选择一个顶点 $i\in S$，并且 $S\leftarrow S\backslash\{i\}$，然后找出从 i 出发的所有的边$E_i=\{(i,j):(i,j)\in E\}$，逐条检查。如果 j 未被标记，则标记，并且 $S\leftarrow j$；如此下去直到 $S=\varnothing$停止。此时，若顶点 n 被标记，则输出“yes”，否则，输出“no”。

显然，一个顶点被标记当且仅当存在从 1 到它的通路，因此该算法可以解决 REACHABILITY。自然地有一个问题，即如何将图表示为算法的输入？不同的模型可以选择不同的表示，但是后面将会发现，不同表示的选择并不是关键。因此，这里我们假设图是由邻接矩阵表示，而且矩阵中所有赋值可由算法随机访问。

另外，该算法对于“如何选取 S 中的元素 i”是模糊的。例如，若我们总是选择 S 中停留时间最长的点，则所进行的搜索是宽度优先，而且可找到最短的通路；若 S 被视作堆栈处，则得到深度优先的搜索。因此，不同的顶点选择方式将导致不同的搜索方式，但是算法对于这些选择都是有效的。

我们需要重点研究的是算法的效率。以邻接矩阵表示为例，当对应于行的顶点被选择时，邻接矩阵的每个赋值仅被访问一次。此时，需要花费大约 n^2 次操作去处理从选择的顶点出发的边（至多有 n^2 条边）。若假定其他的操作，如从 S 中选择元素、标记一个顶点以及判断一个顶点是否被标记等，可在常数时间内完成，则该搜索算法至多可在与 n^2 成比例的时间内判定两个顶点是否连通。于是，该算法所用的时间资源为 $O(n^2)$。

下面我们分析其所用的空间资源。首先，需要储存集合 S 和顶点的标记。显然，$|S|\leqslant n$，即至多有 n 个标记，因此，该算法需要用 $O(n)$ 个空间。注意，对于空间考虑，我们的要求要比时间更严格。后面会看到，如果我们首先利用深度优先法，再利用宽度优先法，可使所用空间资源降为 $O(\log^2 n)$。

在问题的研究中，确定我们满意的资源的标准是很重要的，即确定算法运行时间的增长率。在本书中，我们将关于输入长的多项式时间视为可接受的时间，或者作为一个标志，称有这样算法的问题为有效可解的，而所用算法为多项式算法。相反，当时间超越多项式甚至指数时，如 2^n 或 $n!$，我们不能在多项式时间内解决该问题，则称该问题为困难的。

值得注意的是，不能将多项式时间算法等同于实际可行性算法，因为存在实用的计算不是多项式时间的，而且多项式时间亦不一定实用。特别地，当 n 很小的时候，如 n^{80}、$2^{\frac{n}{100}}$。既然如此，为何还要用多项式时间作为有效计算的标准呢？在理论研究中，主要原因有以下两个方面。

（1）除了有限的具体实例外，任何多项式的增长率要小于指数。

（2）我们考虑的是问题的最坏情形。也许问题的最坏情形在其实例中所占的比例是可忽略的，但由于我们研究的是资源的下界，更重要的是无法知道实例的分布情形，因此，尽管许多问题其平均情形是多项式的，但我们仍以其最坏情形为准，这也将为我们带来更多的方便。至于空间资源，我们也有类似的考虑。

【例 2.2】 极大流量（MAX FLOW），这是 REACHABILITY 的一个推广。

一个网络 $N=(V,E,s,t,c)$ 是一个带有两个特定顶点 s 和 t 的图 (V,E)，其中称 s 为源，t 为接收器。没有进入源 s 的边，也没有离开接收器 t 的边。对每条边 (i,j)，给定一个称为容量的正整数 $c(i,j)$。图 2.1-1 即为一个网络，其中源为 s，接收器为 t，a、b、d、e 分别为网络中的节点，该网络的最大容量为 $c=4$，这由边 (a,b)、(e,b) 和 (e,d) 的容量和确定的。

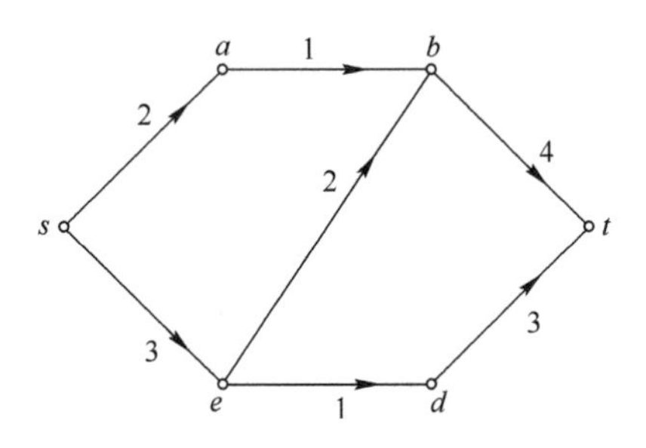

图 2.1-1　网络 N，$c=4$

N 中的一个流量 f 是对每条边 (i,j) 的一个非负整数赋值 $f(i,j)\leqslant c(i,j)$，满足除了 s 和 t 外，每个顶点的进入边的 f 值的和等于其离开边的 f 值的和。一个流量 f 的值则是离开 s 的（或到达 t 的）边的流量的和。如图 2.1-2 给出流量 $f=3$，其中流量非 0 的边的流量标为流量值下加箭头的形式。

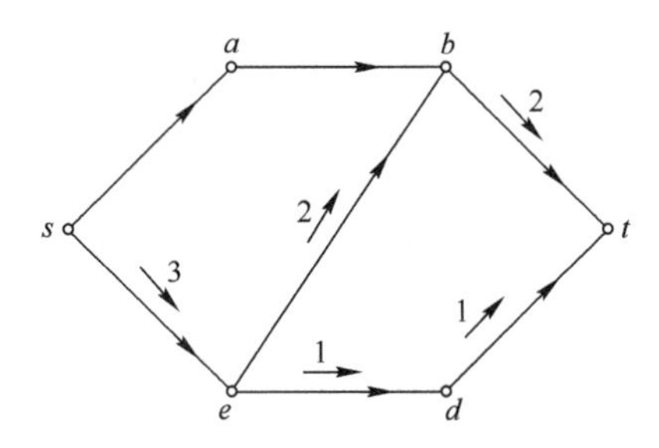

图 2.1-2　网络 N，$f=3$

极大流量问题（MAX FLOW）：给定一个网络 N，找到一个最大可能值的流量。下面我们讨论极大流量问题的多项式时间求解算法。

假设有一个流量 f，要判定 f 是否最优。若存在一个流量 f' 使得 $f'\geqslant f$，则 $\Delta f=f'-f$ 亦是一个流量，但可能在某边 (i,j) 上 $\Delta f(i,j)<0$，此时，我们视其为边 (j,i) 上的流量。该反向流量至多为 $f(i,j)$，正的流量 $\Delta f(i,j)\leqslant c(i,j)-f(i,j)$。利用 c 与 f 构造导出网络 $N(f)=(V,E',s,t,c')$，满足 $E'=(E\backslash\{(i,j):f(i,j)=c(i,j)\})\cup\{(i,j):(j,i)\in E,f(j,i)>0\}$，且对于 $(i,j)\in E$ 有 $c'(i,j)=c(i,j)-f(i,j)$，对于 $(i,j)\in E'\backslash E$ 有 $c'(i,j)=f(j,i)$。

图 2.1-3 给出了导出网络 $N(f)$ 的构造。

由于 (s,e)、(e,b) 和 (e,d) 均有 $f=c$，将这些边去掉，并添加反向边 (e,s)、(b,e)、(d,e)、(t,b) 和 (t,d)，则各边容量如下：

$$c'(e,s)=3,\quad c'(b,e)=2,\quad c'(d,e)=1,\quad c'(b,t)=2=c(b,t)-f(b,t)$$

$$c'(t,b)=f(b,t)=2,\quad c'(d,t)=c(d,t)-f(d,t)=2,\quad c'(t,d)=f(d,t)=1$$

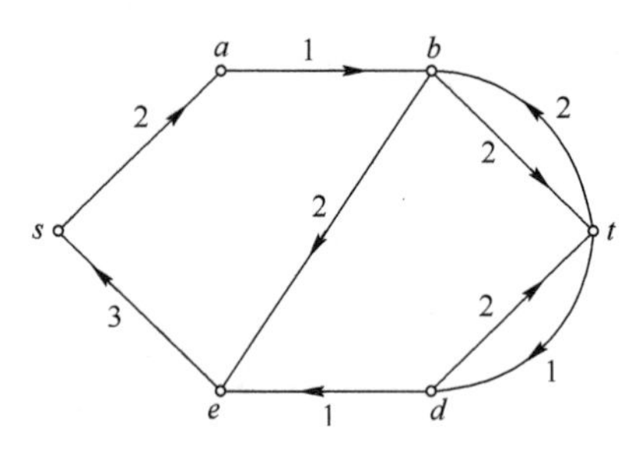

图 2.1-3　导出网络 $N(f)$

于是，f 是否为极大等同于判定 $N(f)$ 没有正的流量。但是如何在一个网络中判定没有正的流量呢？主要思想是将 MAX FLOW 问题归约为 REACHABILITY。

在一个网络中，找一个有正容量的正的流量，即判定 $N(f)$ 中是否有从 s 到 t 的通路，这即为一个 REACHABILITY 的实例。于是有下列算法。

对于网络 N，开始设处处流量为 0，构造 $N(f)$，并在 $N(f)$ 中应用 REACHABILITY 的求解算法找到从 s 到 t 的通路。若这样的通路存在，则沿此通路找到最小的容量 c'，并将 c' 加到该通路上的所有边的 f 值上，得到一个更大的流量 f。然后，针对新的 f，再构造 $N(f)$，重复上述过程，直到有 f 使得 $N(f)$ 找不到通路，所得 f 即为极大流量。

下面分析该算法的效率。算法每次重复地找到一条通路，并增加该通路上的流量。每执行一次其所用的时间如 REACHABILITY 一样为 $O(n^2)$。若 C 为网络中边的最大容量，则至多需要 nC 个阶段。事实上，每次重复后，流量至少增加 1，且最大流量应不超过 nC，故要有 nC 个阶段，即有 nC 次重复。因此，总的时间为 $O(n^3C)$。虽然看起来这是个多项式，但由于 C 的存在，只能是个伪多项式，原因是 C 可能是指数的。注意，效率 $O(n^3C)$ 是可能达到的（见习题 2.2）。

为克服该缺陷，在上述算法中，我们不沿着通路增加流量，而是先用 REACHABILITY 的宽度优先的搜索算法找到最短通路，然后沿最短通路增加流量。一条通路上有最小容量的边，称之为瓶颈。由于 N 至多有 n^2 条边，且每次重复至少有一个瓶颈，故重复应有 $\leqslant n^3$ 次，于是可在时间 $O(n^5)$ 内算法求解 MAX FLOW。

现在分析该算法的空间使用情况。尽管算法的每次重复需要空间很小，类似于 REACHABILITY，大约 $O(\log n)^2$，但需要额外的 $O(n^2)$ 空间储存当前的流量。

显然，MAX FLOW 是一个最优化问题，而不是一个判定性问题。但是我们可以将任意最优化问题转变为一个近似等价的判定性问题。具体方法是：首先为最优化的量选取一个目标值；然后询问是否可以达到该值。于是 MAX FLOW 可以转化为判定问题MAX FLOW（D），即给定一个网络 N 和一个整数 K，问是否存在不小于 K 的流量。可以证明该问题等价于 MAX FLOW。根据求解 MAX FLOW 的算法，我们可以得到结论：在任何网络中，极大流量的值等于极小割集的容量。称此结论为**极大流量-极小割集定理**。

注意：这里的割集是指边割集，即对于一个连通图来说，删除这些边后连通图变为不连通。割集一般不是唯一的，含有最小边数的割集称为最小边割集。所谓的极小割集 S 的容量是指离开 S 的边的容量和，这里要求源 $s \in S$。这里我们不证明该定理，有兴趣的读者可以参考相关文献。极大流量问题计算中有着重要作用，很多多项式时间可计算的问题都可以归约到它（见习题2.4）。

2.2 逻辑中问题与算法

本部分将简单介绍 Boolean 逻辑、一阶逻辑和二阶逻辑中的计算问题。这些问题在计算复杂性中具有中心地位，以逻辑为中介，我们可以将复杂性概念等同于实际的计算问题。

2.2.1 Boolean 逻辑

设 Boolean 变量 $X=\{x_1,\cdots,x_n,\cdots\}$ 是一个可数的无限字母集，这些变量取真值 true 或 false，简记为 1 或 0，可以通过 $\vee$（析取，或），$\wedge$（合取，且）和 $\neg$（否）作为运算符号连接起来可得到 Boolean 表达式。对于变量 x，称 x 或 $\neg x$ 为文字。

一个赋值 T 是从 Boolean 变量的子集 $X' \subset X$ 到真值集合 $\{0,1\}$ 的一个映射。对于一个 Boolean 表达式 ϕ，记 $X(\phi)$ 表示 ϕ 中 Boolean 变量的集合。称一个赋值 T 适合 ϕ，如果 $X(\phi)$ 在 T 的定义域内。设赋值 T 适合 ϕ，称 T 满足 ϕ，记为 $T|=\phi$，如果 $X(\phi)$ 中的变元在 T 下的取值使得 ϕ 的真值为 1。否则，称 T 不满足 ϕ，记为 $T|\neq\phi$。显然，$T|\neq\phi$ 当且仅当 $T|=\neg\phi$。显然，根据 Boolean 变量真值的取值，Boolean 表达式可以取 0 或 1。称一个 Boolean 表达式 ϕ 是可满足的，如果存在适合 ϕ 的赋值 T，有 $T|=\phi$；否则，称之为不可满足。称一个 Boolean 表达式 ϕ 为永真式或重言式，如果对于所有适合 ϕ 的赋值 T，有 $T|=\phi$，记为 $|=\phi$。可满足性和永真性是 Boolean 表达式的重要性质，显然，一个 Boolean 表达式 ϕ 是不可满足的当且仅当 $\neg\phi$ 是永真式。关于可满足性有如下问题，简记为 SAT：给定一个合取范式形式的 Boolean 表达式 ϕ，问 ϕ 是否可满足？

显然，该问题利用穷搜索可在 $O(2^n n^2)$ 时间内求解，后面将会看到，该问题可用非确定多项式时间算法求解，且是一个 NP 完备问题。

为了方便，我们引进另外两个连接词“蕴含$\Rightarrow$”和“等价$\Leftrightarrow$”。对于Boolean表达式ϕ_1和ϕ_2，定义$\phi_1 \Rightarrow \phi_2$为$\neg\phi_1 \vee \phi_2$。若$\phi_1 \Rightarrow \phi_2$并且$\phi_2 \Rightarrow \phi_1$，则定义为$\phi_1 \Leftrightarrow \phi_2$。称两个表达式$\phi_1$与$\phi_2$等价，如果对于任何适合于$\phi_1$与$\phi_2$的赋值$T$，有$T \models \phi_1$当且仅当$T \models \phi_2$，即$T \models (\phi_1 \Leftrightarrow \phi_2)$，记为$\phi_1 \equiv \phi_2$。若两个Boolean表达式等价，则将其视为同一对象的不同表达形式，可以互相代替。

称一个Boolean表达式ϕ为合取范式形式，如果$\phi = \bigwedge_{i=1}^{n} \phi_i$，其中$n \geqslant 1$，且每个$\phi_i$为一些文字的析取，称$\phi_i$为分句。类似地，可定义析取范式形式为$\phi = \bigvee_{i=1}^{n} D_i$，其中$n \geqslant 1$，且每个$D_i$为一些文字的合取。易证，每个Boolean表达式等价于一个合取范式，而且也等价于一个析取范式。虽然我们目前没有找到SAT的确定的有效算法，但是有一些特殊的SAT问题容易求解。

称一个分句为Horn分句，如果它至多有一个正的文字，如$\neg x_1 \vee \neg x_2 \vee x_3$和$x_1 \vee \neg x_2$等。显然，这类分句等价于$(x_1 \wedge \cdots \wedge x_n) \Rightarrow y$。我们有HORNSAT问题，即设$\phi$为Horn分句的合取，问$\phi$是否为可满足的？下面的算法可判定$\phi$是否可满足。

这里不妨设赋值T是使得取值为1的变量的集合。初始$T := \{\}$（空的集合），即所有变量取0，然后重复下列步骤，直到所有蕴含式都被满足：挑选任意不满足的蕴含式$(x_1 \wedge x_2 \wedge \cdots \wedge x_m) \Rightarrow y$，此时有$T(x_1) = \cdots = T(x_m) = 1$，则$T \leftarrow y$（即令$y$取1）。

由于每一步后T都增大，因此算法最终会停止，可判定ϕ是否可满足。事实上，易证，若存在T'满足ϕ，则$T \subseteq T'$。进而有ϕ是可满足的当且仅当由算法所得的赋值T满足ϕ。事实上，若$T \not\models \phi$，则ϕ一定有分句$\neg x_1 \vee \neg x_2 \vee \cdots \vee \neg x_m$，且$\{x_1, x_2, \cdots x_m\} \subseteq T$，于是对于任意$T' \supseteq T$，有$T' \not\models \phi$。此时，$\phi$为不可满足的。另外，算法中在添加$y$对应文字（$y$或$\neg y$）到$T$时，若发现其已经在其中，则输出拒绝并停机，说明$\phi$不是可满足的。所述算法在多项式时间内完成，因此判定Horn分句的Boolean表达式需要多项式时间。

【定义2.2】 一个Boolean电路是一个图$C = (V, E)$，其中顶点集$V = \{1, 2, \cdots, n\}$中的顶点称为门，并满足：

（1）图C中没有圈，故可设边为(i, j)，$i<j$。

（2）所有顶点的入度分别为0，1或2。

（3）每个门$i \in V$都有一个分类，$s(i) \in \{0, 1, \neg, \wedge, \vee\} \cup \{x_1, x_2, \cdots\}$。若$s(i) \in \{0, 1\} \cup \{x_1, x_2, \cdots\}$，则$i$的入度为0，即没有进入$i$的边；若$s(i) = \neg$，则$i$的入度为1；若$s(i) \in \{\wedge, \vee\}$，则$i$的入度为2。

(4) 顶点 n 为电路的输出门。

对于每个合适的赋值，电路描述了一个真值。令 $X(C)$ 为出现在 C 中的所有 Boolean 变量的集合，即 $X(C)=\{x\in X:有\ i\in V\ 使得\ s(i)=x\}$。称一个赋值 T 是适合 C，如果 T 对于 $X(C)$ 中所有变量都有定义。给定这样一个 T，门 $i\in V$ 的真值 $T(i)$ 可归纳定义如下：若 $s(i)=1$，则 $T(i)=1$；若 $s(i)=0$，则 $T(i)=0$；若 $s(i)\in X$，则 $T(i)=T(s(i))$；若 $s(i)=\neg$，则存在唯一门 $j<i$，使得 $(j,i)\in E$。由归纳可知 $T(j)$，进而可知 $T(i)=\neg T(j)$；若 $s(i)=\vee$，则存在两条边 (j,i) 和 (j',i) 进入 i，$T(i)=T(j)\vee T(j')$；若 $s(i)=\wedge$，则 $T(i)=T(j)\wedge T(j')$，最后电路值 $T(C)=T(n)$。

由定义可以看出，电路和 Boolean 表达式是一致的，可以互相构造。相应于 Boolean 电路，亦有一个计算问题，称为 CIRCUITSAT，即给定一个电路 C，是否有适合 C 的赋值 T，满足 $T(C)=1$？易知，CIRCUITSAT 与 SAT 是计算等价的(即相互归约)。

若一个电路 C 中没有变量门，则对应问题为 CIRCUITVALUE，只需要按顺序计算所有门即可，这是多项式时间可求解的。

2.2.2 一阶逻辑

一阶逻辑在语义上将句子和其应用的数学对象视为等同，具有强大综合性的原始证明系统，为我们提供用于详细表达数学命题的语法。与 Boolean 逻辑相比，它能表达更广泛的数学思想和事实；这些表达涉及了数学各领域的常数、函数和关系。当然，每个表达式仅涉及这些中的一小部分，而且每个表达将含有取自一个词汇表的特定有限的包含函数、常数和关系。因此，利用一阶逻辑，我们可以统一地研究定义域上的所有推理。

【定义 2.3】 一个词汇表 $\Sigma=(\Phi,\Pi,r)$ 由两个不交的可数集合组成：函数符号集合 Φ 和关系符号集合 Π。r 为一个计数函数，将 $\Phi\cup\Pi$ 映到非负整数，即说明每个函数和关系符号取多少个变量。称一个符号 f 是一个 k 元函数，如果 $f\in\Phi$ 且 $r(f)=k$；称一个符号 R 为 k 元关系，如果 $R\in\Pi$ 且 $r(R)=k$。常数为 0 元函数。这里我们假定 Π 总含有二元相等关系“=”，且有一个固定的可数变量集 $V=\{x,y,z,\cdots\}$，其中所有变量取值于由特定表达式所讨论事物全体组成的定义域。

基于词汇表 Σ 的一阶逻辑表达式中，如 Boolean 逻辑一样，可以用“$\Rightarrow$”和“$\Leftrightarrow$”；对于全称量词 $\forall$ 和存在量词 $\exists$，用 $\exists x\phi$ 代表 $\neg(\forall x\neg\phi)$。对于一阶逻辑，赋值的分析需要一个更复杂的数学对象——模型。

【定义 2.4】 词汇表 Σ，适合于 Σ 的模型是一个二元对 $M=(U,\mu)$，其中 U

为一个集合，称之为 M 的定义域，μ 是给 $V\cup\Phi\cup\Pi$ 中的每个变量、函数符号和关系符号分配一个 U 中对象的函数。即对于每个变量 x，μ 赋值 $x^M\in U$ 给它，对每个 k 元函数符号 $f\in\Phi$，在 μ 下有一个实际函数 $f^M:U^k\to U$；若 $c\in\Phi$ 为常数，则 $c^M\in U$；对每个 k 元关系 $R\in\Pi$，则在 μ 下的像为 $R^M\subseteq U^k$。对于相等关系“=”，μ 下的像为 $=^M$，即为 $\{(u,u):u\in U\}$。

在模型 M 下，设 ϕ 是一个原子表达式，$\phi=R(t_1,\cdots,t_k)$，则若 $(t_1^M,\cdots,t_k^M)\in R^M$，则称 M 满足 ϕ。若 ϕ 不是原子表达式，下面归纳定义 M 满足 ϕ，记为 $M|=\phi$。

对于 $\phi=\neg\psi$，若 $M|\neq\psi$，则 $M|=\phi$；若 $\phi=\psi_1\vee\psi_2$，当 $M|=\psi_1$ 或者 $M|=\psi_2$ 时，则 $M|=\phi$；若 $\phi=\psi_1\wedge\psi_2$，当 $M|=\psi_1$ 和 $M|=\psi_2$ 时，则 $M|=\phi$。

设 $\phi=\forall x\psi$，则 $M|=\phi$，若对于任意的 $u\in U$，令 $M_{x=u}$ 是一个除了 $x^{M_{x=u}}=u$ 之外均等同于 M 的模型，满足对于所有的 $u\in U$ 有 $M_{x=u}|=\psi$。

我们将主要研究没有自由变元的表达式，即句子，有时也考虑一个句子的子表达式。“模型适合一个表达式”将意味着这个表达式的函数、关系和自由变量在该模型上取值。在句子和模型之间存在一个有趣的对偶性：一方面，一个模型刻画了它所满足或不满足的句子集合；另一方面，一个句子可以被视为一个模型集合的描述，即满足该句子的模型的集合。由此可见，一个句子描述了模型的一个性质。

【例 2.3】 图论模型。为表达图的性质，定义图论的词汇 $\Sigma_G=(\Phi_G,\Pi_G,r_G)$。令 $\Phi_G=\{\}$（空的集合），且除了“=”外，有一个二元关系 G。图论中有典型的表达式：

$$G(x,x);\quad \exists x(\forall yG(y,x));\quad \forall x(\forall y(G(x,y)\Rightarrow G(y,x)))$$
$$\forall x(\forall y(\exists z(G(x,z)\wedge G(z,y))\Rightarrow G(x,y))),\cdots$$

适合于 Σ_G 的任何模型是一个图，这里我们仅考虑有限图。

$\phi_1=(\forall x\exists yG(x,y)\wedge\forall x\forall y\forall z((G(x,y)\wedge G(x,z))\Rightarrow y=z))$，有模型 Γ。Γ 的定义域是有 7 个顶点的图 G 的集合，例如，图 G^Γ 有顶点集 $V^\Gamma=\{v_1,v_2,v_3,v_4,v_5,v_6,v_7\}$，边集为 $E^\Gamma=\{(v_1,v_2),(v_2,v_3),(v_3,v_4),(v_4,v_5),(v_5,v_4),(v_6,v_7),(v_7,v_7)\}$。$G^\Gamma(x,y)=1$ 当且仅当在图中存在从 x 到 y 的边。易见，$\Gamma|=\phi_1$。自然地问，是否有其他图满足 ϕ_1？事实上，所有表示一个函数的图（即所有顶点的出度为 1）都满足 ϕ_1 且仅有这些图。句子 ϕ_1 说明性质“G 是一个函数”。

$\phi_2=\forall x(\forall y(G(x,y)\Rightarrow G(y,x)))$，设计图模型 Γ 为满足 ϕ_2 的图 $G=(V,E)$ 集合，ϕ_2 说明性质“G 为对称图”。例如，图 G^Γ 有顶点集 $V^\Gamma=\{v_1,v_2,v_3,v_4,v_5\}$，边集为 $E^\Gamma=\{(v_1,v_2),(v_2,v_1),(v_1,v_3),(v_3,v_1),(v_1,v_4),(v_4,v_1)\}$。

$\phi_3 = \forall x(\forall y(\forall z(G(x,z) \wedge G(z,y)) \Rightarrow G(x,y)))$，描述性质“$G$ 为传递图”。例如，G^{Γ}为传递图，其顶点集 $V^{\Gamma} = \{v_1, v_2, v_3, v_4\}$，边集为

$$E^{\Gamma} = \{(v_1,v_2),(v_2,v_1),(v_1,v_3),(v_3,v_1),(v_1,v_4),(v_4,v_1)\}$$

因此，在图论中每个句子描述了图的一个性质。反过来，图的任何性质对应于一个计算问题：给定一个图，问该图是否具有该性质 ϕ？称此问题为 ϕ-GRAPHS 问题，即设 ϕ 为 Σ_G上的一个表达式，定义问题：给定一个关于 ϕ 的模型 Γ，是否有$\Gamma \models \phi$？例如，若 $\phi = \forall x(\forall y(G(x,y) \Rightarrow G(y,x)))$，则 ϕ-GRAPHS 为判定图的对称性问题。也有涉及一个图和一部分顶点的问题，如以前所知的 REACHABILITY。但下面结论说明，ϕ-GRAPHS 与 REACHABILITY 具有一样的重要性质。

【定理 2.1】 对于任何 Σ_G上的表达式 ϕ，问题 ϕ-GRAPHS 是确定的多项式时间可求解的。

证明： 对 ϕ 的结构做归纳：当 ϕ 为形如 $G(x,y)$ 和 $G(y,x)$ 的原子表达式，则可检查邻接矩阵得到结论。若 $\phi = \neg\psi$，由归纳法知，存在一个求解 ϕ-GRAPHS 的多项式算法（只需要将“yes”和“no”互换即可）。若 $\phi = \psi_1 \vee \psi_2$，由归纳法可知，存在多项式算法 A_1和 A_2分别求解 ψ_1-GRAPHS 和 ψ_2-GRAPHS。对于 ϕ-GRAPHS，我们构造算法 A 先后分别执行 A_1和 A_2。若其中之一回答“yes”，则回答“yes”；否则回答“no”。显然，A 的运行时间是 A_1和 A_2的时间之和。类似地，可得 $\phi = \psi_1 \wedge \psi_2$。

最后，假设 $\phi = \exists x\psi$，则有一个多项式时间算法 A_1求解 ψ-GRAPHS。于是 ϕ-GRAPHS 的算法 A 可如下构造。

对于 G 的每个顶点 v，对于给定的 ϕ 的模型 Γ，将 $x=v$ 附加于 Γ 得到 ψ 的模型。然后检验是否$\Gamma_{x=v} \models \psi$。对于所有顶点 v，若有一个回答是“yes”，则 A 输出“yes”，否则，回答“no”。

显然，A 的运行时间是（顶点数）×（A_1的时间），因此 A 是确定多项式算法。

类似方法，可得到关于空间的结果。

【推论 2.1】 对于 Σ_G上任意表达式 ϕ，ϕ-GRAPHS 问题可在空间 $O(\log n)$内求解。

由上述讨论可见，对于一个表达式，我们不得不努力寻找满足它的模型。若这样的模型存在，则称该表达式是可满足的。也有一些表达式可被任意模型满足，称为永真式。对于永真式 ϕ，记为$\models \phi$。永真式是一个命题，其成真仅是因为关于函数、量词、等式的一般性质的基本推理，而不是特殊的数学领域。类似于 Boolean 逻辑，可以知道，一个表达式 ϕ 是不可满足的当且仅当$\neg\phi$ 是永真式。于是，有计算问题 VALIDITY：给定 ϕ，它是否是永真式？

【定理 2.2】(Löwenheim-Skolem)　若句子 ϕ 有任意大规模（cardinality）的有限模型，则 ϕ 有一个无限模型。

我们可以利用定理 2.2 说明一阶逻辑表达式的局限性。这里略去该结论的证明，有兴趣的读者可以参考相关逻辑的文献。

在例 2.3 中，我们用一阶逻辑表达了图的性质：出度为 1、对称性、传递性等；并在定理 2.1 中证明可由一个句子 ϕ 表达的图的性质是容易验证的，即 ϕ-GRAPHS 问题有多项式算法。那么，是否所有的多项式可验证的图的性质可用一阶逻辑表达？答案是否定的。下列结论说明 REACHABILITY 不能用一阶逻辑表示。

【定理 2.3】　没有（有两个自由变量 x 和 y 的）一阶逻辑表达式 ϕ 使得 ϕ-GRAPHS 与 REACHABILITY 相同。

证明：假设存在一个表达式 ϕ 使得 ϕ-GRAPHS 与 REACHABILITY 相同。那么句子 $\psi_0=\forall x\forall y\phi$ 表明图 G 是强连通的，即从任何顶点可以到达任何顶点。下面的句子：

$\psi_1=(\forall x\exists yG(x,y)\wedge\forall x\forall y\forall z((G(x,y)\wedge G(x,z))\Rightarrow y=z))$，说明每个顶点出度为 1；

$\psi_1'=(\forall x\exists yG(y,x)\wedge\forall x\forall y\forall z((G(y,x)\wedge G(z,x))\Rightarrow y=z))$，说明每个顶点的入度为 1。

令 $\psi=\psi_o\wedge\psi_1\wedge\psi_1'$，则 ψ 说明图是强连通的，且所有顶点的入度和出度均为 1，即为圈。例如，图 G_n 为有 n 个顶点的圈，其中顶点集 $V=\{v_1,v_2,\cdots,v_n\}$，边集 $E=\{(v_1,v_2),(v_2,v_3),\cdots,(v_{n-1},v_n),(v_n,v_1)\}$。显然给定顶点数，则有有限多个圈。于是，$\psi$ 有任意大的有限模型。由定理 2.2 可知，ψ 有一个无限模型 G_∞。

考虑 G_∞ 的一个顶点 v，则 G_∞ 有顶点序列 $v_0,v_1,\cdots$，其中(v_i,v_{i+1})为边，且 v_i 有出度和入度均为 1。由于 G_∞ 为强连通的，故这些顶点包含了 G_∞ 的所有顶点。但是，v_0有入度为 1，于是存在 v_j，使得(v_j,v_0)为边，于是 G_∞ 有有限个顶点，矛盾，故 ϕ 不存在。

由此可见，REACHABILITY 是一阶逻辑不可表达的。但该结果是很有趣的，主要原因是这种不可能结果促使我们对一阶逻辑的推广研究，最终导致复杂性和逻辑之间相似性的另一层面。下面我们分析需要给一阶逻辑附加什么“特征”，才能使 REACHABILITY 可被表达。首先分析 REACHABILITY 是否存在从 x 到 y 的通路？这里“存在”可以用量词“∃”在一阶逻辑中恰当表示，但是量词“∃”之后要紧接一个代表单个顶点的变量，如 x，那么，一阶逻辑仅说明“存在顶点 x…”；然而“从 x 到 y 的通路”则是涉及一个顶点集合的性质。因此，我们需要引入更复杂的存在量词。

2.2.3 REACHABILITY 与 Hamilton 通路问题逻辑表达式

基于词汇表$\Sigma=(\Phi,\Pi,r)$，一个存在二阶逻辑的表达式形如$\exists P\phi$，其中ϕ为基于词汇表$\Sigma'=(\Phi,\Pi\cup\{P\},r)$的一个一阶逻辑，其中$P\notin\Pi$是一个新的$r(P)$元关系符号。自然地，在$\phi$中一定会涉及$P$。简单地说，表达式$\exists P\phi$即为存在关系$P$使得$\phi$成立。

称适合Σ的一个模型$M=(U,\mu)$满足$\exists P\phi$，如果存在一个关系$P^M\subseteq(U)^{r(P)}$，使得P^M增广M后得到一个适合Σ'的模型，且该模型满足ϕ。

通过下面的例子说明存在二阶逻辑具有强大功能，不仅可用于表达有多项式时间算法的图论性质，也可用于表达目前还不知道是否有多项式时间算法的图论性质。

【例 2.4】 子图存在性。图论模型中给定词汇表，句子$\exists P\forall x\forall y(P(x,y)\Rightarrow G(x,y))$断言图$G$的子图的存在性。显然，这是一个成真的句子。

【例 2.5】 图的可达性。为了简便，只描述不可达性，其补即为可达性。

令$\phi(x,y)=\exists P(\forall u\forall v\forall w((P(u,u))\wedge(G(u,v)\Rightarrow P(u,v))\wedge((P(u,v)\wedge P(v,w))\Rightarrow P(u,w))\wedge\neg P(x,y)))$

其中$\phi(x,y)$表明存在一个图P以G为子图，具有自反性和传递性，而且没有从x到y的边。显然，任何满足前三个条件的图一定含有G的自反和传递闭包。$\neg P(x,y)$表明G中没有从x到y的边。于是$\phi(x,y)$-GRAPHS 恰恰描述了 REACHABILITY 的补。

注意：$\neg\phi(x,y)$不是 REACHABILITY，原因在于存在二阶逻辑在$\neg$（否）下不封闭。要确切的表达 REACHABILITY，需要更多工作。有兴趣的读者可参考相关文献。

【例 2.6】 Hamilton 通路问题（HAMILTON PATH）。给定一个图，是否有一条通路通过每个顶点恰好一次？

目前，没有多项式时间算法判定一个图是否有一条 Hamilton 通路。下面给出描述有 Hamilton 通路的图的句子：

$\psi=\exists P\chi$，这里χ要求P为G的顶点上的一个线性序，使得先后相邻点在G中是连通的。另外，χ还有如下要求。

(1) G的所有不同顶点可由P比较：$\forall x\forall y(P(x,y)\vee P(y,x)\vee(x=y))$。

(2) P是传递的，但不是自反的：$\forall x\forall y\forall z((\neg P(x,x))\wedge((P(x,y)\wedge P(y,z))\Rightarrow P(x,z)))$。

(3) P中任意先后相邻两点在G中一定邻接：

$$\forall x\forall y((P(x,y)\wedge\forall z(\neg P(x,z)\vee\neg P(z,y)))\Rightarrow G(x,y))$$

易证，ψ-GRAPHS 与 HAMILTON PATH 相同。事实上，满足这三个性质的 P 一定是线性序，而且任意两个先后相邻的元素在 G 中邻接，故 P 即是一个 Hamilton 通路。

由上可以看出，存在二阶逻辑的强大功能，后面其功能会进一步体现。现在我们再分析 UNREACHABILITY 和 HAMILTON PATH 的表达式。已知前者是多项式时间可求解的，后者被相信没有确定多项式时间算法可解。原因在于，对于 UNREACHABLITY，表达式 $\phi(x,y)$ 是一个前缀范式，其中仅有全称量词，而且是以合取范式形式组成的列表。该表达式有分句列表：

$P(u,u)$， $G(u,v)\Rightarrow P(u,v)$， $\neg P(x,y)$， $\neg P(u,v)\vee\neg P(v,w)\vee P(u,w)$

从这些分句中删除不涉及 P 的原子表达式，则

$$P(u,u),\quad \neg P(x,y),\quad \neg P(x,y)\vee\neg P(y,z)\vee P(x,z)$$

这三个分句中，每个都至多有一个非负的涉及 P 的原子公式。如 2.1 节，称为 Horn 表达式。

存在二阶逻辑中，称一个表达式为 Horn 表达式，如果在其前缀形式中仅有一阶全称量词，而且其分句列表中每个分句至多含有一个非负的关于 P 的原子公式。UNREACHABILITY 是一个 Horn 表达式。对于 HAMILTON PATH 而言，表达式中有分句 $P(x,y)\vee P(y,x)\vee(x=y)$ 不是 Horn 的，并且将 ψ 化为前缀范式时，有存在量词出现。下列结果说明 ϕ 与 ψ 不同的原因。

【定理 2.4】 对于任意存在二阶逻辑的 Horn 表达式 $\exists P\phi$，问题 $\exists P\phi$-GRAPHS 可由确定的多项式时间算法求解。

证明：设 $\exists P\phi=\exists P\forall x_1\cdots\forall x_k\eta$，其中 η 为 Horn 分句的合取，且 P 为 r 元关系。设图 G 有 n 个顶点 $\{1,2,\cdots,n\}$，问是否 G 是 $\exists P\phi$-GRAPHS 的一个“yes”实例？即是否存在一个关系 $P\subseteq\{1,2,\cdots,n\}^r$ 使得 ϕ 可满足。

对于 $x_i\in\{1,2,\cdots,n\}$，由于 η 必须对 x_i 的值的所有组合成立，故可将 $\exists P\phi$ 重写为

$$\exists P\phi=\bigwedge_{v_1,\cdots,v_k=1}^{n}\eta[x_1\leftarrow v_1,\cdots,x_k\leftarrow v_k]\tag{2.1}$$

此式中含有 hn^k 个分句，其中 h 为 η 中分句的个数。式（2.1）中至多有三种原子表达式，分别为 $G(v_i,v_j)$，$v_i=v_j$ 或 $P(v_{i_1},\cdots,v_{i_r})$。前两种可以容易地被计算是 0 或 1。对式（2.1）做如下处理。

如果一个文字取值为 0，则将该文字从其分句中删除；若一个文字取值为 1，则所在分句被删除。如此下去，若最终得到含有空分句的表达式，则 ϕ 为不可满足，且 G 不满足 ϕ。

经如此处理后，留下至多 hn^k 个分句。每个分句均为 $P(v_{i_1},\cdots,v_{i_r})$ 和 $\neg P(v_{i_1},\cdots,$

v_{i_r})的原子表达式的析取。由于每个$P(v_{i_1},\cdots,v_{i_r})$独立的取值0或1，故可以用不同的Boolean变量$x^{v_{i_1},\cdots,v_{i_r}}$代替它的每次出现，得到新的表达式$F$。于是，$F$是可满足的当且仅当存在$P$使得$G$满足带有$P$的$\phi$。由于$\eta$为Horn二阶逻辑分句，故$F$是一个有至多$hn^k$个分句和至多$n^r$个变量的Horn表达式。于是，利用关于HORNSAT的多项式算法，可以求解F的满足问题，进而得到求解$\exists P\phi$-GRAPHS的实例G。

2.3 格问题与算法

到目前为止，我们不知道任何解决CVP和SVP的多项式时间算法，我们甚至不知道如何找到长度在Minkowski边界$\|\boldsymbol{Bx}\|<\sqrt{n}\det(\boldsymbol{B})^{1/n}$内的非零格向量。对于CVP和SVP，仍有许多情形是可以有效解决（在确定多项式时间内）。这里我们将描述一些近似解决SVP和CVP问题的有效算法。对于这两个问题，我们解决搜索版本：给出多项式时间算法找到近似最短非零格向量或者距已知目标点近似最近的格向量。这里的近似因子是以格的秩为指数。我们首先介绍Gauss算法，求解2维格中SVP。对于2维格的特殊情况，我们可以精确地找到长度为$\|\boldsymbol{a}\|=\lambda_1$的格向量。实际上，我们能知道一组格基$\{\boldsymbol{a},\boldsymbol{b}\}$满足$\|\boldsymbol{a}\|=\lambda_1$和$\|\boldsymbol{b}\|=\lambda_2$。因此，该算法可以确定格的所有连续最小量。这个算法对任何（有效计算）的范数$\|\cdot\|$都起作用,并且它本质地是对任意范数推广的高斯算法。然后，我们高斯算法在高维格扩展，这就是著名的Lenstra-Lenstra-Lovász格基约化算法（简称，LLL算法）。LLL算法不能找到长度为λ_1的格向量，而是有近似因子$\gamma(n)=(2/\sqrt{3})^n$，即非零格向量的长度至多为$\gamma(n)\lambda_1$。最后，介绍Babai的最近平面算法用于近似求解CVP，其（最坏情况）近似因子是$O((2/\sqrt{3})^n)$，其中n是格的秩。

2.3.1 2维格求解SVP的Gauss算法

2维格中SVP问题的求解算法关于范数具有普适性，即假设$\|\cdot\|$可以有效计算,该算法可以计算在任意范数下格中最短向量问题。

算法输入一对线性无关的整向量$\boldsymbol{a}$，$\boldsymbol{b}$。我们想要找到$\mathcal{L}([\boldsymbol{a},\boldsymbol{b}])$的一组新基$[\boldsymbol{a}',\boldsymbol{b}']$使得$\|\boldsymbol{a}'\|=\lambda_1$和$\|\boldsymbol{b}'\|=\lambda_2$，其中$\lambda_1$和$\lambda_2$是格的连续最小量。

约化基 令$[\boldsymbol{a},\boldsymbol{b}]$是一组格基。称格基（关于范数$\|\cdot\|$)是约化的，如果$\|\boldsymbol{a}\|$，$\|\boldsymbol{b}\|\leqslant\|\boldsymbol{a}+\boldsymbol{b}\|$，$\|\boldsymbol{a}-\boldsymbol{b}\|$。

几何上讲，这个定义意味着，与格约化基相关的基本平行四边形的对角线至少与边一样长，如图2.3-1所示。

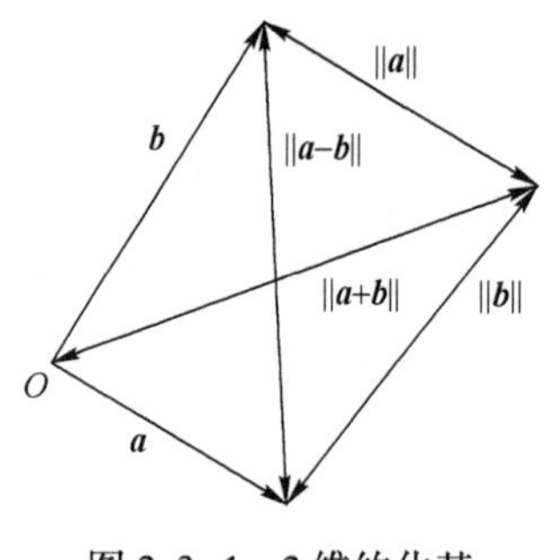

图 2.3-1　2 维约化基

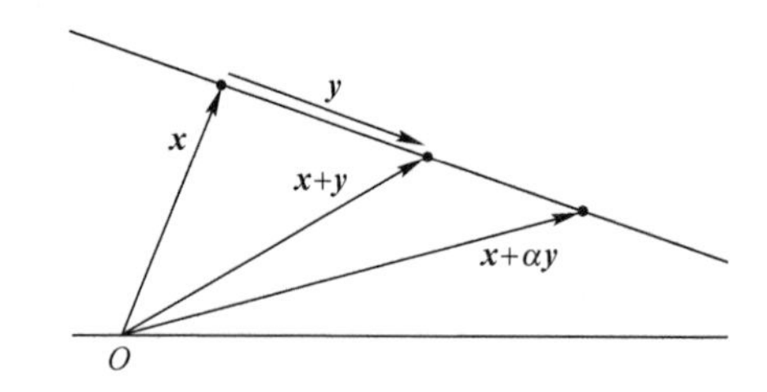

图 2.3-2　三点一线

考虑三个共线的向量 $\boldsymbol{x}$，$\boldsymbol{x}+\boldsymbol{y}$，$\boldsymbol{x}+\alpha\boldsymbol{y}$，其中 $\alpha\in(1,\infty)$，如图 2.3-2 所示。对于任意范数 $\|\cdot\|$，如果 $\|\boldsymbol{x}\|\leqslant\|\boldsymbol{x}+\boldsymbol{y}\|$，那么 $\|\boldsymbol{x}+\boldsymbol{y}\|\leqslant\|\boldsymbol{x}+\alpha\boldsymbol{y}\|$。而且，如果 $\|\boldsymbol{x}\|<\|\boldsymbol{x}+\boldsymbol{y}\|$，那么 $\|\boldsymbol{x}+\boldsymbol{y}\|<\|\boldsymbol{x}+\alpha\boldsymbol{y}\|$。由此我们可以证明约化基的事实：

令 $[\boldsymbol{a},\boldsymbol{b}]$ 是格基，令 λ_1 和 λ_2 为连续最小量，那么 $[\boldsymbol{a},\boldsymbol{b}]$ 是约化的当且仅当 $\boldsymbol{a}$，$\boldsymbol{b}$ 的范数是 λ_1 和 λ_2。

这保证了我们的 Gauss 算法的正确性。为了证明这个事实，我们引入下面的引理。通俗地说，当某个点在一条直线上移动距离增加时，再继续沿这个方向移动，距离也会保持增加。

高斯算法　这里我们介绍任意 2 维格中寻找约化基的算法。输入两个线性无关向量 $\boldsymbol{a}$ 和 $\boldsymbol{b}$，输出关于格 $\mathcal{L}[\boldsymbol{a},\boldsymbol{b}]$ 的约化基。

开始：适当交换 $\boldsymbol{a}$ 和 $\boldsymbol{b}$ 的顺序并重新命名，使得 $\|\boldsymbol{a}\|\leqslant\|\boldsymbol{b}\|$；必要时用 $-\boldsymbol{b}$ 代替 $\boldsymbol{b}$，使得 $\|\boldsymbol{a}-\boldsymbol{b}\|\leqslant\|\boldsymbol{a}+\boldsymbol{b}\|$。此时，如果 $\|\boldsymbol{b}\|\leqslant\|\boldsymbol{a}-\boldsymbol{b}\|$，则输出 $[\boldsymbol{a},\boldsymbol{b}]$；如果 $\|\boldsymbol{a}\|=\|\boldsymbol{b}\|$，则输出 $[\boldsymbol{a},\boldsymbol{a}-\boldsymbol{b}]$；如果 $\|\boldsymbol{a}\|\leqslant\|\boldsymbol{a}-\boldsymbol{b}\|$，则令 $[\boldsymbol{a},\boldsymbol{b}]:=[\boldsymbol{b}-\boldsymbol{a},\boldsymbol{a}]$ 并执行下列循环（loop）。

循环（loop）：寻找 $\mu\in\mathbb{Z}$ 使得 $\|\boldsymbol{b}-\mu\boldsymbol{a}\|$ 最小，用 $\boldsymbol{b}-\mu\boldsymbol{a}$ 代替 $\boldsymbol{b}$。若 $\|\boldsymbol{a}-\boldsymbol{b}\|>\|\boldsymbol{a}+\boldsymbol{b}\|$，则用 $-\boldsymbol{b}$ 代替 $\boldsymbol{b}$ 并交换 $\boldsymbol{a}$ 和 $\boldsymbol{b}$ 的顺序。若 $[\boldsymbol{a},\boldsymbol{b}]$ 是约化基，则输出它；否则，继续循环。

算法正确性：为方便起见，称满足 $\|\boldsymbol{a}\|\leqslant\|\boldsymbol{a}-\boldsymbol{b}\|<\|\boldsymbol{b}\|$ 的基 $[\boldsymbol{a},\boldsymbol{b}]$ 是良序的。算法在执行循环之前，我们所执行的操作是计算 $\mathcal{L}([\boldsymbol{a},\boldsymbol{b}])$ 的一组基是良序的或约化的。如果是约化基，则算法立即终止。

事实上，不失一般性，假定 $\|\boldsymbol{a}\|\leqslant\|\boldsymbol{b}\|$（必要时可以通过交换 $\boldsymbol{a}$ 与 $\boldsymbol{b}$ 实现）并且 $\|\boldsymbol{a}-\boldsymbol{b}\|\leqslant\|\boldsymbol{a}+\boldsymbol{b}\|$（必要时可以通过改变 $\boldsymbol{b}$ 的符号实现）。如果 $\|\boldsymbol{b}\|\leqslant\|\boldsymbol{a}-\boldsymbol{b}\|$，那么 $[\boldsymbol{a},\boldsymbol{b}]$ 是约化的并且算法立即终止。因此，我们假设 $\|\boldsymbol{a}-\boldsymbol{b}\|<\|\boldsymbol{b}\|$。如果 $\|\boldsymbol{a}\|\leqslant\|\boldsymbol{a}-\boldsymbol{b}\|$，那么 $[\boldsymbol{a},\boldsymbol{b}]$ 是良序的并且可以执行迭代。因此，假设 $\|\boldsymbol{a}-\boldsymbol{b}\|<\|\boldsymbol{a}\|$。如果 $\|\boldsymbol{a}\|<\|\boldsymbol{b}\|$，那么 $[\boldsymbol{b}-\boldsymbol{a},-\boldsymbol{a}]$ 是一组良序基，在适当调整基之后进入迭代。唯一例

外是 $\|a-b\|<\|a\|=\|b\|$，但这种情况下，因为 $\|a-(a-b)\|=\|b\|=\|a\|$ 且 $\|a+(a-b)\|=\|2a-b\|\geqslant 2\|a\|-\|b\|=\|a\|$，$[a,a-b]$ 是约化的。

此时，除非找到约化基，否则得到一组良序基 $[a,b]$ 并且算法进入循环。循环包含以下三个步骤。

① 找到整数 μ 使得 $\|b-\mu a\|$ 的值最小。即通过减去 a 的整数倍使得 b 足够短。

② 如果 $\|a-b\|>\|a+b\|$，那么令 $b=-b$。在该步结束之时，我们总有 $\|a-b\|\leqslant\|a+b\|$。

③ 如果 $[a,b]$ 不是约化的，那么交换 a 与 b 并返回继续执行循环。

下面说明如何有效找到一个整数 μ 满足 $\|b-\mu a\|$ 最小，μ 满足 $\mu\geqslant 1$ 且 $\mu\leqslant 2\|b\|/\|a\|$。事实上，取 $c=\lceil 2\|b\|/\|a\|\rceil$，由三角不等式，$\|b-ca\|\geqslant c\|a\|-\|b\|\geqslant\|b\|$ 并且有 $\|b-ca\|\leqslant\|b-(c+1)a\|$。因此，对于 $k=c$，$\|b-ka\|\leqslant\|b-(k+1)a\|$ 成立；但对于 $k=0$ 时，前式不成立。使用二分查找法，我们能够有效在 1 和 c 之间找到一个整数 μ，使得对于 $k=\mu$ 时，$\|b-ka\|\leqslant\|b-(k+1)a\|$ 成立，但对于 $k=\mu-1$ 时不成立，即 $\|b-(\mu-1)a\|\geqslant\|b-\mu a\|\leqslant b-(\mu+1)a\|$。这个 μ 的值使得 $\|b-ka\|$ 最小（在取遍所有可能的 k）。

在高斯算法执行过程中，每次循环开始时，$[a,b]$ 是良序的。事实上，在每次循环结束后，$[a,b]$ 或者是约化的（此时算法终止）或者是良序的（下次循环继续）。若 $[a,b]$ 是良序的，b 被一个新的向量 $b-\mu a$ 所取代，而这个向量是严格小于 b 的。因此，在每次迭代中其中一个基向量变得严格短，且 $[a,b]$ 选取的值都不重复。由于只有有限多个长度至多为 $\|a\|+\|b\|$ 的格向量，算法必在有限次循环之后停止。即高斯算法总能终止并正确计算出格 $\mathcal{L}([a,b])$ 的一组约化基。

运行时间分析：高斯算法将在多项式时间内终止。既然我们已经知道算法会终止并且每次循环都在多项式时间内运行，那么只需要证明循环的次数是输入长度的多项式即可。

令 k 是在输入 $[a,b]$ 上迭代的总次数。令 $[a_k,a_{k+1}]$ 为首次循环开始时的（良序）基。任何后面的迭代都开始于良序基 $[a_i,a_{i+1}]$ 上，直到找到约化基 $[a_1,a_2]$（这里的下标是逆序）。于是我们有算法执行过程中基的序列 $(a_1,\cdots,a_{k+1})$。

直接验证可知，对于任何 $i\geqslant 3$，$\|a_i\|<\dfrac{1}{2}\|a_{i+1}\|$。对所有的 $i>4$，$\|a_i\|\geqslant 2^{i-3}\|a_3\|$。特别地，对任何输入整向量 a 和 b，$2^{k-1}\leqslant 2^{k-2}\|a_3\|\leqslant\|a_{k+1}\|\leqslant\|a\|+\|b\|$，故 $k\leqslant 2+\log(\|a\|+\|b\|)$，因此高斯算法的运行时间是以输入大小为参数的多项式。

综上所述，对于任何有效计算的范数 $\|\cdot\|$，存在一个多项式算法，满足以两个线性无关的整向量 a，b 为输入，输出格 $\mathcal{L}([a,b])$ 的基 $[a',b']$，使得 $\|a'\|=\lambda_1$ 和 $\|b'\|=\lambda_2$。特别地，2 维格的 SVP 问题可在多项式时间内解决。

2.3.2 LLL 算法

在 2.3.1 节，我们描述了 2 维格中找到最短向量的多项式时间算法：我们给出一个算法来计算约化基，而约化基的第一个向量即是格中最短向量。本部分我们对 n 维格采取相同的方法，但我们只能证明约化基中第一个向量与格最短向量相差指数因子 $\gamma(n)=(2/\sqrt{3})^n$。因此，这个算法不一定能找到格中的最短向量，但可以计算出一个长度至多为 $\gamma(n)\lambda_1$ 的格向量。尽管该 n 维算法能被用于各种范数，为了简便，这里我们只考虑 ℓ_2 范数。

约化基 在 ℓ_2 范数下，对于 n 维格，正交化过程如下：

$$\boldsymbol{b}_i^* = \boldsymbol{b}_i - \sum\nolimits_{j>i} \mu_{i,j}\boldsymbol{b}_j^*, \quad \mu_{i,j} = \frac{\langle \boldsymbol{b}_i, \boldsymbol{b}_j^* \rangle}{\langle \boldsymbol{b}_j^*, \boldsymbol{b}_j^* \rangle}$$

鉴于该过程，我们先定义一个从 $\mathbb{R}^m$ 到 $\text{span}(\boldsymbol{b}_i^*, \boldsymbol{b}_{i+1}^*, \cdots, \boldsymbol{b}_n^*)$ 的投影 $\pi_i : \pi_i(\boldsymbol{x}) = \sum_{j=i}^{n} \frac{\langle \boldsymbol{x}, \boldsymbol{b}_j^* \rangle}{\langle \boldsymbol{b}_j^*, \boldsymbol{b}_j^* \rangle}\boldsymbol{b}_j^*$，即对任意向量 $\boldsymbol{x} \in \text{span}(\boldsymbol{B})$，$\pi_i(\boldsymbol{x})$ 为 $\boldsymbol{x}$ 正交于 $\boldsymbol{b}_1, \cdots, \boldsymbol{b}_{i-1}$ 的分支。特别地，Gram-Schmit 正交化向量可以表示为 $\boldsymbol{b}_i^* = \pi_i(\boldsymbol{b}_i)$。

基于上述，现在定义 n 维格的约化基。为了使约化基算法运行时间分析更加明确，我们引入一个实参数 δ，满足 $1/4<\delta<1$，且由 δ 参数化约化基定义。

称格基 $\boldsymbol{B}=[\boldsymbol{b}_1, \cdots, \boldsymbol{b}_n] \in \mathbb{R}^{m\times n}$ 是关于参数 δ 的 LLL 约化基（简称 δ LLL 约化基），若它满足：

（1）$|\mu_{i,j}| \leqslant 1/2$，其中对任意 $i>j$，$\mu_{i,j}$ 为正交化系数；

（2）对任意相邻两个向量 $\boldsymbol{b}_i$，$\boldsymbol{b}_{i+1}$，有

$$\delta \| \pi_i(\boldsymbol{b}_i) \|^2 \leqslant \| \pi_i(\boldsymbol{b}_{i+1}) \|^2 \tag{2.2}$$

若 $\delta=1$，则对任意 $i=1,\cdots,n-1$，2 维基 $[\pi_i(\boldsymbol{b}_i), \pi_i(\boldsymbol{b}_{i+1})]$ 是约化基。

关于 δ LLL 约化基，利用 $\lambda_1 \geqslant \min_i \|\boldsymbol{b}_i^*\|$ 可以简单证明：

基 $\boldsymbol{B}=[\boldsymbol{b}_1, \cdots, \boldsymbol{b}_n] \in \mathbb{R}^{m\times n}$ 是关于参数 δ 的 LLL 约化基，若 $\delta \in (1/4, 1)$，则 $\|\boldsymbol{b}_1\| \leqslant (2/\sqrt{4\delta-1})^{n-1}\lambda_1$。特别地，若 $\delta=(1/4)+(3/4)^{n/(n-1)}$，则 $\|\boldsymbol{b}_1\| \leqslant (2/\sqrt{3})^n\lambda_1$。

LLL 约化基算法 对任意 $i>j$，经过约化步骤后 $|\mu_{i,j}| \leqslant 1/2$，经过相邻的向量交换后，在循环前我们先计算 $\boldsymbol{B}$ 的约化基 $\boldsymbol{B}^*$，用于计算 $c_{i,j}$。为简单起见，输入为一组格基 $\boldsymbol{B}=[\boldsymbol{b}_1, \cdots, \boldsymbol{b}_n] \in \mathbb{Z}^{m\times n}$，输出格 $\mathcal{L}(\boldsymbol{B})$ 的一组 LLL 约化基。算法如下：

（循环）：
对于 $i=1,2,\cdots,n$，

> 对于 $j=i-1,\cdots,2,1$,
>
> $\boldsymbol{b}_i:=\boldsymbol{b}_i-c_{i,j}\boldsymbol{b}_j$，其中 $c_{i,j}=\left\lfloor\dfrac{\langle\boldsymbol{b}_i,\boldsymbol{b}_j\rangle}{\langle\boldsymbol{b}_j,\boldsymbol{b}_j\rangle}\right\rceil$;
>
> 若对某 i 有 $\delta\|\pi_i(\boldsymbol{b}_i)\|^2>\|\pi_i(\boldsymbol{b}_{i+1})\|^2$，
>
> 则交换 $\boldsymbol{b}_i$ 和 $\boldsymbol{b}_j$，并继续循环；
>
> 否则，输出 $\boldsymbol{B}$

在约化步骤中，要保证，对所有 $i>j$ 有 $|\mu_{i,j}|\leqslant1/2$。这可以通过改进 Gram-Schmidt 正交化过程来实现。即重复定义向量序列 $\boldsymbol{b}'_1,\cdots,\boldsymbol{b}'_n$，其中 $\boldsymbol{b}'_1=\boldsymbol{b}_1$，并且每个 $\boldsymbol{b}'_i$可由 $\boldsymbol{b}_i$ 减去 $\boldsymbol{b}'_j(i>j)$ 的适当整数倍得到。因为 $\boldsymbol{B}'$是由 $\boldsymbol{B}=[\boldsymbol{b}_1,\cdots,\boldsymbol{b}_n]$ 通过一系列初等列变化得到的，所以 $\boldsymbol{B}'$和 $\boldsymbol{B}$ 是等价基。仅有的其他操作是，约化后，在交换步骤里重新排列 $\boldsymbol{B}'$中的列顺序。因此，每次迭代末，$\boldsymbol{B}$ 为输入格的基。

注意到约化步前后与基 $\boldsymbol{B}$ 相伴随的正交基 $\boldsymbol{B}^*$ 是一样的，即变换 $\boldsymbol{B}\to\boldsymbol{B}'$不改变正交向量 $\boldsymbol{b}_i^*$。易证，经变换 $\boldsymbol{B}\to\boldsymbol{B}'$后，新基 $\boldsymbol{B}'$的正交化系数 $\mu_{i,j}(i>j)$ 都满足 $|\mu_{i,j}|\leqslant1/2$。

运行约化步骤后（即满足条件 $|\mu_{i,j}|\leqslant1/2$ 后），我们可以检验 LLL 约化基的第二条性质，即对所有相邻两个向量 $\boldsymbol{b}_i,\boldsymbol{b}_{i+1}$，是否满足式（2.2）。若对某个 i，有 $\delta\|\pi_i(\boldsymbol{b}_i)\|^2>\|\pi_i(\boldsymbol{b}_{i+1})\|^2$，则我们交换 $\boldsymbol{b}_i,\boldsymbol{b}_{i+1}$。不满足式（2.2）的相邻向量对也许有很多，在最初 LLL 算法，i 是使得 $\delta\|\pi_i(\boldsymbol{b}_i)\|^2>\|\pi_i(\boldsymbol{b}_{i+1})\|^2$ 的最小下标，但用于交换的任何选择都是等效的。实际上，我们可以同时交换几个不邻接的向量对。

若任何两个向量交换，基也许不再是长度约化的，即正交化系数可能有 $|\mu_{i,j}|>1/2$，则返回约化步骤，重复整个过程。很明显，若在某个点处，经过约化步骤后，相邻向量对都不需要交换，则 $\boldsymbol{B}$ 是 LLL 约化基。此外，最终矩阵 $\boldsymbol{B}$ 等价于初始输入矩阵（因为 $\boldsymbol{B}$ 是通过向量序列的列初等变换得到）。因此，若 LLL 算法停止，输出矩阵是一个 LLL 约化基。

运行时间分析：为了证明算法是在多项式时间内运行的，必须证明迭代次数是关于输入大小的多项式，且每次迭代都有多项式次运算。

（1）迭代次数的界。算法的次数等于在交换步骤中两个相邻向量交换的次数。为了找到迭代次数的界，将基 $\boldsymbol{B}$ 和一个正整数联系起来，证明每次两个向量交换这个整数以因子 δ 减少。这个整数与最初基相联系得到迭代次数是个对数。对任意 $k=1,\cdots,n$，考虑前 k 个基向量形成的子格 $\Lambda_k=\mathcal{L}([\boldsymbol{b}_1,\cdots,\boldsymbol{b}_k])$。$\Lambda_k$ 是整数格，$\det(\Lambda_k)^2$ 是一个正整数，则 $d=\prod_{k=1}^{n}\det(\Lambda_k)^2$ 是与基 $\boldsymbol{B}$ 相关的整数。

注意到由于约化后不会改变正交向量，即约化后不会影响 $\boldsymbol{d}$ 的值且 $\det(\Lambda_k)$ 可以表示成$\|\boldsymbol{b}_1^*\|,\cdots,\|\boldsymbol{b}_k^*\|$的函数。我们证明，向量 $\boldsymbol{b}_i,\boldsymbol{b}_{i+1}$交换时，$\boldsymbol{d}$ 以因子 δ 减少。令 d' 为交换后的值，类似地，令 Λ_k'为$[\boldsymbol{b}_1',\cdots,\boldsymbol{b}_k']$生成的格，只有当 $\delta\|\pi_i(\boldsymbol{b}_i)\|^2>\|\pi_i(\boldsymbol{b}_{i+1})\|^2$ 时，$\boldsymbol{b}_i,\boldsymbol{b}_{i+1}$交换。观察到当向量 $\boldsymbol{b}_i,\boldsymbol{b}_{i+1}$交换时，对所有的 $k\neq i$，$\det(\Lambda_k)$不变。这是因为对 $k<i$，基$[\boldsymbol{b}_1,\cdots,\boldsymbol{b}_k]$不变，故 $\det(\Lambda_k)$不变；而对 $k>i$，只是改变$[\boldsymbol{b}_1,\cdots,\boldsymbol{b}_k]$中的两个向量的顺序。在这两种情况下，变换前后有 $\det(\Lambda_k)=\det(\boldsymbol{\Lambda}_k')$。因此，有

$$\frac{d'}{d}=\frac{\det(\Lambda')^2}{\det(\Lambda_i)^2}=\frac{\det([\boldsymbol{b}_1,\cdots,\boldsymbol{b}_{i-1},\boldsymbol{b}_{i+1}])^2}{\det([\boldsymbol{b}_1,\cdots,\boldsymbol{b}_i])^2}=\frac{\left(\prod_{j=1}^{i-1}\|\boldsymbol{b}_j^*\|^2\right)\cdot\|\pi_i(\boldsymbol{b}_{i+1})\|^2}{\prod_{j=1}^{i}\|\boldsymbol{b}_j^*\|^2}=\frac{\|\pi_i(\boldsymbol{b}_{i+1})\|^2}{\|\pi_i(\boldsymbol{b}_i)\|^2}$$

由 $\delta\|\pi_i(\boldsymbol{b}_i)\|^2>\|\pi_i(\boldsymbol{b}_{i+1})\|^2$ 知上式小于 δ。从而在每次迭代，d 至少减少至因子 δ 倍。令 d_0 为对应于输入矩阵的整数，d_k 为经过 k 次迭代后与 $\boldsymbol{B}$ 有关的整数。对 k 归纳，得 $d_k\leqslant\delta^k d_0$。因为 d_k 是正整数，$\delta^k d_0\geqslant d_k\geqslant 1$ 且对任意 $\delta<1$ 一定有 $k\leqslant\frac{\ln d_0}{\ln(1/\delta)}$。因为 d_0 是在多项式时间可从 $\boldsymbol{B}$ 计算的，故 $\ln d_0$ 是输入大小的多项式。若 δ 为任意小于 1 的固定常数，则因子$(\ln(1/\delta))^{-1}$只增加迭代次数的常数倍。

注意：若 $\delta=(1/4)+(3/4)^{n/(n-1)}$，则对所有 $c>1$ 和所有足够大的 n，$(\ln(1/\delta))^{-1}\leqslant n^c$。综上，这就证明了经过多项式次迭代，LLL 算法以因子$(2/\sqrt{3})^n$ 近似计算格中的最短向量。

（2）每次迭代运行时间的界。每次迭代中执行算术操作的数目显然是多项式，为了证明运行时间是多项式的界，只需证明，在整个计算中数的大小都由输入大小的多项式界定。LLL 算法使用有理数，需要通过这些数和它们的大小来界定所要求的精度。

从正交化过程知 $\boldsymbol{b}_i-\boldsymbol{b}_i^*=\sum_{j=1}^{i-1}v_{i,j}\boldsymbol{b}_j$，这里 $v_{i,j}$为实数（注意到这些实数与 Gram-Schmidt 系数 $\mu_{i,j}$不同。特别地，$|v_{i,j}|$可以比 1/2 大）。令 $t<i$ 且用 $\boldsymbol{b}_t$ 与 $\boldsymbol{b}_i-\boldsymbol{b}_i^*=\sum_{j=1}^{i-1}v_{i,j}\boldsymbol{b}_j$ 做内积。因为 $\boldsymbol{b}_i^*$ 正交于 $\boldsymbol{b}_t$，我们得到 $\langle\boldsymbol{b}_i,\boldsymbol{b}_t\rangle=\sum_{j=1}^{i-1}v_{i,j}\langle\boldsymbol{b}_j,\boldsymbol{b}_t\rangle$。令 $\boldsymbol{B}_t=[\boldsymbol{b}_1,\cdots,\boldsymbol{b}_t]$，$\boldsymbol{v}_i=[v_{i,1},\cdots,v_{i,i-1}]^{\mathrm{T}}$，则对所有 $t=1,\cdots,i-1$，$\boldsymbol{b}_i^{\mathrm{T}}\boldsymbol{B}_{i-1}=\boldsymbol{v}_i^{\mathrm{T}}\boldsymbol{B}_{i-1}^{\mathrm{T}}\boldsymbol{B}_{i-1}$，且 $\boldsymbol{v}_i$ 为以 $\boldsymbol{B}_{i-1}^{\mathrm{T}}\boldsymbol{B}_{i-1}$为系数的线性方程组的解。令 $d_{i-1}=\det(\boldsymbol{B}_{i-1}^{\mathrm{T}}\boldsymbol{B}_{i-1})=\det(\Lambda_{i-1})^2$，$\Lambda_{i-1}$为 $i-1$ 次迭代时由$[\boldsymbol{b}_1,\cdots,\boldsymbol{b}_{i-1}]$经过交换形成的格。由克莱姆法则，知 $d_{i-1}\boldsymbol{v}_i$ 是整数向量。我们用这个性质来界定系数 $\mu_{i,j}$和正交向量 $\boldsymbol{b}_i^*$ 中的分母。

注意：$d_{i-1} \cdot \boldsymbol{b}_i^* = d_{i-1} \cdot \boldsymbol{b}_i + \sum_{j=1}^{i-1} (d_{i-1} v_{i,j}) \boldsymbol{b}_j$ 是一个整数向量的整数线性组合，因此 $\boldsymbol{b}_i^*$ 中的分母都是 d_{i-1} 的因子。而 Gram - Schmidt 系数 $\mu_{i,j} = \dfrac{\langle \boldsymbol{b}_i, \boldsymbol{b}_j^* \rangle}{\langle \boldsymbol{b}_j^*, \boldsymbol{b}_j^* \rangle} = \dfrac{d_{j-1} \langle \boldsymbol{b}_i, \boldsymbol{b}_j^* \rangle}{d_{j-1} \| \boldsymbol{b}_j^* \|^2} = \dfrac{\langle \boldsymbol{b}_i, d_{j-1} \boldsymbol{b}_j^* \rangle}{d_j}$这里 $d_j = \prod_{k=1}^{j} d_i \| \boldsymbol{b}_k^* \|^2$，所以$\mu_{i,j}$的分母整除 d_j。这证明计算期间出现的所有有理数分母都整除 $d = \prod_{i=1}^{n} d_i$。但是，我们从迭代次数的分析中得到 log d 最初是由输入大小的多项式界定，并且在算法执行过程中可以减少，所以在计算中所有有理数分母都有多项式大小。

我们还要证明这个数的大小是多项式的。已知 $|\mu_{i,j}| \leqslant 1/2$，因此只需考虑向量长度的界。对任意 $i>1$，由于 $d_{i-1}\boldsymbol{b}_i^*$ 是非零整数向量且$\| \boldsymbol{b}_1^* \| = \| \boldsymbol{b}_1 \| \geqslant 1$，另外，$d_i = \prod_{j=1}^{i} \| \boldsymbol{b}_j^* \|^2$，因此 $\| \boldsymbol{b}_i \|^2 = \| \boldsymbol{b}_i^* \|^2 + \sum_{j=1}^{i-1} \mu_{i,j}^2 \| \boldsymbol{b}_j^* \|^2 \leqslant d^2 + (n/4) d^2 \leqslant n d^2$。

这就证明了 LLL 算法执行的所有数都可以用多项式个比特表示，从而说明对于$\delta = (1/4) + (3/4)^{n/(n-1)}$，LLL 算法在多项式时间内运行。

关于最短向量问题的多项式时间的近似算法，我们有下列定理。

【定理 2.5】 存在一个多项式时间算法，对于输入整数基 $\boldsymbol{B}$，输出 $\mathcal{L}(\boldsymbol{B})$的一个非零向量 $\boldsymbol{x}$ 满足$\| \boldsymbol{x} \| \leqslant (2/\sqrt{3})^n \lambda_1$，其中 n 为格的秩。

通过 LLL 约化得到 SVP 的近似因子是关于格秩的指数，这是一个相当了不起的成就，因为对每个固定维数的格，近似因子是一个常量，与输入大小无关。特别的，LLL 算法首次对固定的维数的 SVP 给出相对精确的解，运行时间为$2^{O(n^2)}$，仅依靠于维数。对 $\delta = \sqrt{3}/2$，且作为求解近似因子为 $2^{(n-2)/2}$的SVP 的算法，LLL 算法被广泛引用。1982 年，Lenstra 已经发现，δ 可以用任意严格小于 1 的常数代替。这说明，对任意 $c<2/\sqrt{3}$，近似因子可为 c^{n-1}。当 $\delta=1$ 时，LLL 算法在多项式时间内是否终止仍是一个长期未解问题。

由于 LLL 算法的发现，目前多项式时间求解近似 SVP 算法，输出的近似因子已改进为关于秩的亚指数函数。1987 年，Schnorr 提出了 BKZ（Block-Korkine-Zolotarev）约化算法，这是 LLL 算法和 Korkine-Zolotarev 约化算法的结合，近似因子为 $2^{\varepsilon n}$（ε 为大于 0 的任意常数）。2001 年，Ajtai 等找到了一个简单且精致的方法在时间 $2^{O(n)}$ 内概率解决 SVP。

2.3.3 最近平面算法

我们将证明如何使用 LLL 约化基求解近似因子为 $2(2/\sqrt{3})^n$ 的最近向量问

题。事实上，求解 CVP 的算法已经包含在 LLL 约化过程中，思路如下。

给定一个 LLL 约化基 $\boldsymbol{B}=[\boldsymbol{b}_1,\cdots,\boldsymbol{b}_n]$ 和一个目标向量 $\boldsymbol{t}$，以 $[\boldsymbol{B},\boldsymbol{t}]$ 为输入（即在格基中加入向量 $\boldsymbol{t}$），运行 LLL 算法的约化步骤，可找到一个格向量 $\boldsymbol{x}\in\mathcal{L}(\boldsymbol{B})$，使得 $\boldsymbol{t}-\boldsymbol{x}$ 可以表达为 $\boldsymbol{t}^* + \sum_{i=n}^{n} c_i\boldsymbol{b}_i^*$，这里 $\boldsymbol{t}^*$ 为 $\boldsymbol{t}$ 垂直于 $\mathrm{span}(\boldsymbol{b}_1,\cdots,\boldsymbol{b}_n)$ 的分支，且对所有 $i=1,\cdots,n$，有 $|c_i|\leqslant 1/2$。可以证明 $\boldsymbol{x}$ 到 $\boldsymbol{t}$ 的距离为最优距离的 $2(2/\sqrt{3})^n$ 倍。

为简单起见，输入一组整格基 $\boldsymbol{B}=[\boldsymbol{b}_1,\cdots,\boldsymbol{b}_n]\in\mathbb{Z}^{m\times n}$ 和一个目标向量 $\boldsymbol{t}\in\mathbb{Z}^n$，输出格向量 $\boldsymbol{x}\in\mathcal{L}(\boldsymbol{B})$ 使得 $\|\boldsymbol{t}-\boldsymbol{x}\|\leqslant 2(2/\sqrt{3})^n\cdot\mathrm{dist}(\boldsymbol{t},\mathcal{L}(\boldsymbol{B}))$。

具体算法如下（这个算法称为**最近平面算法**，记为 $\mathrm{ApproxCVP}(\boldsymbol{t},\boldsymbol{B})$）：

> 对于 $\boldsymbol{B}$ 运行 LLL 算法
> 令 $\boldsymbol{b}:=\boldsymbol{t}$
> 对于 $j=n,\cdots,2,1$
> $$c_j=\left\lfloor\frac{\langle\boldsymbol{b},\boldsymbol{b}_j\rangle}{\langle\boldsymbol{b}_j,\boldsymbol{b}_j\rangle}\right\rceil$$
> $\boldsymbol{b}:=\boldsymbol{b}-c_j\boldsymbol{b}_j$
> 返回 $\boldsymbol{t}-\boldsymbol{b}$

【定理 2.6】 当 $\delta=(1/4)+(3/4)^{n/(n-1)}$ 时，最近平面算法近似求解因子为 $2(2/\sqrt{3})^n$ 的 CVP。

证明：假设基 $\boldsymbol{B}$ 是 LLL 约化基，不失一般性，假设目标点 $\boldsymbol{t}\in\mathrm{span}(\boldsymbol{B})$（若 $\boldsymbol{t}\notin\mathrm{span}(\boldsymbol{B})$，则将 $\boldsymbol{t}$ 投影于 $\mathrm{span}(\boldsymbol{B})$，并找到一个与投影点最近的格点），对格的维数 n 进行归纳：

显然，若 $\boldsymbol{B}=[\boldsymbol{b}_1,\cdots,\boldsymbol{b}_n]$ 是 LLL 约化基，则对所有 $k=1,\cdots,n$，$[\boldsymbol{b}_1,\cdots,\boldsymbol{b}_k]$ 也是 LLL 约化的。

令 $\boldsymbol{B}^*=[\boldsymbol{b}_1^*,\cdots,\boldsymbol{b}_n^*]$ 是 $\boldsymbol{B}$ 的正交化基。最近平面算法可以等价地描述如下（图 2.3-3）：

① 找到一个整数 c 使得超平面 $c\boldsymbol{b}_n^*+\mathrm{span}(\boldsymbol{b}_1,\cdots,\boldsymbol{b}_{n-1})$ 尽可能接近 $\boldsymbol{t}$。

② 递归找到一个格点 $\boldsymbol{x}'\in\mathcal{L}(\boldsymbol{b}_1,\cdots,\boldsymbol{b}_{n-1})$ 近似最接近 $\boldsymbol{t}-c\boldsymbol{b}_n$ 在 $\mathrm{span}(\boldsymbol{b}_1,\cdots,\boldsymbol{b}_{n-1})$ 上的投影 $\boldsymbol{t}'$。

③ 输出 $\boldsymbol{x}=\boldsymbol{x}'+c\boldsymbol{b}_n$。

令 $\boldsymbol{x}\in\mathcal{L}(\boldsymbol{B})$ 是最接近 $\boldsymbol{t}$ 的格点，证明 $\|\boldsymbol{t}-\boldsymbol{x}\|\leqslant 2(2/\sqrt{3})^n\|\boldsymbol{t}-\boldsymbol{y}\|$，分为下面两种情况。

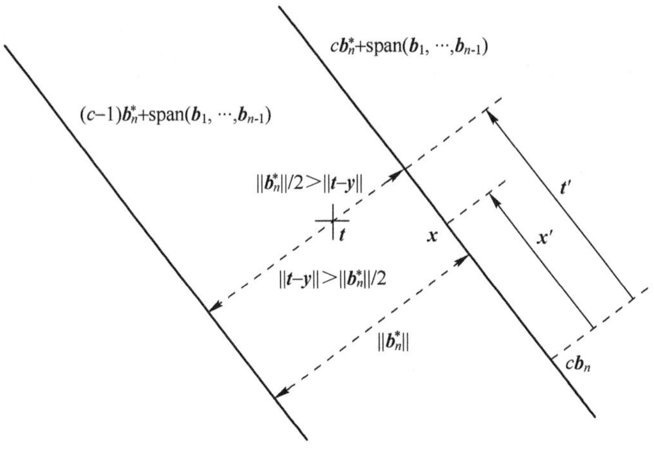

图 2.3-3　最近平面算法证明思路

情况 1：$\|t-y\|<\|b_n^*\|/2$。由于每个超平面之间的距离为$\|b_n^*\|$，其他超平面与 t 的距离都大于$\|b_n^*\|/2$，则 y 一定属于超平面 $cb_n^*+\text{span}(b_1,\cdots,b_{n-1})$。因此，$y'=y-cb_n$ 是 $\mathcal{L}(b_1,\cdots,b_{n-1})$中最接近 t'的格点。由归纳假设，可以找到一个格点 x'与 $t-cb_n$ 在距离 $2(2/\sqrt{3})^{n-1}\|t'-y'\|=2(2/\sqrt{3})^{n-1}\|t-y\|$内。于是可以得到 $x=x'+cb_n$ 与 t 的距离在 $2(2/\sqrt{3})^{n-1}\|t-y\|$内。

情况 2：$\|t-y\|\geqslant\|b_n^*\|/2$。我们使用 LLL 约化基的性质证明，由最近平面算法找到格向量满足$\|t-x\|^2\leqslant(4/3)^n\|b_n^*\|^2$，因此$\|t-x\|\leqslant2(2/\sqrt{3})^{n-1}\|t-y\|$。我们已经知道 $t-x'=\sum_{i=1}^{n}\mu_i b_i^*$，实数$\mu_i$ 满足$|\mu_i|\leqslant1/2$。注意 LLL 约化基中正交向量满足$\|b_i^*\|\leqslant\alpha\|b_{i+1}^*\|$，其中 $\alpha=2/\sqrt{4\delta-1}$，且对 $n-i$ 归纳，知$\|b_i^*\|\leqslant\alpha^{n-i}\|b_n^*\|$。因此

$$\|t-x'\|^2=\sum_{i=1}^{n}\mu_i^2\|b_i^*\|^2\leqslant\frac{1}{4}\sum_{i=1}^{n}\alpha^{2(n-i)}\|b_n^*\|^2$$

$$=\frac{1}{4}\frac{\alpha^{2n}-1}{\alpha^2-1}\|b_n^*\|^2=\frac{\alpha^{2(n-1)}}{4}\left(1+\frac{1-\alpha^{2(n-1)}}{\alpha^2-1}\right)\|b_n^*\|^2$$

由 $\alpha=2/\sqrt{4\delta-1}$ 和 $\delta=(1/4)+(3/4)^{n/(n-1)}$，得 $\alpha^{n-1}=(2/\sqrt{3})^n$，即 $\alpha^2=(4/3)^{1+1(n-1)}$。带入最后一个等式有

$$\|t-x\|^2\leqslant\frac{1}{4}\left(\frac{4}{3}\right)^n\left(1+\frac{1-(3/4)^n}{(3/4)^{1+\frac{1}{n-1}}-1}\right)\|b_n^*\|^2\leqslant\left(\frac{4}{3}\right)^n\|b_n^*\|^2$$

显然，该算法满足加法性质，即对于任意向量 $z\in\mathcal{L}(B)$，有

$$\text{ApproxCVP}(t+z,B)=\text{ApproxCVP}(t,B)+z$$

最近平面算法是 1986 年 Babai 提出用于解决 CVP 的近似算法之一，是否存

在（确定和概率）解决 SVP（或 CVP）的近似算法可以获得关于格秩 n 的多项式近似因子，是这一领域中主要的公开问题，这对于建立可证明安全的加密函数非常重要。

习题

2.1　在 REACHABILITY 问题的搜索算法中，证明如下：

(1) 若点 v 是第 i 个添加到 S 中的点，则存在从 1 到 v 的一条通路；

(2) 若从 1 出发通过 l 条边可到达 v，则 v 一定能被添加到 S 中；

(3) 图 $G=(V,E)$ 的每条边被处理至多一次，从而算法至多运行 $O(|E|)$ 步。

2.2　试举例说明，存在以 C 为最大容量的 n 边的网络，计算其极大流量时效率 $O(n^3C)$ 是可能达到。(提示：如图 2.3-4 所示网络中四条边容量均为 C，对角线的容量为 1。利用 REACHABILITY 计算其最大流量时，试证明算法最坏需要重复 $2C$ 次。)

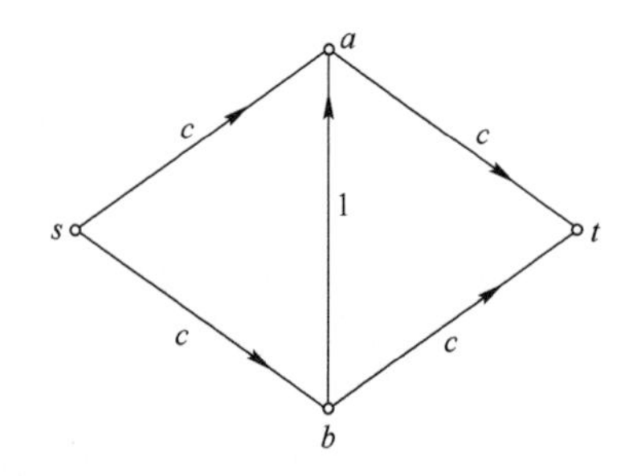

图 2.3-4　网络极大流量计算伪多项式效率举例

2.3　证明：极大流量-极小割集定理。

2.4　所谓二分图是一个三元组 $B=(U,V,E)$，其中 $U=\{u_1,\cdots,u_n\}$，称为 boy 顶点集，且 $V=\{v_1,\cdots,v_n\}$，称为 girl 顶点集，而 $E\subseteq U\times V$ 为边的集合。在二分图中一个完美匹配（或简单匹配）是一个 n 边集合 $M\subseteq E$，满足：对于任意两条边，$(u,v),(u',v')\in M$，$u\neq u'$ 且 $v\neq v'$，即 M 中没有两条边邻接。直观地，一个匹配即是将 u 分配一个 v，使得 $(u,v)\in E$，如图 2.3-5 所示。于是有完美匹配问题（MATCHING）：给定一个二分图，它是否有完美匹配？

试给出二分图完美匹配（Bipartite Matching）到极大流量 MAX FLOW(D) 的 Karp 归约，进而证明匹配问题是多项式时间可解的。(提示：对于二分图 $B=(U,V,E)$，以顶点 $U\cup V\cup\{s,t\}$ 构造网络，这里 s 为源，t 为接收器，边为 $\{(s,u):u\in U\}\cup E\cup\{(v,t):v\in V\}$，如图 2.3-6 所示，且所有边的容量均为 1。易见，B 有一个匹配当且仅当所得网络有值为 n 的流量，从而完成归约。利用 MAX FLOW(D) 的算法，可知完美匹配（MATCHING）问题可在多项式时间 $O(n^3)$ 内求解。）

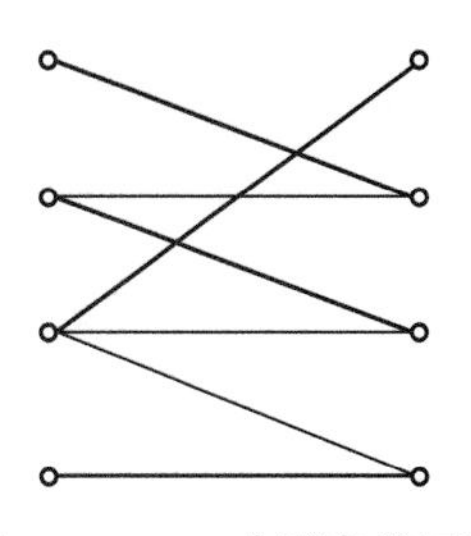

图 2.3-5　二分图完美匹配

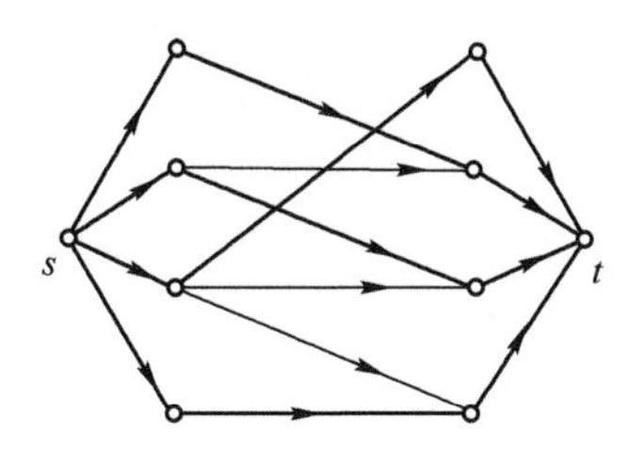

图 2.3-6　匹配归约到极大流量

2.5　证明：利用穷搜索可在 $O(2^n n^2)$ 时间内求解 SAT。

2.6　我们以 Boolean 永真性、等式性质和量词性质为基础，用公理作为最基本的永真式（称为逻辑公理），就可以在任意固定的词汇表 Σ 下用系统化方法研究表达式的真值。固定词汇表 Σ，我们就可以从一个（可数的无限的）逻辑公理集合开始生成（证明）新的永真式。从逻辑公理生成新的永真式的过程即为证明。具体地，证明即是一阶表达式的一个有限序列 $S=(\phi_1,\phi_2,\cdots,\phi_n)$，使得序列中每个表达式 ϕ_i，$1\leqslant i\leqslant n$，或者满足 $\phi_i\in\Lambda$，或者满足在表达式序列 $\phi_1,\phi_2,\cdots,\phi_{i-1}$ 中有两个形为 ψ 和 $\psi\Rightarrow\phi$ 的表达式。这里称 S 为 ϕ_n 的一个证明，称 ϕ_n 为一阶定理，记为 $\vdash\phi_n$。于是有 THEOREMHOOD 问题：给定一个表达式 ϕ，是否有 $\vdash\phi$，即 ϕ 是否为一阶定理？试证明 THEOREMHOOD 问题与 VALIDITY 相同。

2.7　若 $\boldsymbol{A}=(\boldsymbol{A}_{ij})$ 是一个 $m\times m$ 的 Boolean 矩阵，定义 $\boldsymbol{A}$ 的传递闭包为矩阵乘积 $\boldsymbol{A}^1\boldsymbol{A}^2\cdots\boldsymbol{A}^k\cdots$，其中 $\boldsymbol{A}^k$ 为 $\boldsymbol{A}$ 的 k 次 Boolean 矩阵乘积。对于布尔矩阵 $\boldsymbol{A}$ 和 $\boldsymbol{B}$，令 $\boldsymbol{A}\vee\boldsymbol{B}$ 为矩阵对应每个(i,j)处的值单独做比特的析取运算。

（1）假设 $\boldsymbol{A}$ 为有向图 G 的邻接矩阵。

① 证明 $\boldsymbol{A}^2$的(i,j)处的值为 1 当且仅当在 G 中存在从顶点 i 到顶点 j 的长为 2 的通路。于是，$\boldsymbol{A}^2$是图 G'的邻接矩阵，其中 G'中有从顶点 i 到 k 的边当且仅当 G 中有从顶点 i 到 k 的长为 2 的通路。

② 类似地证明 $\boldsymbol{A}^l$的（i,k）处的值为 1 当且仅当 G 中存在从顶点 i 到 k 的长为 l 的通路。

③ 由上可知，PATH 问题（输入为一个图 G 和两个顶点 i 与 j）可以通过计算图 G 的传递闭包求解。

（2）证明以下结论：

① $\boldsymbol{A}^k$的计算可被组织为一个大小为 $O(k)$、深度为 $O(\log k)$的二元树，其每个节点计算两个输入矩阵的积。

② 计算A^m的电路大小为$O(n^2)$、深度为$O(\log n)$，其中$n=m^2$为A的大小。

③ 推导计算A的传递闭包的大小与深度分别为($O(n^{5/2})$与$O(\log^2 n)$。

2.8 如果一个无向连通有限图有一条通路通过每条边恰好一次，则称该图为欧拉图，称该通路为欧拉通路。

（1）给定无向连通有限图G，试给出一个算法判定G是否为欧拉图。

（2）证明：图具有欧拉通路当且仅当它是连通的并且没有（或具有恰好两个）奇数度的顶点。

2.9 一个二人游戏是由一个顶点被划分为两个集合$V=V_1\cup V_2$的有向图$G=(V_1,V_2,E)$和获胜条件组成。假定G的每个顶点$v\in V$都有一个后继。为方便不妨分别称两个参与者为Bob和Alice，他们的一次对决是G中的任意有限或无限通路$v_1v_2v_3\cdots$，其中v_1是起始点。若该次对决当前在顶点v_i并且$v_i\in V_0$，则轮到Bob从v_i的后继中选择v_{i+1}；若$v_i\in V_1$，则由Alice来决定下一次移动。获胜条件由一个子集$T\subseteq V_0\cup V_1$定义：如果Bob在$n-1$步内访问到T，则Bob获胜；如果在至少$n-1$步内不能访问到T，则Alice获胜。这里$|G|=n$，称参与者Bob/Alice赢得顶点s，如果他从s出发选择移动使得在任何对决都获胜。证明：可以在关于$|(G,s,T)|$的多项式时间内判定是否Bob赢得顶点s。（提示：从T开始找出一个顶点集，使得不管Alice如何选择，Bob总可以通过这些顶点到达T。）

2.10 试给出下列格问题的多项式时间求解算法，并估计所用时间和空间。

（1）成员关系：已知基$\boldsymbol{B}$和向量$\boldsymbol{x}$，判断$\boldsymbol{x}$是否属于格$\mathcal{L}(\boldsymbol{B})$。这个问题本质上等价于解整数上的线性方程组。这可以在多项式次算术运算下实现，但需要确保其中的数字不会变成指数大的。

（2）核：已知整矩阵$\boldsymbol{A}\in\mathbb{Z}^{m\times n}$，计算格$\{\boldsymbol{x}\in\mathbb{Z}^m:\boldsymbol{Ax}=\boldsymbol{0}\}$的基。一个相似的问题是，已知模数$M$和矩阵$\boldsymbol{A}\in\mathbb{Z}_M^{m\times n}$，找到格$\{\boldsymbol{x}\in\mathbb{Z}^m:\boldsymbol{Ax}=\boldsymbol{0}(\mathrm{mod}\ M)\}$。同样地，这个等价于解（齐次）线性方程组。

（3）基：已知可能相互独立的向量集合$\boldsymbol{b}_1,\cdots,\boldsymbol{b}_n$，找到它们生成格的一组基。这问题能以多种方式解决，例如使用艾尔米特正规形式。

（4）并：已知整数格$\mathcal{L}(\boldsymbol{B}_1)$和$\mathcal{L}(\boldsymbol{B}_2)$，计算包含$\mathcal{L}(\boldsymbol{B}_1)$和$\mathcal{L}(\boldsymbol{B}_2)$的最小格的基。这个问题可以直接归约到计算可能相关的向量组生成格的基问题上。

（5）对偶：已知格$\mathcal{L}(\boldsymbol{B})$，计算$\mathcal{L}(\boldsymbol{B})$的对偶基，所谓$\mathcal{L}(\boldsymbol{B})$的对偶基，即为$\mathrm{span}(\boldsymbol{B})$中所有向量$\boldsymbol{y}$组成的空间的一组基，其中$\boldsymbol{y}$满足对于每个格向量$\boldsymbol{x}\in\mathcal{L}(\boldsymbol{B})$有$\langle\boldsymbol{x},\boldsymbol{y}\rangle$是整数。易知对偶格的基是由$\boldsymbol{B}(\boldsymbol{B}^{\mathrm{T}}\boldsymbol{B})^{-1}$给出。

（6）交集：已知两个整数格$\mathcal{L}(\boldsymbol{B}_1)$和$\mathcal{L}(\boldsymbol{B}_2)$，计算交集$\mathcal{L}(\boldsymbol{B}_1)\cap\mathcal{L}(\boldsymbol{B}_2)$的基。易知$\mathcal{L}(\boldsymbol{B}_1)\cap\mathcal{L}(\boldsymbol{B}_2)$总是格。这个问题使用对偶格可以很容易解决。

（7）等价；已知两组基 $\boldsymbol{B}_1$ 和 $\boldsymbol{B}_2$，检验它们是否生成相同的格 $\mathcal{L}(\boldsymbol{B}_1)=\mathcal{L}(\boldsymbol{B}_2)$。可以通过检验每一个基向量是否属于由另一个矩阵生成的格解决这个问题，但是，更有效的解法也存在。

（8）循环：已知一个格 $\mathcal{L}(\boldsymbol{C})$，检验 $\mathcal{L}(\boldsymbol{C})$ 是否是循环的，即如果对于格向量 $\boldsymbol{x}\in\mathcal{L}(\boldsymbol{C})$，通过循环转换 $\boldsymbol{x}$ 的坐标得到的所有向量都属于这个格。这个可以通过循环转换基矩阵 $\boldsymbol{C}$ 某位置的坐标，并检验所得到的基是否与原来的基等价。

第3章　计算模型

算法和复杂性的概念必须建立在一定的计算模型上。本章将介绍计算模型：确定图灵机、非确定图灵机和通用图灵机。尽管它们看起来很笨拙，但它们以有限的效率损失为代价可以模拟任何算法。

设Σ是字母表，它是一个给定的有限字符的全体组成的集合，称由Σ上字符串组成的集合为语言，称由语言组成的族为语言类。约定不含任何字符的字符串为空字符串，记为ε，有$|\varepsilon|=0$。令Σ^*表示Σ上所有的字符串。为了方便起见，通常只考虑$\{0,1\}$上的字符串，即二元字符串。

对于一个计算问题的复杂性定义，直观的想法是“计算问题的最优算法所需要的计算时间”，这即为Kolmogorov的观点。但是，该观点无法回答如下问题。

（1）是否总存在最优算法？

（2）一个算法所需要的计算时间是指什么？

（3）能否明确什么是算法？

直观地说，算法就是一个明确的命令的集合，这些命令描述了一系列要执行的步骤，通过执行这些步骤生成一个特定的输出。称一个算法是确定的，如果在计算过程中任何时刻，每步计算都是明确指定的。对于一个计算问题的算法A，其计算时间t至少依赖于输入x、选择的计算机、选择的程序语言以及算法的实现。计算时间对于输入x的依赖性显然是不可避免，但是，若它还必须至少依赖于其他三者，则算法就无法比较好坏。因此，计算时间的定义必须简化为只依赖于算法及其输入。对于不同的模型，所得到的效果会如何呢？计算问题算法对模型的依赖性如何？下列命题给出了回答。

Church-Turing命题　所有合理的计算模型可以互相模拟，因而计算可解问题的集合与计算模型无关。

注意：合理计算模型没有准确的定义，因此，上述命题无法被证明。但是，普遍被认为合理计算模型具有三个最基本条件：①计算一个函数只要有有限条指令；②每条指令可由模型中的有限个计算步骤完成；③执行指令的过程是确定的。到目前为止，人们认为合理的计算模型均被证明符合这些命题，因而得到广泛认可。我们选取图灵机作为复杂性理论的计算模型，并以其基本的计算步数来衡量计算时间。由于其计算步数仅对局部变化有影响，因此选取它可以为我们带来方便。

3.1 图灵机基础

与程序语言一样，图灵机存在唯一的数据结构：字符串。任何图灵机都有两个最基本的单元（图 3.1-1）：控制单元和存储单元。控制单元通常被称为有限控制器，它有有限个状态。存储单元由一条（或数条）无限带组成（不妨设这些带是左端界定，右端无限延伸），每条带上被分成无限个小方格，每格可以存储一个符号，由字符串组成带。有限控制器和带之间通过指针来联系。每个时刻，指针只移动一个方格。

图灵机的运算由一系列的移动组成。

（1）程序在带上左或右移动指针；

（2）指针在当前位置读写、擦除字符；

（3）改变控制器的状态。

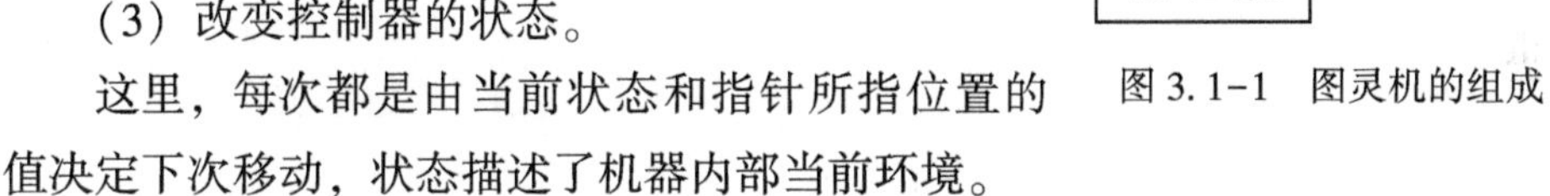

图 3.1-1 图灵机的组成

这里，每次都是由当前状态和指针所指位置的值决定下次移动，状态描述了机器内部当前环境。

总之，图灵机是一个很弱的基本程序语言，但能够表达任意算法，模拟任意程序语言。形式的定义如下。

【定义 3.1】 图灵机是一个四元组 $M=(K,\Sigma,\delta,s)$，满足下面的条件。

（1）K 为一个有限状态集合（即上面提到的指令），$s\in K$ 为初始状态。

（2）Σ 为 M 的字母表，是一个与 K 无关的有限符号集合。Σ 总含有两个元素：空格⊔与带上第一个符号▷（初始状态下▷只出现在带的第一个位置）。

（3）$\boldsymbol{h}$，“yes”与“no”是另外三个不在 $K\cup\Sigma$ 中的状态，分别定义如下：$\boldsymbol{h}$ 是停机状态，表示机器进入该状态后停机；“yes”是接受状态，表示机器进入该状态后停机并接受输入；“no”是拒绝状态，表示机器进入该状态后停机并拒绝输入。

（4）指针有三个移动方向符号：“→”表示指针要向右移动；“←”表示指针要向左移动；“-”表示指针不动。

（5）δ 为转移函数，是一个从 $K\times\Sigma$ 到 $(K\cup\{h,\text{yes},\text{no}\})\times\Sigma\times\{\rightarrow,\leftarrow,-\}$ 的映射，即

$$\delta: K\times\Sigma \longrightarrow (K\cup\{h,\text{yes},\text{no}\})\times\Sigma\times\{\rightarrow,\leftarrow,-\}$$

$$(q,\sigma)\longrightarrow(p,\rho,D)=\delta(q,\sigma)$$

这里，函数 δ 为 M 的“程序”，对于控制器中当前状态 q 和指针所指符号 σ，

机器进入下一状态 p，并将 σ 改写为 ρ，沿着方向 D 移动一次指针，其中 $D\in\{\rightarrow,\leftarrow,-\}$。特别地，当 $\sigma=\triangleright$ 时，一定有 $\rho=\triangleright$ 且 $D=\rightarrow$，即当指针指着 $\triangleright$ 时，总是要向右移动，即指针不能移动到 $\triangleright$ 的左边，且 $\triangleright$ 不能被改写。

(6) M 的程序运行：首先，M 处于状态 s，带上的符号串为 $\triangleright x$，$x\in\Sigma^*$，称 x 为 M 的输入，并且指针总是指着第一个符号 $\triangleright$；然后，机器根据 δ 执行一步：改变状态，改写符号并移动指针；最后，再根据 δ 执行另一步，如此下去，直到进入状态 (h,yes,no) 之一时停机。此时，关于输入 x，机器 M 的输出记为 $M(x)$。当 M 进入状态 yes 时，$M(x)=\text{yes}$，表示接受 x；当 M 进入状态 no 时，$M(x)=\text{no}$，表示拒绝 x；当 M 进入状态 h 时，若 M 的带上串为 $\triangleright y$，其中 y 的最后一个符号可能不为$\sqcup$，y 亦可能为一串$\sqcup$，则 $M(x)=y$，即输出带上的内容。若 M 不停机，则记为 $M(x)=\nearrow$，表示关于输入 x，M 不停机。

由上可见，图灵机是有限状态机的扩展，它有存储带，既能读又能写；带子是无限长的，因此可以无限存储。结合指针既能左移又能右移的特点，当然就可以解决更多问题，例如判断输入的 0 与 1 个数谁多？而且后面学习通用图灵机后我们可以知道，带子上不但可以写入数据，还可以实现某一具体功能。

此外，图灵机总包含四个状态，即初始状态 s 和三个停机状态 h、yes 与 no，从而确保进入拒绝和接收状态时可以立即停机。在设计图灵机时，我们要根据执行任务以及可能事件添加状态，得到状态转移函数，执行相关操作或行动，实现如图 3.1-2 所示的状态转移，即定义 3.1 中的（5）和（6）。这里的事件就是引起状态转换的触发因素，即指针所指符号。因此，我们在设计图灵机时要首先根据输入符号画出状态转移图；然后把所有的状态、事件和状态转换表达成一个状态转移函数表，给定输入后通过查表的形式使图灵机运转起来。

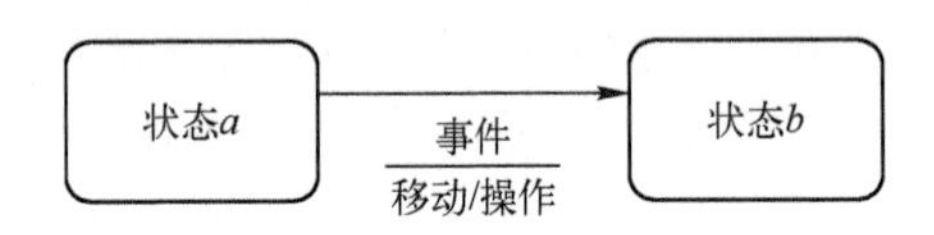

图 3.1-2　一步状态转移

下面我们形式地定义图灵机的计算——瞬时像。瞬时像表示一个时刻计算的当前状态、字符串及指针位置。图灵机 M 的一个瞬时像被定义为一个三元组(q,w,u)，其中 $q\in K$ 为当前状态，$u,w\in\Sigma^*$ 且指针恰指着 w 的最后一个字符，u 为指针右边的串，亦可能为空串，例 3.1 中对应瞬时像为$(s,\triangleright,010)$，$(s,\triangleright 0,10)$，$(s,\triangleright 010,\varepsilon)$，$(s,\triangleright 010\sqcup,\varepsilon)$……

瞬时像(q,w,u)可在一步内得到瞬时像(q',w',u')，记为$(q,w,u)\xrightarrow{M}(q',w',u')$，此时，设 $w=w_0\mu$，$u=\tau u_0$，其中，$w_0,u_0\in\Sigma^*$，$\mu,\tau,\sigma\in\Sigma$，对于 $\delta(q,$

$\sigma)=(p,\rho,D)$，则有 $q'=p$，而且，若 $D=\leftarrow$，则 $w'=w_0$，$u'=\rho\tau u_0=\rho u$；若 $D=\rightarrow$，则 $w'=w_0\rho\tau$，$u'=u_0$；若 $D=-$，则 $w'=w_0\rho$，$u'=u$。归纳地，可定义由瞬时像(q,w,u)在 k 步得到瞬时像(q',w',u')，记为$(q,w,u)\xrightarrow{M^k}(q',w',u')$，$k\geqslant 0$。更一般地，称由瞬时像$(q,w,u)$得到瞬时像$(q',w',u')$，记为$(q,w,u)\xrightarrow{M^*}(q',w',u')$，若存在 k，使得$(q,w,u)\xrightarrow{M^k}(q',w',u')$。

【例 3.1】 我们设计一个图灵机，将要输入的字符串 $x=\sigma_1\sigma_2\cdots\sigma_n$ 变为 $\sqcup\sigma_1\sigma_2\cdots\sigma_n$，即在输入符号串前加上一个空格实现符号右移。考虑图灵机 $M=(K,\Sigma,\delta,s)$，其中 $K=\{s,q,q_0,q_1\}$，$\Sigma=\{0,1,\sqcup,\rhd\}$，其状态转移如图 3.1-3 所示，其中箭头表示状态转移，箭头旁边符号表示引起转移时指针所指符号。

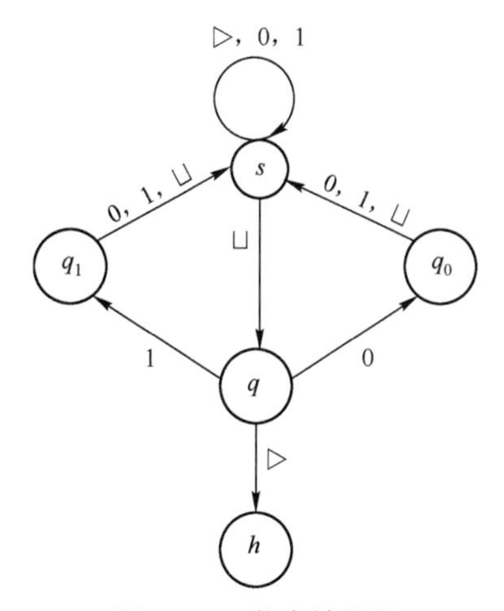

图 3.1.3　状态转移图

于是有转移函数 δ 如表 3.1-1 的输入输出，其中，$p\in K,\sigma\in\Sigma$

表 3.1-1　转移函数输入输出表

(p,σ)	$\delta(p,\sigma)$	(p,σ)	$\delta(p,\sigma)$
$(s,0)$	$(s,0,\rightarrow)$	$(q_0,0)$	$(s,0,\leftarrow)$
$(s,1)$	$(s,1,\rightarrow)$	$(q_0,1)$	$(s,1,\leftarrow)$
$(s,\sqcup)$	$(q,\sqcup,\leftarrow)$	$(q_0,\sqcup)$	$(s,0,\leftarrow)$
$(s,\rhd)$	$(s,\rhd,\rightarrow)$	$(q_1,0)$	$(s,0,\leftarrow)$
$(q,0)$	$(q_0,\sqcup,\rightarrow)$	$(q_1,1)$	$(s,1,\leftarrow)$
$(q,1)$	$(q_1,\sqcup,\rightarrow)$	$(q_1,\sqcup)$	$(s,1,\leftarrow)$
$(q,\sqcup)$	$(q,\sqcup,-)$	$(q_1,\rhd)$	$(h,\rhd,\rightarrow)$
$(q,\rhd)$	$(h,\rhd,\rightarrow)$	$(q_0,\rhd)$	$(h,\rhd,\rightarrow)$

关于输入 $x=010$，M 执行表 3.1-2 中的运行，输出 $M(x)=\sqcup 010$。由此可见，该机器所做的运算是在字符串与 $\triangleright$ 之间加个空格，即 $(s,\triangleright,010)\xrightarrow{M^*}(h,\triangleright,\sqcup,010)$。

表 3.1-2　图灵机 M 的关于输入 $x=010$ 的运行表

步骤	0	1	2	3	4	5	6
瞬时像	$s,\underline{\triangleright}010$	$s,\triangleright\underline{0}10$	$s,\triangleright0\underline{1}0$	$s,\triangleright01\underline{0}$	$s,\triangleright010\underline{\sqcup}$	$q,\triangleright01\underline{0}\sqcup$	$q_0,\triangleright01\sqcup\underline{\sqcup}$
转移函数	$\delta(s,\triangleright)=(s,\triangleright,\rightarrow)$	$\delta(s,0)=(s,0,\rightarrow)$	$\delta(s,1)=(s,1,\rightarrow)$	$\delta(s,0)=(s,0,\rightarrow)$	$\delta(s,\sqcup)=(q,\sqcup,\leftarrow)$	$\delta(q,0)=(q_0,\sqcup,\leftarrow)$	$\delta(q_0,\sqcup)=(s,0,\leftarrow)$
步数	7	8	9	10	11	12	13
瞬时像	$s,\triangleright01\underline{\sqcup}0$	$q,\triangleright0\underline{1}\sqcup0$	$q_1,\triangleright0\sqcup\underline{\sqcup}0$	$s,\triangleright0\underline{\sqcup}10$	$q,\triangleright\underline{0}\sqcup10$	$q_0,\triangleright\sqcup\underline{\sqcup}10$	$s,\triangleright\underline{\sqcup}010$
转移函数	$\delta(s,\sqcup)=(q,\sqcup,\leftarrow)$	$\delta(q,1)=(q_1,\sqcup,\rightarrow)$	$\delta(q_1,\sqcup)=(s,1,\leftarrow)$	$\delta(s,\sqcup)=(q,\sqcup,\leftarrow)$	$\delta(q,0)=(q_0,\sqcup,\rightarrow)$	$\delta(q_0,\sqcup)=(s,0,\leftarrow)$	$\delta(s,\sqcup)=(q,\sqcup,\leftarrow)$
步数	14	15					
瞬时像	$q,\underline{\triangleright}\sqcup010$	$h,\triangleright\underline{\sqcup}010$					
转移函数	$\delta(q,\triangleright)=(h,\triangleright,\rightarrow)$						

值得注意的是，我们必须令输入 x 中无$\sqcup$，否则，一旦执行到命令 $\delta(q,\sqcup)=(q,\sqcup,-)$将使机器无法停机。在接下来的例子中我们将略掉状态转移图，只用瞬时像的转移展示图灵机的实例运行。

【例 3.2】　对于正整数 n，设计一个图灵机，计算 $n+1$。

令 $\Sigma=\{0,1,\triangleright,\sqcup\}$，$K=\{s,s',s'',q,q',p',p'',h\}$，定义转移函数 δ 如表 3.1-3，将 n 表示为二进制 x，然后计算 $n+1$ 的二进制 $x+1$。如令 $x=11$，则

$$(s,\triangleright,11)\rightarrow(s,\triangleright1,1)\rightarrow(s,\triangleright11,\varepsilon)\rightarrow(s,\triangleright11\sqcup,\varepsilon)\rightarrow(q,\triangleright11,\sqcup\varepsilon)\rightarrow(q,\triangleright1\sqcup\sqcup,\varepsilon)$$
$$\rightarrow(s',\triangleright1\sqcup,1\varepsilon)\rightarrow(q,\triangleright1,\sqcup1\varepsilon)\rightarrow(q,\triangleright\sqcup\sqcup,1\varepsilon)\rightarrow(s,\triangleright\sqcup,11\varepsilon)\rightarrow(q,\triangleright,\sqcup11\varepsilon)$$
$$\rightarrow(p,\triangleright\sqcup,11\varepsilon)\xrightarrow{M^2}(s',\triangleright01,1\varepsilon)\rightarrow(s',\triangleright011,\varepsilon)\rightarrow(s',\triangleright011\sqcup,\varepsilon)\rightarrow(q',\triangleright011,\varepsilon)$$
$$\rightarrow(q',\triangleright01,0\varepsilon)\rightarrow(q',\triangleright0,00\varepsilon)\rightarrow(h,\triangleright,100\varepsilon)$$

故 $M(x)=100$。

表 3.1-3　计算二进制 $n+1$ 的图灵机转移函数表

$p\in K,\sigma\in\Sigma$	$(s,0)$	$(s,1)$	$(s,\sqcup)$	$(s,\triangleright)$	$(q,0)$	$(q,1)$	$(q,\sqcup)$	$(q,\triangleright)$
$\delta(p,\sigma)$	$(s,0,\rightarrow)$	$(s,1,\rightarrow)$	$(q,\sqcup,\leftarrow)$	$(s,\triangleright,\rightarrow)$	$(q_0,\sqcup,\rightarrow)$	$(q_1,\sqcup,\rightarrow)$	$(q,0,\leftarrow)$	$(p',\triangleright,\rightarrow)$
$p\in K,\sigma\in\Sigma$	$(q_0,\sqcup)$	$(q_1,\sqcup)$	$(q_0,1)$	$(q_0,0)$	$(q_1,0)$	$(q_1,1)$	$(q_0,\triangleright)$	$(q_1,\triangleright)$
$\delta(p,\sigma)$	$(s',0,\leftarrow)$	$(s',1,\leftarrow)$	$(s',0,\leftarrow)$	$(s'',0,\leftarrow)$	$(s'',1,\leftarrow)$	$(s'',0,\leftarrow)$	$(s',\triangleright,\rightarrow)$	$(s',\triangleright,\rightarrow)$

续表

$p\in K,\sigma\in\Sigma$	$(s',\triangleright)$	$(s',0)$	$(s',1)$	$(s',\sqcup)$	$(q',0)$	$(q',1)$	$(q',\triangleright)$	$(q',\sqcup)$
$\delta(p,\sigma)$	$(s',\triangleright,\rightarrow)$	$(s',0,\rightarrow)$	$(s',1,\rightarrow)$	$(q',\sqcup,\leftarrow)$	$(h,1,-)$	$(q',0,\leftarrow)$	$(h,\triangleright,\rightarrow)$	$(q',\sqcup,\leftarrow)$
$p\in K,\sigma\in\Sigma$	$(p,\sqcup)$	$(p,0)$	$(p,1)$	$(p,\triangleright)$				
$\delta(p,\sigma)$	$(s',0,\rightarrow)$	$(s',0,\rightarrow)$	$(s',1,\rightarrow)$	$(s',\triangleright,\rightarrow)$				

机器 M 主要工作如下：首先利用例 3.1 在$\triangleright$与输入 x 之间插入 0，然后以 x 的最后一个字符开始往前，若遇到 1，则将其利用 $\delta(q',1)=(q',0,\leftarrow)$ 将其变为 0，继续左移；若遇到 0，则将 0 变为 1 并停机，输出带上内容即可。

以上例子是计算串到串的函数，其均进入状态 h 终止，输出为带上的内容。下面，我们给出一个例子，没有计算输出结果，仅是在状态 yes 或 no 停机，来表示接受或拒绝输入。

【例 3.3】 判定一个字符串是否为回文。

定义具有表 3.1-4 中的转移函数 δ 的回文图灵机 M。

表 3.1-4 回文图灵机的转移函数表

$p\in K$, $\sigma\in\Sigma$	$\delta(p,\sigma)$	$p\in K$, $\sigma\in\Sigma$	$\delta(p,\sigma)$	$p\in K$, $\sigma\in\Sigma$	$\delta(p,\sigma)$
$(s,0)$	$(q_0,\triangleright,\rightarrow)$	$(q_1,0)$	$(q_1,0,\rightarrow)$	$(q_1',1)$	$(q,\sqcup,\leftarrow)$
$(s,1)$	$(q_1,\triangleright,\rightarrow)$	$(q_1,1)$	$(q_1,1,\rightarrow)$	$(q_1',\triangleright)$	$(\text{yes},\triangleright,\rightarrow)$
$(s,\triangleright)$	$(s,\triangleright,\rightarrow)$	$(q_1,\sqcup)$	$(q_1',\sqcup,\leftarrow)$	$(q,0)$	$(q,0,\leftarrow)$
$(s,\sqcup)$	$(\text{yes},\sqcup,-)$	$(q_0',0)$	$(q,\sqcup,\leftarrow)$	$(q,1)$	$(q,1,\leftarrow)$
$(q_0,0)$	$(q_0,0,\rightarrow)$	$(q_0',1)$	$(\text{no},1,-)$	$(q,\triangleright)$	$(s,\triangleright,\rightarrow)$
$(q_0,1)$	$(q_0,1,\rightarrow)$	$(q_0',\triangleright)$	$(\text{yes},\sqcup,\rightarrow)$		
$(q_0,\sqcup)$	$(q_0',\sqcup,\leftarrow)$	$(q_1',0)$	$(\text{no},1,-)$		

若输入为回文，则 M 进入状态 yes 停机，并接受；否则进入状态 no 并拒绝。具体操作如下：首先在状态 s，机器 M 寻找输入的第一个符号 σ_1，将其改为$\triangleright$，并将 σ_1 存入状态，从而进入状态 q_{σ_1}，然后 M 指针向右移动直到遇到第一个$\sqcup$，最后进入状态 q'_{σ_1}，再向左移动扫描输入的最后一个符号 σ_n，若 $\sigma_1=\sigma_n$，则用$\sqcup$代替 σ_n；然后用新状态 q 向右移动直到$\triangleright$。若在某一点最后文字与所记状态的文字不同，则进入 no 状态，并停机。重复上述过程，直到进入停机状态，并输出 yes 或 no。

现在分析该机器的效率。对于回文 $x=\sigma_1\sigma_2\cdots\sigma_n$，在机器执行期间，作为串的两个界$\triangleright$与$\sqcup$在不断的内缩，所剩余的串恰好为要证明是回文的串。如此执行一次，串长缩短 2，机器至多需要执行 $[n/2]$ 次，每次机器指针要扫描 $2(n-2(i-1))+1$ 次符号，即移动 $2(n-2(i-1))+1$ 次，故机器需要移动 $\sum_{i=1}^{\lceil n/2\rceil}(2(n-2(i-1))+1)=\left\lceil\frac{n}{2}\right\rceil\frac{2(n+1)+1}{2}$，即机器指针移动次数为 $O(n^2)$。

3.2 多带图灵机

下面，进一步推广图灵机的定义得到多带图灵机。

【定义 3.2】 对于整数 $k\geqslant1$，一个 k 带图灵机是一个四元组 $M=(K,\Sigma,\delta,s)$，其中 K，Σ，s 如通常的图灵机，如以前定义，转移函数 δ 可以决定下一个状态，也决定每条带上哪个符号被改写和指针移动方向，是一个从 $K\times\Sigma^k$ 到 $(K\cup\{h,\text{yes},\text{no}\})\times(\Sigma\times\{\rightarrow,\leftarrow,-\})^k$ 的映射，即对于 $(q,\sigma_1,\cdots,\sigma_k)$，有 $\delta(q,\sigma_1,\cdots,\sigma_k)=(p,\rho_1,D_1,\cdots,\rho_k,D_k)$。即若 M 在状态 q，第 i 条带上指针指着符号 σ_i，$i=1,\cdots,k$，则接下来进入状态为 p，在第 i 条带上将 σ_i 改写成 ρ_i，然后指针沿方向 D_i 移动一次，$i=1,\cdots,k$。这里 $\triangleright$ 仍然不能被改写或指针移动到其左边。若 $\sigma_i=\triangleright$，则 $\rho_i=\triangleright$ 且 $D_i=\rightarrow$。初始，所有带上都以 $\triangleright$ 开始，第 1 条带上含有输入 x，除了机器在计算函数时，输出可以在机器停机时从第 k 条带上输出外，k 带图灵机的计算与通常机器一样。

单带图灵机的性质，在多带图灵机上的每条带上都成立。我们定义 k 带图灵机的瞬时像为一个 $(2k+1)$ 元组 $(q,w_1,u_1,\cdots,w_k,u_k)$，其中 q 为当前状态，在第 i 条带上有字符串 w_i，u_i，且指针指向 w_i 的最后一个字符。称 $(q,w_1,u_1,\cdots,w_k,u_k)\xrightarrow{M}(q',w_1',u_1',\cdots,w_k',u_k')$ 为由 $(q,w_1,u_1,\cdots,w_k,u_k)$ 一步得到 $(q',w_1',u_1',\cdots,w_k',u_k')$。类似可定义“在 n 步内得到”。对于一个 k 带图灵机 M，关于输入 x，从瞬时像 $(s,\triangleright,x,\triangleright,\varepsilon,\cdots,\triangleright,\varepsilon)$ 开始，即 x 在第 1 条带上，且所有的带都以 $\triangleright$ 开始。

若 $(s,\triangleright,x,\triangleright,\varepsilon,\cdots,\triangleright,\varepsilon)\xrightarrow{M^*}(\text{yes},w_1,u_1,\cdots,w_k,u_k)$，则称 $M(x)=\text{yes}$。

若 $(s,\triangleright,x,\triangleright,\varepsilon,\cdots,\triangleright,\varepsilon)\xrightarrow{M^*}(\text{no},w_1,u_1,\cdots,w_k,u_k)$，则称 $M(x)=\text{no}$。

若 $(s,\triangleright,x,\triangleright,\varepsilon,\cdots,\triangleright,\varepsilon)\xrightarrow{M^*}(h,w_1,u_1,\cdots,w_k,u_k)$，则称 $M(x)=y=w_ku_k$。即若 M 在状态 h 停机，则该计算的输出为最后一条带上的串，这是一个在 $\triangleright$ 后开始并除掉了后面多余$\sqcup$的串。

显然，通常的图灵机就是 $k=1$ 时的 k 带图灵机。一旦定义了 $M(x)$，可以简单地将函数计算、语言的判定和接受的定义推广到多带图灵机。下面如无特殊说明，我们所说图灵机都是单带确定图灵机。

由前面的例子可以看出，对于一些特殊的串问题，如串函数计算，接受或判定一个语言，图灵机是一个理想的工具。下面对于这些任务给予正式定义。

【定义 3.3】 设 $L\subseteq(\Sigma\backslash\{\sqcup\})^*$ 为一个语言，M 为一个图灵机，满足：对于任意串 $x\in(\Sigma\backslash\{\sqcup\})^*$，若 $x\in L$，则 $M(x)=\text{yes}$；若 $x\notin L$，则 $M(x)=\text{no}$，此时称 M 判定 L。若 L 由某图灵机 M 判定，则称 L 为一个递归语言。记所有递归语言类为 R。

对于任意串 $x\in(\Sigma\backslash\{\sqcup\})^*$，如果 $x\in L$，则有 $M(x)=\text{yes}$；若 $x\notin L$，则 $M(x)=\nearrow$，此时称 M 接受 L。若 L 被某图灵机接受，则称 L 为递归可枚举的。记所有递归可枚举语言类为 RE。

假设 f 为从 $(\Sigma\backslash\{\sqcup\})^*$ 到 Σ^* 的函数，且 Σ 为 M 的字母表，称 M 计算 f，如果对于任意串 $x\in(\Sigma\backslash\{\sqcup\})^*$，$M(x)=f(x)$。若这样的 M 存在，则称 f 为一个递归函数。

显然，回文为递归语言，$f(x)=\sqcup x$ 及 $f(x)=x+1$ 均为递归函数。注意，图灵机的“接受”定义不像可判定那样对称。对于 $x\notin L$，机器永远运行下去。因此，“接受”仅是一个有理论意义的定义。下面命题说明“接受”与“判定”的关系，即“递归可枚举”与“递归”的关系，从而可见“递归可枚举”的语言是非常广泛的。

【命题 3.1】 若 L 为递归语言，则 L 一定为递归可枚举的。

证明：由于 L 为递归语言，则存在图灵机 M 判定 L，即对于任意 $x\in(\Sigma\backslash\{\sqcup\})^*$，若 $x\in L$，则 $M(x)=\text{yes}$；否则，$M(x)=\text{no}$。于是有状态 q 和某个字符 σ 在转移函数 δ^M 下的象为 $\delta^M(q,\sigma)=(\text{no},\rho,-)$。

下面构造 M'，使得 M' 接受 L：M' 的执行如 M 一样，但是当 M 即将停机并进入状态 no 时，M' 永远向右移动下去，即引入新的状态 p，定义 $\delta^{M'}(q,\sigma)=(p,\sigma,\rightarrow)$，进而对于任意的 $\sigma\in\Sigma$，$\delta^{M'}(p,\sigma)=(p,\sigma,\rightarrow)$ 即可。

于是，递归语言是递归可枚举语言的一个子集，即 $\text{R}\subseteq\text{RE}$。下面命题说明递归语言 R 及其补 coR 相同，即 $\text{coR}=\text{R}$，且 $\text{R}\subseteq\text{coRE}\cap\text{RE}$。

【命题 3.2】（对称性） 若 L 是递归语言，则 $\overline{L}$ 亦然。

证明：由于 L 是递归语言，故存在图灵机 M_L 判定 L，即对于任意 $x\in(\Sigma\backslash\{\sqcup\})^*$，若 $x\in L$，则 $M_L(x)=\text{yes}$；否则，$M_L(x)=\text{no}$。于是我们可以构造 $\overline{M}$ 如下：对于任意 $x\in(\Sigma\backslash\{\sqcup\})^*$，若 $M(x)=\text{yes}$，则 $\overline{M}(x)=\text{no}$；否则，$\overline{M}(x)=\text{yes}$。于是，$\overline{M}$ 判定 $\overline{L}$。

【命题 3.3】 L 是递归语言当且仅当 L 与 $\overline{L}$ 都是递归可枚举的。

证明：若 L 是递归语言，则由命题 3.2 可知，$\overline{L}$ 亦然。从而 L 与 $\overline{L}$ 都是递归可枚举的。

若 L 和 $\overline{L}$ 都是递归可枚举的，则存在图灵机 M 和 $\overline{M}$ 分别接受 L 与 $\overline{L}$。于是可构造判定 L 的图灵机 M_L：

令 M_L 是 3 带图灵机。关于输入 $x\in(\Sigma\backslash\{\sqcup\})^*$，$M_L$ 在两条工作带上穿插模拟 M 与 $\overline{M}$ 关于 x 的运行。首先在一条带上模拟 M 一步；然后在另一条带上模拟 $\overline{M}$ 一步；最后再模拟 M。如此下去，直到有一条带进入停机状态。

不管是否有 $x\in L$，总有一条带进入停机状态，并接受。若 M 接受，则 M_L 在状态 yes 停机；若 $\overline{M}$ 接受，则 M_L 在状态 no 停机。于是 M_L 判定 L，即 L 为递归语言。

3.3 时间与空间

3.3.1 时间

我们将以多带图灵机作为定义图灵机计算的时间或空间基础。对于一个 k 带图灵机 M 和输入 x，若有 $(s,\triangleright,x,\triangleright,\varepsilon,\cdots,\triangleright,\varepsilon)\xrightarrow{M^t}(H,w_1,u_1,\cdots,w_k,u_k)$，$H\in\{h,\text{yes},\text{no}\}$，则称关于输入 x，M 需要时间 t，即所需的时间仅仅是到停机的步数。若 $M(x)=\nearrow$，时间被认为是 ∞。

【例 3.4】 利用 2 带图灵机判定回文，定义图灵机的转移函数如表 3.3-1。

表 3.3-1　判定回文的 2 带图灵机转移函数表

$(p,\sigma_1,\sigma_2)\in K\times\Sigma^2$	$\delta(p,\sigma_1,\sigma_2)$	$(p,\sigma_1,\sigma_2)\in K\times\Sigma^2$	$\delta(p,\sigma_1,\sigma_2)$
$(s,0,\sqcup)$	$(s,0,\rightarrow,0,\rightarrow)$	$(q,\triangleright,\sqcup)$	$(p,\triangleright,\rightarrow,\sqcup,\leftarrow)$
$(s,1,\sqcup)$	$(s,1,\rightarrow,1,\rightarrow)$	$(p,0,0)$	$(p,0,\rightarrow,\sqcup,\leftarrow)$
$(s,\triangleright,\triangleright)$	$(s,\triangleright,\rightarrow,\triangleright,\rightarrow)$	$(p,1,1)$	$(p,1,\rightarrow,\sqcup,\leftarrow)$
$(s,\sqcup,\sqcup)$	$(q,\sqcup,\leftarrow,\sqcup,\leftarrow)$	$(p,0,1)$	$(\text{no},0,-,1,-)$
$(q,0,\sqcup)$	$(q,0,\leftarrow,\sqcup,-)$	$(p,1,0)$	$(\text{no},1,-,0,-)$
$(q,1,\sqcup)$	$(q,1,\leftarrow,\sqcup,-)$	$(q,\sqcup,\triangleright)$	$(\text{yes},\sqcup,-,\triangleright,\rightarrow)$

开始，机器先将输入复制到第 2 条带。接下来，令第 1 条带的指针指向输入的第一个符号，第 2 条带的指针指向输入的最后一个符号。然后，两指针以相对方向同时移动，检查所指两个符号是否相同。若相同，则擦去第 2 条带上所复制的符号；若不相同，则进入状态 no，并停机。

机器需要移动的次数：首先将输入复制到第 2 条带，需要指针移动 $2(n+1)$；然后两指针移动，检查符号是否相同，并擦去复制品，需要 $n+1$。因此，共需要

$3(n+1)$次，即用2带图灵机判定回文需要$O(n)$次移动。这与前面单带图灵机比较，时间由2次方幂降为1次方幂。

前面仅完成了对于单个实例的计算时间的定义，我们需要进一步定义时间使得对一个问题的任何实例都可以反映求解的时间。由例3.4可以看出，实例的大小n可以用于对计算实例所用的时间或空间进行刻画，即n的函数。

设f为非负整数到非负整数的函数，称M在时间$f(n)$内运算，如果对于任意输入串x，M计算的时间小于等于$f(|x|)$，则$f(|x|)$是M的时间界。

设$L \subseteq (\Sigma \backslash \{\sqcup\})^*$在时间$f(n)$内被一个多带图灵机判定，那么称$L \in \mathrm{TIME}(f(n))$，这里$\mathrm{TIME}(f(n))$是一个语言集合，其所含的每个语言可由一个多带图灵机在时间$f(n)$内判定，因此$\mathrm{TIME}(f(n))$为一个复杂类。显然，当$f(n)<g(n)$时，有$\mathrm{TIME}(f(n)) \subseteq \mathrm{TIME}(g(n))$。特别地，定义$\mathrm{P} = \bigcup_{k \geqslant 0} \mathrm{TIME}(n^k)$，这是最中心的复杂类。

在例3.3中，单带图灵机判定回文的时间为$O(n^2)$，而例3.4中2带图灵机判定回文的时间为$O(n)$，由此可见，多带图灵机在效率上可节省2次方幂。这是一个一般性的事实。

【定理3.1】 设M为在时间$f(n)$内运行的k带图灵机，则可以构造一个在时间$O(f(n)^2)$内运行的单带图灵机M'，使得对于任意输入x，有$M(x)=M'(x)$。

思路：使用单带M'模拟k带M。直观的方法是将M的各条带上的串在M'的带上连缀起来。当然，串之间没有$\triangleright$，以便指针可以前后移动。但是，这样存在如下问题：

（1）如何区分M的不同带上的串（即串的右端的位置）？

（2）如何记住M的每个串上的指针的位置？

为此我们需要对图灵机改造。

证明： 设$M=(K,\Sigma,\delta,s)$，去构造单带$M'=(K',\Sigma',\delta',s)$模拟$k$带$M$。我们引入新的字母$\{\triangleright', \triangleleft\}$用于表示$M$的一个串的开始和终点；$\underline{\Sigma}=\{\underline{\sigma} \mid \sigma \in \Sigma\}$表示指针所指符号集合。故令$\Sigma' = \Sigma \cup \underline{\Sigma} \cup \{\triangleright', \triangleleft, \triangleleft'\}$，其中$\triangleright'$表示一个串的开始，指针可以通过并到其左端。$\triangleleft$表示一个串的右端，指针可以通过。于是，$M$的任意瞬时像$(q,w_1,u_1,\cdots,w_k,u_k)$可由$M'$的瞬时像$(q,\triangleright w_1'u_1 \triangleleft w_2'u_2 \triangleleft \cdots w_k'u_k \triangleleft \triangleleft)$模拟，其中，若$w_i = \triangleright w_{i_0}\sigma_i$，则$w_i' = \triangleright' w_{i_0}\underline{\sigma}$。最后，用两个$\triangleleft\triangleleft$表示$M$的串结束。

模拟开始，M'将输入右移一位，在其前面加上$\triangleright'$；在输入后面写上$\triangleleft(\triangleright'\triangleleft)^{k-1}\triangleleft$。这可以通过添加至多$2k+2$个新的状态到$M'$的状态中实现该写入。

模拟M的一次移动，M'从左到右扫描串并返回，执行两次。第一次扫描：

M'收集关于 M 中 k 个当前被指针所指符号，即 k 个有下划线的符号。要记住这些符号，M'必须添加一些新的状态，每个状态对应于 M 的一个状态和一个 k 元符号组的特定组合$(q,\sigma_1,\cdots,\sigma_k)$，表示当 M 处于状态 q 时，指针指着$(\sigma_1,\cdots,\sigma_k)$。第二次扫描：根据第一次扫描收集的信息，$M'$知道需要执行哪些操作才能反映出 M 的移动。于是，M'从左向右扫描串，在每个有下划线的符号处改写附近的一个或两个符号，并移动指针。这反映了 M 在相应带上符号的改写，根据 M'得到的信息，这些很容易实现。

有一点值得注意：若 M 的一条带上指针在串的右端，并需要继续向右移动，则 M'的带上，对应的部分串必须为新符号创造一个空间（比如$\sqcup$）。于是，先用一个特殊符号标记当前的$\lhd$（如记为$\lhd'$），移动 M'的指针到右末端的$\lhd\lhd$，向右移动所有符号一个位置（如例 3.1）。当遇到$\lhd'$时，将其右移一个位置，并改写为$\lhd$，并在$\lhd'$的原位置处写$\sqcup$，然后执行 M 的下一个串的变化。

该模拟继续进行直到 M 停止，此时，M'擦掉 M 的串，仅留下 M 的最后一条串，即为输出 $M'(x)=M(x)$。

现在分析 M'模拟 M 所需要的时间。

关于输入 x，由于 M 在 $f(|x|)$ 步内停机，故 M 各带上串的长小于等于 $f(|x|)$。于是 M'的串的总长小于等于 $k(f(|x|)+1)+1$。模拟 M 的一次移动要有至多两次来往扫描，则至多有 $4k(f(|x|)+1)+4$ 步。在模拟 M 的每个串时，为了在某个位置添加一个$\sqcup$，需要将此位置后面的所有字符右移一格，这需要至多 $3k(f(|x|)+1)+3$ 步。于是，至多需要 $(f(|x|)+1)(4k(f(|x|)+1)+4+k(3k(f(|x|)+1)+3))$，即 $O(k^2f(|x|)^2)$。由于 k 为固定的，且与 x 无关，故有 $O(f(|x|)^2)$。

注意：关于带数的依赖性可以通过不同的模拟避免，但 f 的次数不能改变。另外，作为一个计算模型，添加有限多条带不能增加其计算能力，对效率影响仅为多项式。

对于我们定义复杂类而言，一旦我们采用多带图灵机作为复杂性定义的模型，在时间上增加或减少一个常数因子不会给它们带来任何变化。具体地说，有下面定理，其证明技巧类似于定理 3.1。

【定理 3.2】(线性加速定理)　对于任意 $\varepsilon>0$，$\mathrm{TIME}(f(n))=\mathrm{TIME}(\varepsilon f(n)+n+2)$。

对于任意多项式 $f(n)\geqslant n$，若 $f(n)$ 为线性，则 $\mathrm{TIME}(f(n))=\mathrm{TIME}(n)$；若 $f(n)$ 是非线性，则首项系数可以任意小而且时间界可以包含任意线性界，因此可以忽略低阶项，即若 $f(n)=n^t+c_1n^{t-1}+\cdots+c_t$，则 $\mathrm{TIME}(f(n))=\mathrm{TIME}(n^t)$，因此复杂类 $\mathrm{P}=\bigcup_{f\text{为非负多项式}}=\mathrm{TIME}(f(n))=\bigcup_{t\geqslant 0}\mathrm{TIME}(n^t)$。

根据前面例子，有如下结论：

（1）HORNSAT $\in$ P。

（2）CIRCUIT VALUE $\in$ P。

（3）对于任意 HORN 存在二阶逻辑表达式 $\exists P\phi$，问题 $\exists P\phi$-GRAPHS $\in$ P。

3.3.2 空间

设 $k \geqslant 2$ 是一个整数，一个有输入与输出带的 k 带图灵机是一个通常的 k 带图灵机，其转移函数 δ 满足，若 $\delta(q,\sigma_1,\cdots,\sigma_k)=(p,\rho_1,D_1,\cdots,\rho_k,D_k)$，则有以下特性。

（1）$\rho_1=\sigma_1$，这表明第 1 条带（$k=1$）是一条只读带，称之为输入带。

（2）$D_k \neq \leftarrow$，这表明最后一条带（第 k 条带）的指针只能向右移动，是一条只写带，称之为输出带。

（3）若 $\sigma_1=\sqcup$，则 $D_1=\leftarrow$，这确保输入带上的指针不会离开输入进入$\sqcup$中。

除了第 1 条带和第 k 条带外，其余的带为工作带。注意，条件（1）（2）（3）并没有改变图灵机的能力，具体见习题 3.4。基于条件（1）（2）（3），我们可以定义空间如下。

【定义 3.4】 对于一个 k 带图灵机 M 和一个输入 x。设 $H\in\{\mathrm{h},\mathrm{yes},\mathrm{no}\}$ 为一个停机状态，若 $(s,\triangleright,x,\triangleright,\varepsilon,\cdots,\triangleright,\varepsilon)\xrightarrow{M^t}(H,w_1,u_1,\cdots,w_k,u_k)$，则关于输入 x，M 所要求空间为 $\sum_{i=1}^{k}|w_iu_i|$；但是对于带有输入与输出带的 M，则其所要求的空间为 $\sum_{i=2}^{k-1}|w_iu_i|$。

设 $f:\mathbb{N}\to\mathbb{N}$ 为一个函数，称图灵机 M 在空间界 $f(n)$ 内运作，若对于任意输入 x，M 所要求的空间至多为 $f(|x|)$。令 L 为一个语言，称 L 属于空间复杂类 SPACE($f(n)$)，若存在一个带有输入与输出带的图灵机 M 在空间 $f(n)$ 内判定 L。定义语言类 PSPACE $=\bigcup_{k\geqslant 0}$ SPACE(n^k)，L = SPACE($\log n$)。

例 3.5 回文的判定。考虑 3 带图灵机 M（图 3.3-1）。第一条带含输入 $x=\sigma_1\cdots\sigma_k$，并且不能被改写；第二条带含数 i 的二进制形式；第三条带含数 j 的二进制形式。

在第一阶段，$i=1$，比较 i 与 j。若 $i=j=1$，则将 σ_1 存入状态，然后将输入带的指针移动到最后一个符号 σ_n 处，比较 x 的最后一个符号与 σ_1 是否相等。若不等，则以状态 no 停机；若相等，则 $i\leftarrow i+1$，而且 $j=1$。并开始下一个阶段。

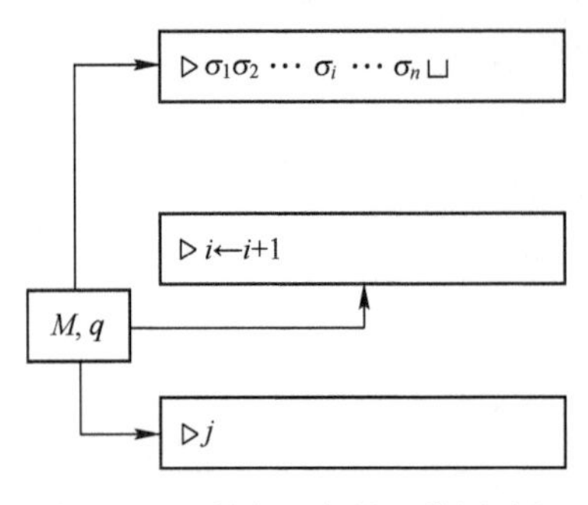

图 3.3-1　判定回文的 3 带图灵机

第 i 阶段，此时 $i\geqslant2$，比较 i 与 j（这可以通过移动第 2、第 3 条带的指针即可）。若 $j<i$，则 $j\leftarrow j+1$，并将第一条带的指针从 σ_1 处向右移动，扫描下一个输入的符号，如此运行直到 $i=j$。将 σ_i 存入状态，然后将输入带的指针移动到最后一个符号 σ_n 处，再向左移动输入带指针，每向左移动一次输入带指针，则 $j\leftarrow j-1$，直到 $j=1$。此时，输入带指针恰好指在 x 的倒数第 i 个符号处。检查 σ_i 是否与 x 的倒数第 i 个符号相等。若相等，则 $i\leftarrow i+1$，$j=1$ 并且第一条带指针回到 σ_1 处；若不等，则以状态 no 停机。

最后，若有个阶段 i_t，x 的第 i_t 个符号为$\sqcup$，则 $i_t>n$。可断定输入是一个回文，则以状态 yes 停机。

该机器运行所需要的空间即为第 2、第 3 条带上字符串 i 与 j 所占的空间，为 $|i|+|j|\leqslant2\log n$。于是，回文组成语言类在空间复杂类 PSPACE($\log n$)中。

采用多带图灵机作为复杂性定义的模型后，类似于时间的线性加速定理（定理 3.2），我们有如下空间压缩定理。

【定理 3.3】（空间压缩定理）　对于任意 $\varepsilon>0$，有 $\mathrm{SPACE}(f(n))=\mathrm{SPACE}(\varepsilon f(n)+2)$。特别地，对于 k 次多项式 f，有 $\mathrm{SPACE}(f(n))=\mathrm{SPACE}(n^k)$。于是，$\mathrm{PSPACE}=\bigcup_{f\text{为非负多项式}}\mathrm{SPACE}(f(n))$。

3.4　非确定图灵机

下面介绍一种非现实的计算模型——非确定图灵机。顾名思义，它的移动不能被转移函数唯一确定，即非确定图灵机的转移函数是一个多值函数。以指数时间为代价，它可以被确定图灵机模拟，这也例证了 Church-Turing 命题。然而，该指数时间代价是问题固有的还是由于我们理解的局限性造成的，目前还没有明确的答案，此即为著名的 P 与 NP 问题。

一个非确定图灵机是一个四元组 $N=(K,\Sigma,\Delta,s)$，其中，K,Σ,s 如前，但是每次移动后的下一次移动不是唯一确定的，而是在一组移动中选择一个。因此，Δ 不再是 $K\times\Sigma$ 到 $(K\cup\{h,\text{yes},\text{no}\})\times\Sigma\times\{\rightarrow,\leftarrow,-\}$ 的函数，而是如下关系：

$$\Delta\subseteq(K\times\Sigma)\times[(K\cup\{h,\text{yes},\text{no}\})\times\Sigma\times\{\rightarrow,\leftarrow,-\}]$$

即对于每个状态与符号组合 (q,σ)，或存在不止一个下一步移动的合适选择或者没有下一步移动。

与确定图灵机一样，我们定义非确定图灵机的瞬时像，但“得到”不再是一个函数，而是一个关系。由非确定图灵机的瞬时像 (q,w,u) 一步得到瞬时像 (q',w',u')，记为 $(q,w,u)\xrightarrow{N}(q',w',u')$，如果存在一个移动 $((q,\sigma),(q',\rho,D))\in\Delta$ 使得：对于 $w=w_0\sigma$，$u=\tau u_0$，则有：①$D=\rightarrow$，$w'=w_0\rho\tau$，$u'=u_0$；②$D=\leftarrow$，$w'=w_0$，$u'=\rho u$；③$D=-$，$w'=w_0\rho$，$u'=u$ 发生。

类似地，可定义一般情形 $\xrightarrow{N^k}$，$\xrightarrow{N^*}$，但需要注意这些都是关系，而不是函数。

设 L 为一个语言，N 为一个非确定图灵机，称 N 判定 L，如果对于任意 $x\in\Sigma^*$，有 $x\in L$ 当且仅当 $(s,\triangleright,x)\xrightarrow{N^*}(\text{yes},w,u)$，这里 w、$u\in\Sigma^*$。

由该定义可见，如果存在一系列非确定选择，使得以 yes 状态结束，则称输入被接受；而对于其他的选择也许都被拒绝。若没有选择序列使得机器进入接受，则称输入被拒绝。这种非对称性与图灵机接受（见定义 3.2）很类似。

称非确定图灵机 N 在时间 $f(n)$ 内判定语言 L，如果 N 判定 L，而且对于任意 $x\in\Sigma^*$，若 $(s,\triangleright,x)\xrightarrow{N^*}(q,w,u)$，则 $k\leqslant f(|x|)$，这里的 $f(|x|)$ 是 N 的计算活动的最长路径。显然，所有计算活动（所有路径）的总和将是指数大。类似于确定图灵机，可以直接定义带有输入与输出带的多带非确定图灵机。定义复杂类 NTIME$(f(n))$ 为在时间 $f(n)$ 内由非确定图灵机判定的语言类的集合。类似于确定性图灵机，对于非确定图灵机有线性加速定理：

【定理 3.4】 对于任意的 $\varepsilon>0$，有 NTIME$(f(n))$= NTIME$(\varepsilon f(n)+n+2)$。

于是，对于任意 k 次多项式 $f(n)$，有 NTIME$(f(n))$ = NTIME(n^k)。定义 NP$=\bigcup_{k\geqslant 0}$ NTIME(n^k)。显然，P$\subseteq$NP。

【例 3.6】 假设有 n 个城市，分别记为 $1,2,\cdots,n$。任意两个城市 i 和 j 之间有距离 d_{ij} 且 $d_{ij}=d_{ji}$，问能否找到一个最短的旅行路线，即找到一个 $\{1,2,\cdots,n\}$ 上的置换 π 使得 $\sum_{i=1}^{n}d_{\pi(i),\pi(i+1)}$ 尽可能地小，称之为旅行销售员问题（简称 TSP）。类似于 MAX FLOW(D)，可以定义其判定性问题 TSP(D)：给定非负整数 B 及矩阵 $(\boldsymbol{d}_{ij})$，其中 $\boldsymbol{d}_{ij}>0$，问是否有一个长度小于等于 B 的旅行线路?

显然，穷举所有可能可以解此问题，但代价是所用时间与 $n!$ 成比例（即$\frac{1}{2}\cdot(n-1)!$）；由于需要存储当前的置换和最佳路线，故需要空间与 n 成比例。

目前，我们不知道 TSP(D)是否在 P 中，但易知 TSP(D) $\in$ NP，因为这可以在时间 $O(n^2)$ 内有一个非确定图灵机 N 判定。事实上，设 x 为 TSP(D)的一个实例表示，关于含 x 的输入，N 继续写一个长度不超过 $|x|$ 的任意符号序列 y，然后 N 返回并检查是否 y 为城市的一个置换的表示。若是一个置换，则检查是否该置换的旅行代价小于等于 B。这两项任务可在时间 $O(n^2)$ 内完成（必要时可用另外一条带）。若该串的确编码了一个代价比 B 小的旅行，则机器接受；否则，拒绝。

注意，这里需要有一个“猜测”置换的机器运算，然后检查代价。由这个例子可以看出，若输入是一个 yes 实例，则机器猜测一个恰当的置换，并验证代价小于等于 B；也许其他的猜测都被拒绝。反过来，若发现所有计算的猜测都是错的，输入将被拒绝。因此，就非确定机器而言，只要有一个选择序列接受，则机器接受输入。

目前，我们不知道如何将非确定思想转变为一个确定多项式算法，但下列定理为我们提供了一个转变为确定的指数时间的方法。

【定理 3.5】 设非确定图灵机 N 在时间 $f(n)$ 内判定语言 L，则存在一个 3 带确定图灵机 M 在时间 $O(c^{f(n)})$ 内判定 L，其中 $c>1$ 是某依赖于 N 的常数。

证明：设 $N=(K,\Sigma,\Delta,s)$，对每个$(q,\sigma)\in K\times\Sigma$，令 $C_{q,\sigma}=\{(q',\sigma',D):((q,\sigma),(q',\sigma',D))\in\Delta\}$，则 $C_{q,\sigma}$ 为有限集。令 $d=\max\limits_{q,\sigma}|C_{q,\sigma}|$，（称 d 为 N 的非确定度），即 N 的计算通路的每个节点的出度至多为 d。不妨设每个节点出度均为 $d>1$，于是，可以将 N 的每步运行的非确定选择 $C_{q,\sigma}$ 中元（从各个节点出发的边）从左往右分别编码为$\{1,\cdots,d\}$，从而 N 的每次计算（图 3.4-1 非确定模型中从开始到停机的一条计算通路）都被唯一编码为$\{1,\cdots,d\}$上的序列称该序列为非确定选择序列。下面用 3 带图灵机模拟 N，在第 1 条上模拟 N 的每次计算，第 2 条带存储执行中的非确定选择序列，第 3 条带用于零散计算。

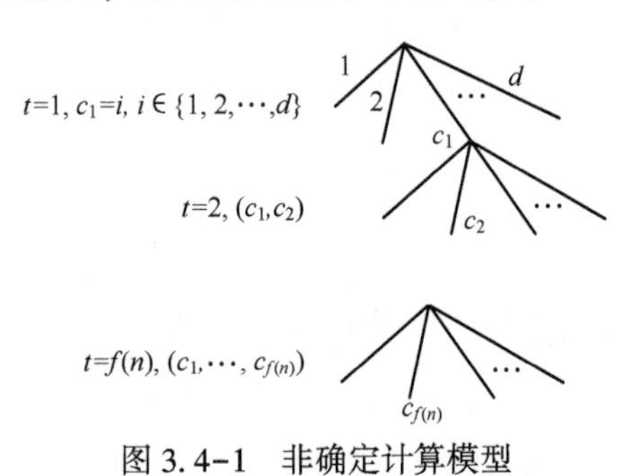

图 3.4-1 非确定计算模型

由于N的任意计算是一组由$\{1,\cdots,d\}$中的t个整数组成对应于$C_{q_1,\sigma_1},\cdots,C_{q_t,\sigma_t}$中非确定选择的序列，因此，$N$的任意一个$t$步计算即为$t$个元的非确定选择序列；每个这样的非确定选择序列$(c_1,\cdots,c_t)$可以看作一个$d$进制数，并按照数的增长排序。模拟器$M$去考虑所有这样的选择序列，并在每条序列上模拟$N$的运行（注意：由于不知道$f(n)$，故只能按照长度递增顺序逐条序列考虑）。

对于非确定选择序列$(c_1,\cdots,c_t)$，M将其保存在第2条带，然后模拟N的行为，其中$c_i\in\{1,\cdots,d\}$，$1\leqslant i\leqslant t$。

$t=1$步时，选择c_1，其按照从小到大顺序取遍$\{1,2,\cdots,d\}$，共有d个选择。

$t=2$步时，选择(c_1,c_2)，对应的计算从c_1到c_2，其中c_1与c_2均按照从小到大取遍$\{1,2,\cdots,d\}$。

……

$t=i$步时，选择$(c_1,\cdots,c_i)$，对应的计算从c_1到c_i。

……

$t=f(n)$步时，选择$(c_1,\cdots,c_{f(n)})$，对应的计算从c_1到$c_{f(n)}$。

注意：以上各步中c_i均按照从小到大顺序取遍$\{1,2,\cdots,d\}$，通过计算d进制下的整数办法生成每个非确定选择$(c_1,\cdots,c_i)$。

对于N的前t步，若在第i步选择是c_i，而且这些选择可使得N以一个yes停机（可能早于第t步），则M以yes停机；否则，M执行下一个序列。注意，生成下一个序列即是计算一个d进制下的整数（用例3.2可以实现）。

由于不知道$f(n)$，M如何能知道N拒绝？事实上，若M模拟所有长为t的选择序列，并且发现其中没有再继续进行的计算，即均进入no或h状态，则M可知N拒绝输入。

下面分析效率：为了完成模拟，M需要的时间由“需要走遍的序列数$\sum_{t=1}^{f(n)} d^t = O(d^{f(n)+1})$”与“生成和考虑每条序列的时间”的积界定，而后者可由$O(d^{f(n)})$界定。故结论成立。

类似于确定图灵机，我们也可以定义带有输入与输出带的多带非确定图灵机的空间复杂度。一个k带非确定图灵机N和一个输入$x\in(\Sigma\setminus\{\sqcup\})^*$，设$H\in\{\text{yes},\text{no},h\}$为一个停机状态。若$(s,\triangleright,x,\cdots,\triangleright,\varepsilon)\xrightarrow{N^*}(H,w_1,u_1,\cdots,w_k,u_k)$，则关于输入$x$，$N$所要求的空间为$\sum_{i=1}^{k}|w_iu_i|\leqslant f(|x|)$。但是，对于带有输入与输出带的非确定图灵机，所要求空间定义为工作带上所用空间的和$\sum_{i=2}^{k-1}|w_iu_i|$（不计输入与输出带）。

设$f:\mathbb{N}\to\mathbb{N}$为一个函数，称非确定图灵机$N$在空间界$f(n)$内运行，若对于任意输入$x$，$N$运行到停机所需要的空间至多为$f(|x|)$。给定一个带有输入与输出带的$k$带非确定图灵机$N=(K,\Sigma,\Delta,s)$，称在空间$f(n)$内$N$判定语言$L$，如果$N$判定$L$所需要的空间至多为$f(|x|)$。令NSPACE$(f(n))$为带有输入与输出带的非确定图灵机$N$在空间$f(n)$内判定的语言类。对于非确定图灵机有下列空间压缩定理。

【定理3.6】 对于任意$\varepsilon>0$，有NSPACE$(f(n))$=NSPACE$(\varepsilon f(n)+2)$。特别地，对于一个k次多项式f，有NSPACE$(f(n))$=NSPACE(n^k)。

定义语言类NPSPACE$=\bigcup_{k\geqslant 0}$NSPACE(n^k)，NL=NSPACE$(\log n)$，EXP$(f(n))=\bigcup_{c>1}$TIME$(c^{f(n)})$。显然，L⊆NL，PSPACE⊆NPSPACE，NTIME$(f(n))$⊆EXP$(f(n))$。

【例3.7】 可达性问题（REACHABILITY）。

在前面我们曾经说明，可达性问题的确定性算法要求线性空间复杂度。后面我们将证明对于确定算法仅要求空间$O(\log^2 n)$。这里我们说明，在空间$O(\log n)$内，非确定图灵机可求解可达性问题。具体算法如下：

利用一个3带非确定图灵机N，第1条带为输入带。

(1) 初始，在第2条带上以二进制写下当前顶点i；在另一条带上“猜测”一个整数$j\leqslant n$。

(2) 在输入中检查邻接矩阵(i,j)处赋值是否为1。若不是1，则停机并拒绝(显然，这对N的计算没有影响)；若是1，检查j是否为n：若j是n，则接受并停机；否则，$i\leftarrow j$。

重复上述过程n步，若$j=n$且邻接矩阵(i,n)处赋值为1，则接受并停机；否则，拒绝（显然，这对N的计算没有影响)。

易知，N可解可达性问题，两带所用空间为$O(\log n)$。

注意：确定算法所用空间为$O(\log^2 n)$，显然这比时间差距小得多。事实上，这是目前所知道的空间复杂性的最大差距，同时也说明空间复杂性更精确地刻画了非确定性。

3.5 通用图灵机

通过前面对计算模型的介绍，似乎令人感到它们比实际的计算机功能弱。在现实中，一台计算机配以适当的程序就可以解决广泛的问题；相反，图灵机似乎仅局限于解决单个问题。但事实并非如此。本节将介绍通用图灵机及其强大功能。事实上，任何有效的或机械的方法均能被通用图灵机执行。

所谓通用图灵机 U，当给定一个输入时，它将该输入解释为另外一个图灵机 M 的描述与其输入 x 的连缀，然后 U 将模拟以 x 为输入的 M 的运行。将此表示为 $U(M;x)=M(x)$。

为了能将图灵机作为 U 的输入，首先要将 M 编码成符号串。由于 U 要模拟任意的图灵机 M，故 U 要利用的状态和符号的个数没有预知的界。因此，将所有图灵机的状态与符号都编码为整数，进而可以用 $\{0,1\}^*$ 中的串编码。具体算法如下：

对于任意图灵机 $M=(K,\Sigma,\delta,s)$，令 $\Sigma=\{1,2,\cdots,|\Sigma|\}$，$K=\{|\Sigma|+1,|\Sigma|+2,\cdots,|\Sigma|+|K|\}$，其中，起始状态 s 总是编码为 $|\Sigma|+1$。另外，对于→，←，-，h，yes 与 no，做如表 3.5-1 中所列的对应编码。

表 3.5-1　方向与停机状态的对应编码表

M 状态	→	←	-	h	yes	no
对应编码	$\|K\|+\|\Sigma\|+1$	$\|K\|+\|\Sigma\|+2$	$\|K\|+\|\Sigma\|+3$	$\|K\|+\|\Sigma\|+4$	$\|K\|+\|\Sigma\|+5$	$\|K\|+\|\Sigma\|+6$

所有数都可以用 $\lceil\log(|K|+|\Sigma|+6)\rceil$ 个比特表示为二元数，为了便于 U 处理，可以在数前面适当添加 0 使之等长。

于是，一个图灵机 $M=(K,\Sigma,\delta,s)$ 的描述将数 $|K|$ 紧接着连缀数 $|\Sigma|$，再连缀转移函数 δ 的描述 desc(δ)组成，即形为($|K|,|\Sigma|$,desc(δ))，其中 δ 的描述是由形如$((q,\sigma),(p,\rho,D))$的对组成的序列。假定这里所用的“(”“)”“,”等均在 U 的字母表中。M 的一个瞬时像(q,w,u)被编码为(w,q,u)存储，即用串 w 的编码，接着一个“,”，再接状态 q 的编码，然后是一个“,”，再接 u 的编码，那么起始瞬时像为$\triangleright,s,x$，其中 x 为输入。

用 M 仍表示图灵机 M 的描述。U 的输入表示为“$M;x$”，其中仍用 x 表示 M 的输入 x 的编码，而且 x 中符号的编码用“,”分开。

由此可见，每个图灵机对应一个字符串，而对应不太长的字符串的图灵机的每一步行为都可以被确定并被模拟；反过来，若令非图灵机描述的字符串对应于平凡图灵机（如任何输入永不停机），则任意字符串亦编码一个图灵机及其输入。

关于输入“$M;x$”，我们用 2 带通用图灵机 U 模拟“关于输入 x，M 的运行”。U 用第 2 条带存储当前瞬时像。开始 U 在第 2 条带上储存$\triangleright,s,x$，然后如下模拟 M 的一步。

（1）U 扫描第 2 条带，直到找到一个对应于状态 q 的整数 $q\in[|\Sigma|+1,|\Sigma|+|K|]$。

（2）在第 1 条带上寻找与状态 q 匹配的规则 δ。若该 δ 规则被找到，则 U 在第 2 条带上左移 1 位，比较 M 指针所扫描符号是否与所找到的 δ 符号一致。若不一致，则寻找另外的规则；若一致，则实施该规则，即改变第 2 条带上的符号和状态，并将状态向左或向右移动一个符号的位置或不动。

(3) 当 M 停机时，U 也停机并输出 M 的输出，从而完成 U 关于输入“$M;x$”的运算。注意：若 U 发现其输入不是一个图灵机及其输入的编码，此时 U 进入一个状态，使之永远向右移动。

作为通用图灵机的应用，我们这里对不可计算的典型例子“非递归函数存在性”和不可判定问题的典型例子“停机问题”分别给予讨论。所谓不可计算或不判定问题是指没有算法的问题或不递归的语言，这一直是计算机科学研究的重要课题。该研究中对角化方法起到了重要的作用。对角化方法的核心就是一个图灵机对另一个图灵机的模拟：模拟机器能够确定另一个机器的行为，从而以不同的方式动作。这是一种典型的相对化方法。为方便，这里我们将问题等同于语言，将算法等同于图灵机。

在实分析等理论学习中利用对角化方法，Cantor 证明了实数不可数性。我们这里证明非递归函数的存在性。

【命题 3.4】 令 $\mathcal{F}=\{f\mid f:\{0,1\}^*\to\{0,1\}\}$，则存在函数 $UC\in\mathcal{F}$ 是不可计算的，即 UC 为非递归函数。

证明：定义函数 UC 如下：对于每个 $\alpha\in\{0,1\}^*$，令 M 为 α 所描述的图灵机。关于输入 α，若 M 在有限步内停机并输出 1，则 $UC(\alpha)=0$；否则，$UC(\alpha)=1$。若存在 M_{UC} 计算 UC，即对于任意串 $\alpha\in\{0,1\}^*$，有 $M_{UC}(\alpha)=UC(\alpha)$，则 $UC(M_{UC})=M_{UC}(M_{UC})$。

若 $UC(M_{UC})=1$，则 $M_{UC}(M_{UC})=0$ 或$\nearrow$，故 $UC(M_{UC})\neq 1$，矛盾。若 $UC(M_{UC})=0$，则 $M_{UC}(M_{UC})=1=UC(M_{UC})$，矛盾，故 UC 不可计算。

停机问题（HALTING）：给定一个图灵机 M 和其输入 x 的描述，问关于 x，M 是否停机？

利用通用图灵机 U 的字母表，可将该问题编码为语言：$H=\{M;x:M(x)\neq\nearrow\}$，$H$ 由满足如下条件的所有串组成：

每个串编码一个图灵机和一个输入，使得该图灵机关于该输入停机。

【命题 3.5】 H 是递归可枚举的语言。

证明：根据定义，需要构造图灵机 M_H，使得对于任意 x，有：若 $x\in H$，则有 $M_H(x)=\text{yes}$；否则，$M_H(x)=\nearrow$。由于 $u\in H$ 时 $u=M;x$，于是可以利用通用图灵机 U 定义 M_H。事实上，对于任意的 $u\in(\Sigma\backslash\{\sqcup\})^*$，若 $u\in H$，则 $u=M;x$，其中 M 为一个图灵机的描述，x 为 M 的输入，而且 $M(x)\neq\nearrow$。于是，$U(u)=U(M;x)=M(x)\neq\nearrow$。若 $u\notin H$，则 u 不能分解为一图灵机及其输入的编码，或者 $u=M;x$ 但 $M(x)=\nearrow$，此时有 $U(u)=\nearrow$。

因此，我们定义 M_H 为：对于任意 $x\in(\Sigma\backslash\{\sqcup\})^*$，若 $U(x)\neq\nearrow$，则 $M_H(x)$

= yes；否则，$M_H(x)=\nearrow$。显然，M_H接受 H，故 H 为递归可枚举的。

H 不仅是一个递归可枚举语言，还具有完备性，若我们有一个判定 H 的算法，则可以得出判定任何递归可枚举语言的算法。事实上，设 L 是由图灵机 M 接受的任意递归可枚举语言。给定输入 x，我们只需要判定是否 $M;x\in H$，就可以判定是否 $x\in L$。于是，所有递归可枚举语言都可以归约到 H，称 HALTING 为递归可枚举问题类的完备问题。归约和完备是复杂性理论研究中两个重要的基本工具，后面将会有更多的讨论和应用。完备是问题最难求解部分的标志，而归约则是问题之间困难性的比较。H 的完备性为我们利用归约研究不可判定语言提供了方便。

【命题 3.6】 H 不是递归语言。

证明：若否，则存在一个图灵机 M_H判定 H。利用 M_H构造图灵机 D 满足，关于输入 M，D 首先模拟 M_H关于输入 $M;M$ 的行为直到 M_H即将停机。若 M_H将要接受，则 D 进入一个状态，使得指针一直向右移动；若 M_H将要拒绝，则 D 停机并接受。

于是，关于输入 M，D 运行为 $D(M)$：若 $M_H(M;M)=\text{yes}$，则 $D(M)=\nearrow$；否则，$D(M)=\text{yes}$。

若 $D(D)=\nearrow$，有 $M_H(D;D)=\text{yes}$，则 $D;D\in H$，于是 $D(D)=\nearrow$，矛盾。若 $D(D)=\text{yes}$，有 $M_H(D;D)=\text{no}$，则 $D;D\notin H$，即 $D(D)=\nearrow$，矛盾，故没有图灵机判定 H。

在该命题证明中，我们研究的关系是$\{(M;x):M$ 为图灵机，$x\in(\Sigma\setminus\{\sqcup\})^*$，$M(x)\neq\nearrow$。对角线上元素为$\{(M;M):M$ 为图灵机$\}$，即行对应图灵机，列对应输入，对角线上即为以自己为输入的图灵机。于是可以构造图灵机 D，与对角线元素相悖，从而得到矛盾。这是对角化方法的应用。

习题

3.1 一个 2 维图灵机（简称 2D-TM）是一个四元组 $M=(K,\Sigma,\delta,\text{s})$：

（1）K 为有限状态集；

（2）Σ 为有限字母表，且 $\Sigma\cap K=\varnothing$，$\{\sqcup,\triangleright,\Delta,\diamond\}\subset\Sigma$；

（3）转移函数 $\delta:K\times\Sigma\to(K\cup\{h,\text{yes},\text{no}\})\times\Sigma\times\{\to,\leftarrow,\uparrow,\downarrow,-\}$，其中$\{\to,\leftarrow,\uparrow,\downarrow,-,h,\text{yes},\text{no}\}\cap(K\cup\Sigma)=\varnothing$。

（4）$s\in K$ 为初始状态。

并且转移函数 δ 满足：

① $\delta(q,\triangleright)\in K\times\{\triangleright\}\times\{\to\}$；

② $\delta(q,\diamond) \in K \times \{\diamond\} \times \{\rightarrow\}$；

③ $\delta(q,\Delta) \in K \times \{\Delta\} \times \{\uparrow\}$。

于是，存在存储单元（称为“黑板”）是一个2维的仅向右和向上无限延伸的无界表格，即对应于标准坐标系的右上象限。试完成如下问题：

（1）定义2D-TM的瞬时象和计算。

（2）用一个3带图灵机模拟2D-TM。

3.2　设函数$f:\{0,1\}^* \rightarrow \{0,1\}$在时间$T(n)$内可由带有输入与输出带的$k$带图灵机$M$计算。则$f$可在时间$O((k-2)T(n)^2)$内由一个带有输入与输出带的3带图灵机$\widetilde{M}$（仅有一条工作带）计算。

这里的$\widetilde{M}$具有性质：$\widetilde{M}$的指针移动与其带的内容无关，仅与输入长度有关，即不管输入是什么，$\widetilde{M}$总是执行从左到右并返回的同样形式的扫描。称具有该性质的机器为健忘的（Oblivious）。事实上，每个图灵机都可以由一个健忘图灵机模拟。

3.3　定义双向图灵机TM是一个带在两个方向上都是无限的图灵机。对于每个函数$f:\{0,1\}^* \rightarrow \{0,1\}^*$，若$f$在时间$T(n)$内可由一个双向图灵机TM计算，则$f$可在时间$O(T(n))$内由一个单带图灵机计算。

3.4　证明：对于在时间界$f(n)$内运算的任意k带图灵机M，存在一个带有输入与输出带的$(k+2)$带图灵机M'，并在时间界$O(f(n))$内运行。（提示：M'首先将输入复制到第2条带，然后在第2至第$k+1$条带上模拟M运行。当M停机时，M'复制其输出到第$k+2$条带上并停机。）

3.5　证明线性加速定理和空间压缩定理，即定理3.2和定理3.3。

3.6　证明非确定线性加速定理和空间压缩定理，即定理3.4和定理3.6。

3.7　假设语言L可由一个2带图灵机M在时间$t_M(n)=\sqrt{n}$内判定。能否设计一个标准图灵机N在时间$t_N(n)=O(n)$内判定L？试说明理由。

3.8　考虑一个1带确定图灵机，满足在每一步后其指针或者右移一步或者跳到带的第一个位置，但不能一步一步地左移。证明该图灵机可以在时间$O(t(n)^3)$内模拟通常的时间复杂度为$t(n)$的单带确定图灵机。

3.9　设M是一个图灵机，带有一条只读的输入带和一条工作/输出的混合带。假设M判定一个语言$L \subseteq \{0,1\}^*$，并且M永远不会写任意空格$\sqcup$。记关于输入x，M所用空间为$s(|x|)$。

（1）定义约化瞬时像为由M的任意瞬时像略掉输入带所得的多元组，即一个约化瞬时像只记录控制状态和k条工作带的内容和指针位置。给定输入x，令$C_i(x)$表示当输入带指针读第i个符号x_i时M计算的所有瞬时像集合。令$R_i(x)$表示从$C_i(x)$得到的约化瞬时像集合。令$x=x_1 \cdots x_n$为任意长为n的输入，满足对

于任意长至多为 $n-1$ 的输入 y 有 $s(|y|)<s(|x|)$。证明，对于 $1\leqslant i<j\leqslant n$，$R_i(x)=R_j(x)$ 蕴含 $x_i\neq x_j$。（提示：假设对于某 $1\leqslant i<j\leqslant n$ 有 $R_i(x)=R_j(x)$ 且 $x_i\neq x_j$，考虑输入 $y=x_1\cdots x_i x_{j+1}\cdots x_n$，即从 x 中去掉位置 $i+1,\cdots,j$ 上的符号得到的。尝试证明，当 $1\leqslant k\leqslant i$ 时 $R_k(y)\subseteq R_k(x)$；当 $i<k\leqslant n-(j-i)$ 时 $R_k(y)\subseteq R_{k+(j-i)}(x)$。从而可以证明关于输入 x，M 需要少于 $s(|x|)$ 的空间，矛盾。）

（2）令 $f(n)=\max\{s(|x|)\,|\,x\in\{0,1\}^n\}$ 并且 $f(n)$ 是无界的。证明 $f(n)\notin o(\log\log n)$。（提示：利用（1）的结果得到仅依赖于 n 的 $f(n)$ 的上界。）

3.10　对于 $L=\{uu\,|\,u\in\{a,b\}^*\}$，试分别构造判定 L 的图灵机 M 和非确定 2 带图灵机 N，并比较哪个计算更快。

3.11　对于字母表 Σ 上的任意两个语言 L_1 和 L_2，定义其并为 $L_1\cup L_2=\{x\in\Sigma^*\,|\,x\in L_1 \text{ 或 } x\in L_2\}$，其交为 $L_1\cap L_2=\{x\in\Sigma^*\,|\,x\in L_1 \text{ 且 } x\in L_2\}$。称复杂类 C 在并（或交）下封闭的，如果对于 C 中任意语言 L_1 和 L_2 有 $L_1\cup L_2$（或 $L_1\cap L_2$）也在 C 中。证明：

（1）递归可枚举语言对于并和交的封闭性。即若 L_1 和 L_2 是 $\{0,1\}$ 上的两个递归可枚举语言，则 $L_1\cup L_2$ 和 $L_1\cap L_2$ 都是递归可枚举的；

（2）递归语言对于并和交的封闭性。即如果 L_1 和 L_2 都是递归语言，则 $L_1\cup L_2$ 和 $L_1\cap L_2$ 都是递归。

3.12　设 L_1、L_2 和 L_3 是满足如下条件的三个语言：

（1）这三个语言中每个都是递归可枚举的；

（2）$L_1\cup L_2\cup L_3=\{0,1\}^*$；

（3）这三个语言两两不交，即 $L_1\cap L_2=\varnothing$，$L_2\cap L_3=\varnothing$，$L_1\cap L_3=\varnothing$。

证明：这三个语言都是递归的。

3.13　定义空串停机问题（EMPTYHALTING）：给定图灵机 M，以空串 ε 为输入，问 M 是否停机？记 EMPTYHALTING $=\{M:M(\varepsilon)\neq\nearrow\}$。证明：EMPTY-HALTING 是非递归语言。

3.14　定义有限语言问题为：给定图灵机 M，问 $L(M)$ 是否有限？证明：有限语言问题不是递归的。

3.15　假设 L 是一个递归可枚举语言，但非递归的。证明：如果 M 是一个接受 L 的图灵机，则存在无限多个串使得 M 在其上永远循环。

3.16　给定串 x 和一个图灵机 M 的描述（仍记为 M）。如果 M 接受语言 $\{x;y:(x,y)\in R\}$，这里 R 为一个二元关系。试构造一个图灵机 M_x 接受 $\{y:(x,y)\in R\}$。

3.17　证明如下语言是不可判定的：

（1）$\{M:M$ 关于所有输入都停机$\}$

（2）$\{M;x:$存在 y 使得 $M(x)=y\}$

(3) $\{M;x$:关于输入 x，M 的计算利用了 M 的所有状态$\}$

(4) $\{M;x;y:M(x)=y\}$

3.18(Rice 定理) 设 M 是一个图灵机，定义 $E(M)=\{x$:存在状态 q 和字符串 y 使得$(s,\triangleright,\varepsilon)\xrightarrow{M^*}(q,y\sqcup x\sqcup\varepsilon)\}$，即 $E(M)$由如下性质的串 x 组成：关于空串输入 ε，M 运行到某一时刻，其带上的字符串以$\sqcup x\sqcup$结尾。称 $E(M)$为由 M 枚举的语言。

证明：语言 L 是递归可枚举的当且仅当存在一个机器 M 使得 $L=E(M)$。

3.19 称两个不交语言 L_1与 L_2为递归不可分的，如果不存在递归语言 R 使得 $L_1\cap R=\varnothing$且 $L_2\subset R$。试证明下列语言是递归不可分的：

(1) $L_1=\{M:M(M)=\text{yes}\}$与 $L_2=\{M:M(M)=\text{no}\}$。

(2) $L_1'=\{M:M(\varepsilon)=\text{yes}\}$与 $L_2'=\{M:M(\varepsilon)=\text{no}\}$。

第 4 章　计算复杂类

前面我们介绍了图灵机及其功能，同时介绍了一些复杂类，如 P、NP、PSPACE、NL、L 等，以及类与类之间的关系。对于多数复杂类的性质，我们仍知之甚少。

4.1 复　杂　类

一般复杂类的定义可概括为：在适当的计算模式下，对于任意输入 x，一个多带图灵机 M 花费至多 $f(|x|)$ 个特定的资源单位判定的所有语言组成的集合，即为复杂类。其刻画主要由如下参数：

（1）基本的计算模型：多带图灵机。

（2）计算模式：确定性和非确定性。

（3）所用的计算资源：基本的时间和空间。

（4）非负整数到非负整数的函数 f，用于界定计算资源。

为了方便，我们定义一类广泛的函数——可构造函数，这是一类很广泛的函数，包含了算法分析中用的所有函数，排除了许多畸形函数，利用它可以为我们带来很多方便，亦使我们的讨论更标准化，我们将用这类函数规范界定计算资源。设 f 是一个从非负整数到非负整数的非递减函数，称 f 是一个可构造函数，如果存在一个有输入与输出带的 k 带图灵机 $M_f=(K,\Sigma,\delta,s)$ 满足：对于任意的整数 n 和任意长为 n 的输入 x，有 $(s,\triangleright,x,\triangleright,\varepsilon,\cdots,\triangleright,\varepsilon)\xrightarrow{M_f^t}(h,\triangleright,x,\triangleright,\sqcup^{j_1},\cdots,\triangleright,\sqcup^{j_{k-1}},\triangleright,\sqcup^{f(n)})$，使得 $t=O(n+f(n))$，并且 $j_i=O(f(n))$，$i=2,3,\cdots,k-1$。这里 t 和 j_i 只依赖于 n，$\sqcap$是一个“假空格”符号。所谓可构造函数 f 就是：关于输入 x，经图灵机 M_f 计算后输出串$\sqcap^{f(|x|)}$，其中$\sqcap$是“假空格”符号；而且对于任意输入 x，在 $O(|x|+f(|x|))$ 步后，M_f 所用空间为 $O(f(|x|))$。

【例 4.1】　如下 $f(n)$ 是可构造函数。

① 常值函数 $f(n)=c$。事实上，构造 M_f 如下：不管输入是什么，只在最后带上写$\sqcap^c$。

② $f(n)=n$。定义 M_f 如下：在最后带上重新写入，同时将每个字符改写为$\sqcap$

即可。

③ $f(n)=\lceil \log n \rceil$。定义如图 4.1-1 所示的 3 带图灵机 M_f。运行如下：

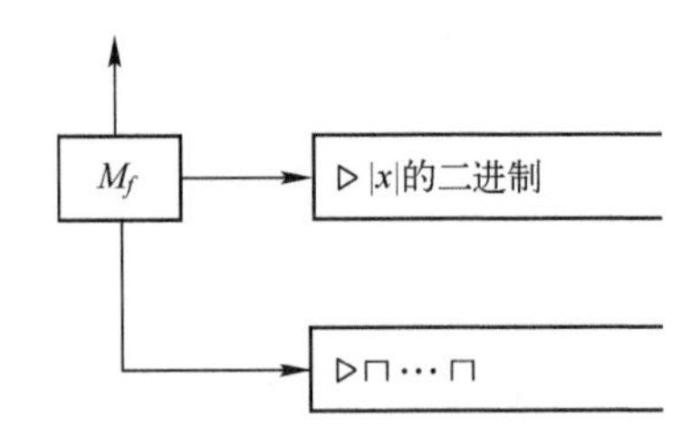

图 4.1-1　计算⌈log$n$⌉的图灵机的第 2、第 3 带

第一个指针在输入带上从左到右慢慢移动读取输入；同时，在第 2 条带上以二进制的方式对输入进行计数。当在输入带上指针遇到第一个⊔时，第 2 条带上串长为⌈log$n$⌉。然后，M_f 擦去第 2 条带上的内容，将其所有符号在第 3 条带上复制为⊓。该计算所用的时间为 $O(n)$，$|x|=n$。

类似可以证明，$\log n^2$，$n\log n$，n^2，2^n，$\sqrt{n}$，n^3+3n，$n!$ 均是可构造的。易证，若 f 与 g 都是可构造函数，则 $f+g$，$f\cdot g$ 与 2^g 亦然。

称一个图灵机 M（不管是否有输入与输出带，确定或非确定）是精确的，如果存在函数 f 和 g，使得对于每个 $n\geqslant 0$、每个长为 n 的输入 x 和（非确定）M 的每个计算，恰在 $f(n)$ 步后 M 停机，并且所有带都在长为 $g(n)$ 处停机（对于有输入与输出带的 M，第一条带和最后一条带除外）。简单地说，精确图灵机就是给定输入后，其运行所用的时间和空间都是可计算的函数。

分别考虑确定的时间或空间、非确定的时间或空间，如果一个（确定或非确定）图灵机 M 判定语言 L 所用的时间或空间是关于输入长 n 的可构造函数 $f(n)$，那么一定存在一个精确图灵机 M' 在时间（或空间）$O(f(n))$ 内判定同一语言 L。

对于可构造函数 f，有如下复杂类：

（1）TIME(f)：确定的时间复杂类。

（2）NTIME(f)：非确定的时间复杂类。

（3）SPACE(f)：确定的空间复杂类。

（4）NSPACE(f)：非确定的空间复杂类。

更一般地，我们会用由参数 $k>0$ 所描述的函数类代替单个函数，则有

$$复杂类=\bigcup_{k} 单个复杂类(k)$$

于是可定义复杂类：

L=SPACE(log$n$)；NL=NSPACE(log$n$)；P=TIME(n^k)= $\bigcup_{i\geqslant 0}$ TIME(n^i)；

$NP=NTIME(n^k)=\bigcup_{i\geqslant 0}NTIME(n^i)$；$PSPACE=SPACE(n^k)=\bigcup_{i\geqslant 0}SPACE(n^i)$；
$NPSPACE=NSPACE(n^k)=\bigcup_{i\geqslant 0}NSPACE(n^i)$；$EXP=TIME(2^{n^k})=\bigcup_{i\geqslant 0}TIME(2^{n^i})$；
$NEXP=NTIME(2^{n^k})=\bigcup_{i\geqslant 0}NTIME(2^{n^i})$。

根据 Church-Turing 命题可知，所有这些复杂类与所选模型无关。

设 L 为一个语言，则 $L\subseteq\Sigma^*$，L 的补定义为 $\Sigma^*\backslash L$，记为$\overline{L}$，对于判定性问题 A，我们可以判定 A 的补$\overline{A}$，即若输入为 A 接受，则输出 no；否则，输出为 yes。

【例 4.2】 （1）SAT 的补问题$\overline{\text{SAT}}$定义为：给定 Boolean 表达式 ϕ（合取范式），ϕ 是否是不可满足的？这等价于判断$\neg\phi$ 是否为永真式。

（2）HAMILTON PATH 的补$\overline{\text{HAMILTON PATH}}$定义为：给定一个图 G，是否 G 没有 HAMILTON PATH？值得注意的是，HAMILTON PATH$\cup\overline{\text{HAMILTON PATH}}$仅由所有编码图的串组成，而不是 Σ^*。

一般地，对于任意复杂类 C，定义 $coC=\{\overline{L}:L\in C\}$ 为 C 的补。易知，若 C 为确定的时间或空间复杂类，则 $C=coC$。但是，对于非确定复杂类 NP，仍是公开问题。

承诺问题$(\Pi_{\text{YES}},\Pi_{\text{NO}})$的补问题是承诺问题$(\Pi_{\text{NO}},\Pi_{\text{YES}})$。对于判定问题，这与在 Σ^* 中取一个语言的补集相同。补集在 NP 中的判定问题类表示为 coNP。同样 coNP 也可以扩展为包含所有 NP 承诺问题的补。

4.2 时间分层定理

对于一个复杂类，是否可以进行层次划分？如 $TIME(n)\subseteq TIME(n^2)\subseteq\cdots TIME(n^k)\subseteq\cdots$之间是否有真包含关系。直观上，随着时间分配的增多，图灵机计算能力亦加强，从而对同一复杂类可进行层次划分。

设 $f(n)\geqslant n$ 为可构造函数，考虑停机问题的一类特殊情形：$H_f=\{M;x:M$ 在至多 $f(|x|)$ 步后接受 x，这里 M 为任意确定多带图灵机的描述$\}$。为了方便，我们所讨论的语言及输入均是由图灵机的符号编码组成。

【定理 4.1】（时间分层定理） 若 $f(n)\geqslant n$ 为可构造函数，则 $TIME(f(n))\subsetneq TIME(f(2n+1)^3)$。

该定理的证明需要下面两个引理。

【引理 4.1】 $H_f\in TIME(f(2n+1)^3)$。

证明：我们要构造一个 4 带图灵机 U_f，如图 4.2-1 所示，在时间 $f(n)^3$ 内判定 H_f。这是前面用过的如下几个图灵机的有机结合：通用图灵机 U；单带模拟多带图灵机模拟器；线性加速机器（用于去掉时间界的常数）；M_f 用于精确计算长为 $f(n)$ 的界标。

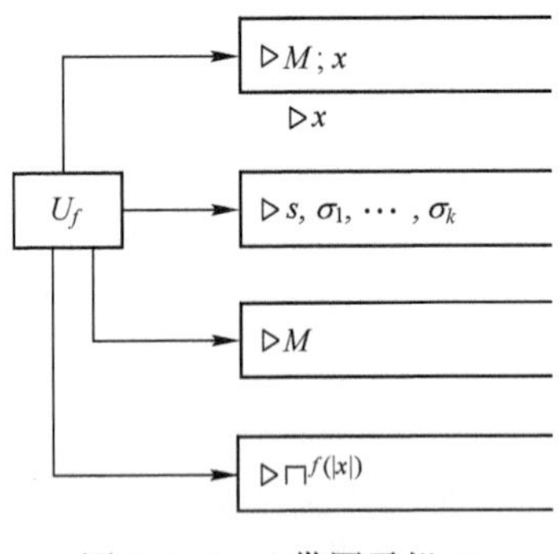

图 4.2-1　4 带图灵机 U_f

U_f 运行如下：

首先，U_f 在其输入的第二部分 x 上，利用四条带模拟 M_f，从而在第 4 条带上初始化一个适当的界标$\sqcap^{f(|x|)}$，所用时间为 $O(f(|x|))$。然后，U_f 将 M 复制到第 3 条带上，并将第 1 条带上 x 变为$\triangleright x$；第 2 条带上是 M 当前状态的编码。初始为 M 的初始状态 s，同时验证 M 的确是一个图灵机的描述；否则，拒绝。到目前为止所用的总的时间是 $O(f(|x|)+n)=O(f(n))$。

现在 U_f 模拟 M 的运行：关于输入 x，如定理 3.1 的证明，模拟仅在第 1 条带上运行，并保存 M 的所有带内容的编码。

为了模拟 M 的一步运行，U_f 先后扫描第 1 条带两次。在第一次扫描期间，U_f 收集当前状态下 M 指针所指的符号的所有相关信息，并在第 2 条带上记录这些信息，注意第 2 条带也含有当前状态的编码。U_f 将第 2 条带的内容与第 3 条匹配，找到 M 合适的转移函数，再进行对第 1 条带的第二次扫描，执行适当的变化；并向前移一步界标上的指针。令 k_M 为 M 的带数，l_M 为 M 的每个符号和状态编码的长。第一次扫描时间为 $O(k_M f(|x|))$，第二次扫描时间为 $O(l_M k_M)O(k_M f(|x|))$，故总时间为 $O(l_M k_M^2 f(|x|))$。由于 l_M 和 k_M 由 M 的描述长 $|K|(|\Sigma|^{f(n)+1})^k$ 的对数界定，故 U_f 模拟 M 一步所用时间共计为 $O(f(n)^2)$。若 M 在 $f(|x|)$ 步内接受 x，则 U_f 接受 $M;x$；否则，拒绝。因此，所用总的时间为 $O(f(n)^3)$。注意，U_f 可利用线性加速器的办法将常数系数变为 1，使得时间为 $f(n)^3$。

【引理 4.2】 $H_f \notin \mathrm{TIME}(f(\lfloor n/2 \rfloor))$。

证明：若否，存在图灵机 M_{H_f} 在时间 $f(\lfloor n/2 \rfloor)$ 内判定 H_f。构造图灵机 D_f：以图灵机描述 M 为输入，运行 $D_f(M)$：若 $M_{H_f}(M;M)=\text{yes}$，则输出 no；否则，输出 yes。

因此，D_f 关于输入 M 的运行时间与 M_{H_f} 关于输入 $M;M$ 的运行时间相同，均为 $f(\lfloor 2n+1/2 \rfloor)=f(n)$。于是，对于输入 D_f，若 $D_f(D_f)=\text{yes}$，则 $M_{H_f}(D_f;D_f)=\text{no}$，故 $D_f;D_f \notin H_f$，即在时间 $f(n)$ 内 $D_f(D_f) \neq \text{yes}$。由 D_f 的定义知，$D_f(D_f)=\text{no}$，矛盾。若 $D_f(D_f)=\text{no}$，则 $M_{H_f}(D_f;D_f)=\text{yes}$，即 $D_f;D_f \in H_f$，于是 $D_f(D_f)=\text{yes}$，矛盾。故 $H_f \notin \text{TIME}(f\lfloor n/2 \rfloor)$ 成立。

【推论 4.1】 $\text{P} \subsetneq \text{EXP}$。

证明：利用定理 4.1 可知，$\text{P} \subseteq \text{TIME}(2^n) \subsetneq \text{TIME}((2^{2n+1})^3) \subseteq \text{TIME}(2^{n^k}) \subseteq \text{EXP}$。

时间分离定理可进一步推广：

设 $f_1(n)$ 与 $f_2(n)$ 是可构造函数且 $f_2(n) \geqslant f_1(n) \geqslant \log n$，有 $\liminf\limits_{n\to\infty} \dfrac{f_1(n)\log f_1(n)}{f_2(n)}=0$，则 $\text{TIME}(f_1(n)) \subsetneq \text{TIME}(f_2(n))$。

4.3 空间复杂度

4.2 节讨论时间分层定理，对于空间复杂类，有类似的结果。

【定理 4.2】（空间分层定理） 若 $f(n)$ 是可构造函数，则 $\text{SPACE}(f(n)) \subsetneq \text{SPACE}(f(n)\log f(n))$。

更一般地，设 $f_1(n)$ 与 $f_2(n)$ 是可构造函数，$\liminf\limits_{n\to\infty} \dfrac{f_1(n)}{f_2(n)}=0$，并且有 $f_2(n) \geqslant f_1(n) \geqslant \log n$，则 $\text{SPACE}(f_1(n)) \subsetneq \text{SPACE}(f_2(n))$。

为研究空间复杂类之间及其与时间复杂类的关系，本节引入一个新的研究空间复杂度的方法，称为可达性方法，主要思想是将计算过程转化为图，再利用 REACHABILITY 的算法得到结论。下面我们定义瞬时像图。

设 $M=(K,\Sigma,\delta,s)$ 为一个有输入与输出带的 k 带（非）确定图灵机，判定语言 L。关于输入 x，运行时间为 $f(|x|)$。M 的瞬时像即为 $2k+1$ 元组 $(q,w_1,u_1,\cdots,w_k,u_k)$。由于第 2、第 3 个分量总是 $\triangleright x$，而对于判定机器而言，最后带为只写带，其他带的长不超过 $f(n)$，于是，可将瞬时像简记为 $(q,i,w_2,u_2,\cdots,w_{k-1},u_{k-1})$，其中 i 记录第 1 条带上指针的位置，$0 \leqslant i \leqslant n=|x|$。定义 M 的瞬时像图 $G(M,x)$：

（1）顶点：所有可能的瞬时像组成的集合。

（2）边：瞬时像 C_1 和 C_2（两顶点）之间有一条边当且仅当 $C_1 \xrightarrow{M} C_2$。

由于 M 的瞬时像个数为 $|K|(n+1)(|\Sigma|^{f(n)})^{(k-2)} \leqslant nc_1^{f(n)}=c_1^{\log n+f(n)}$，其中 c_1 仅

依赖于M，故$G(M,x)$的顶点个数$\leqslant c_1^{\log n+f(n)}$。$x$是否属于$L$当且仅当在图$G(M,x)$中是否有一条从$C_0=(s,0,\triangleright,\varepsilon,\cdots,\triangleright\varepsilon)$到$C=(\text{yes},i,\cdots)$的通路。

对于可构造函数$f(n)$，可以证明：

（1）$\text{SPACE}(f(n))\subseteq\text{NSPACE}(f(n))$，并且$\text{TIME}(f(n))\subseteq\text{NTIME}(f(n))$。

（2）$\text{NTIME}(f(n))\subseteq\text{NSPACE}(f(n))$。

（3）$\text{NSPACE}(f(n))\subseteq\text{TIME}(k^{\log n+f(n)})$。

由此易知，L⊆NL⊆P⊆NP⊆PSPCE。值得注意的是，利用空间分离定理，有L⊊PSPCE，因此上述包含关系应有一个真包含，但我们不知道是哪一个。根据$\text{NSPACE}(f(n))\subseteq\text{SPACE}(k^{\log n+f(n)})$，问是否有更好的方式使得确定性空间模拟非确定性空间？或者是否非确定性空间的确比确定性空间有更强大的功能？下面我们进一步利用可达性方法实现对非确定空间的模拟，从而得到答案，说明确定空间模拟非确定性空间仅需要2次方代价。

【定理4.3】（Savitch定理） $\text{REACHABILITY}\in\text{SPACE}(\log^2 n)$。

证明：设图$G=(V,E)$，$|V|=n,x,y\in V$，令$i\geqslant 0$。定义断言$\text{PATH}(x,y,i)=1$，如果“G中存在一条长不超过2^i的从x到y的通路”。

由于G任意通路的长不超过n，因此，给定G的两点x，y，只要计算$\text{PATH}(x,y,\lceil\log n\rceil)$就可以解决$G$中的可达性问题。

对于输入串为图G的邻接矩阵，下面设计一个计算$\text{PATH}(x,y,i)$的两条工作带图灵机（除输入带外）如图4.3-1所示：

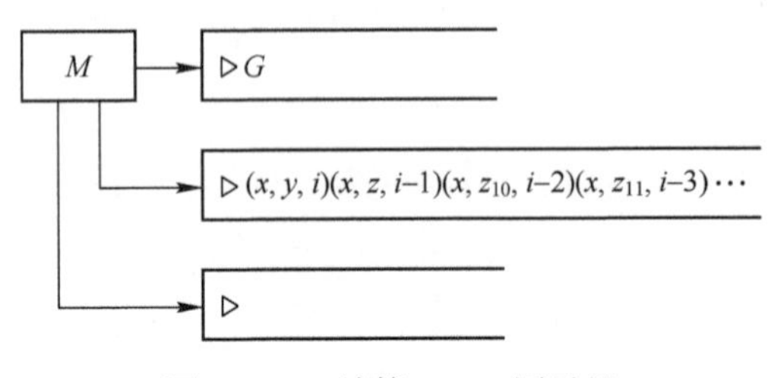

图4.3-1 计算PATH图灵机

（1）第1条工作带：x，y为顶点，i为整数，该带含有一系列三元组，(x,y,j)，$0\leqslant j\leqslant i$，而且(x,y,i)为最左边一个。

（2）第2条工作带：用作计算需要的零散空间，大小$O(\log n)$足够。

若$i=0$，检查输入可知是否$x=y$或x与y邻接。若$i\geqslant 1$，用递归算法计算$\text{PATH}(x,y,i)$：“对于所有顶点z，检验是否$\text{PATH}(x,z,i-1)=1$和$\text{PATH}(z,y,i-1)=1$”。

思路：任何从x到y的长为2^i的通路有一个中间点z，且x到z与z到y的长不超过2^{i-1}，如图4.3-2所示。为节省空间，重复利用空间逐个生成所有顶点z。

一旦生成一个新的 z，就将 $(x,z,i-1)$ 添加到主要工作带上，并就此新问题开始递归。

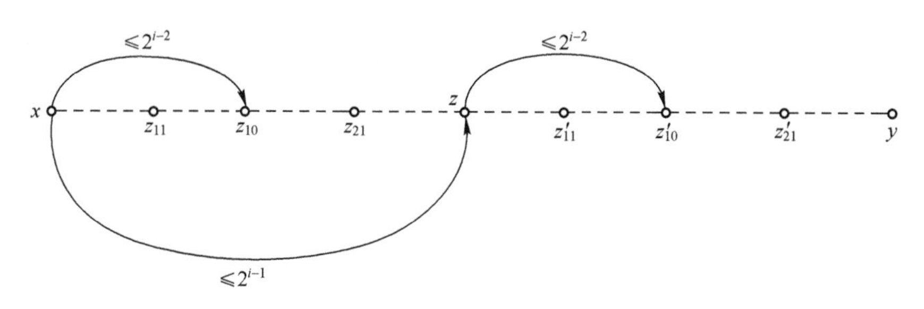

图 4.3-2　x 到 y 的通路

若 PATH$(x,z,i-1)=0$，则擦去该三元组，生成一个新的 z'，在主要工作带上写上 $(x,z',i-1)$，进行递归。

若 PATH$(x,z,i-1)=1$，则擦去该三元组，写上 $(z,y,i-1)$，继续计算 PATH$(z,y,i-1)$。若 PATH$(z,y,i-1)=0$，则擦去该三元组，生成一个新的 z'，再如上计算 PATH$(x,z',i-1)$ 和 PATH$(z',y,i-1)$；若 PATH$(z,y,i-1)=1$，则与其左边的 (x,y,i) 比较，可得 PATH$(x,y,i)=1$。

易知，该算法求解 PATH(x,y,i)。第 1 条工作带至多有 $\lceil \log n \rceil$ 个三元组，而每个三元组长至多为 $3\lceil \log n \rceil$，于是可在空间 $O(\lceil \log^2 n \rceil)$ 内求解 REACHABILITY。

注意：对于求解 REACHABILITY，以前一直用确定性算法，分别用深度优先和宽度优先法，所占空间为 $O(n)$。这里利用“中间优先”搜索法，尽管浪费时间，但是节省了空间。

【推论 4.2】　设 f 为可构造函数，$f(n)\geq \log(n)$，则 NSPACE$(f(n))\subseteq$ SPACE$(f^2(n))$，进而 PSPACE=NSPACE。

证明：关于输入 x，$|x|=n$。为了模拟 $f(n)$ 空间界定的非确定图灵机 M，构造 (M,x) 的瞬时像图，然后运用定理 4.3 的算法找出接受计算。唯一不同的是在检查两个点是否相邻，即 $i=0$ 的情形，除了检查输入外，还要根据转移关系才能确定是否邻接。由于模拟图 $G(M,x)$ 有至多 $c^{f(n)}$ 个顶点，其中 c 为常数，则有 $O(f^2(n))$ 空间足够。

对于空间复杂类 coNSPACE 与 NSPACE，我们有结论：对于可构造函数 $f(n)\geq \log n$，NPSPACE$(f(n))$= coNPSAPCE$(f(n))$，故 coNL=NL。

习题

4.1　设 f 与 g 都是可构造函数，证明：$f+g$，$f(g)$ 与 2^g 为可构造函数。

4.2 设f为一个可构造函数。若（确定或非确定）图灵机M在时间（或空间）$f(n)$内判定语言L，则存在一个精确图灵机M'，在时间（或空间）$O(f(n))$内判定同一语言L。

4.3 设$f(n)$为可构造函数，$f(n)\geqslant \log n$，**证明：**

（1）PSPACE$(f(n))\subseteq$NPSAPCE$(f(n))$，并且TIME$(f(n))\subseteq$NTIME$(f(n))$。

（2）NTIME$(f(n))\subseteq$PSPACE$(f(n))$。

（3）NPSPACE$(f(n))\subseteq$TIME$(k^{\log n+f(n)})$，$k>1$为常数。

（4）NPSPACE$(f(n))=$coNPSAPCE$(f(n))$且coNL=NL。

4.4 证明：TIME$(n)\subsetneq$TIME$(n^{1.5})$。

4.5 证明：空间分层定理（定理4.2）。

4.6 对于字母表Σ上的任意两个语言L_1和L_2，定义其并为$L_1\cup L_2=\{x\in\Sigma^*\mid x\in L_1$或$x\in L_2\}$，其交为$L_1\cap L_2=\{x\in\Sigma^*\mid x\in L_1$且$x\in L_2\}$称复杂类$C$在并（或交）下封闭的，如果对于$C$中任意语言$L_1$和$L_2$有$L_1\cap L_2$（或$L_1\cap L_2$）也在$C$中。讨论：L、NL、P、NP、PSPACE、NPSPACE、EXP和NEXP对于并和交的封闭性。

4.7 结论：存在一个语言L满足，对于任意在时间$t_M(n)$内接受L的图灵机M，存在一个图灵机N在时间$t_N(n)\in O(\log_2 t_M(n))$内接受$L$。对于该结论中的语言$L$，下面说法是否成立，并说明理由。

如果存在一个图灵机M在时间$t_M(n)\in O(2^n)$内接受L，则存在一个图灵机N在时间$t_N(n)\in O(n)$内接受L。

4.8 定义语言L的Kleene星为$L^*=\{x_1\cdots x_k\mid$存在$k\geqslant 0$并且$x_1,\cdots,x_k\in L\}$，$\overline{L}=\{x\in\Sigma^*\mid x\notin L\}$。称一个语言类$C$在Kleene星下封闭，如果$L\in C$则$L^*\in C$。讨论：

（1）L、NL、P、NP、PSPACE、NPSPACE、EXP和NEXP在Kleene星下封闭。

（2）$\overline{L}^*=\overline{L^*}$，进而coNP在Kleene星作用下是否封闭。

4.9 计数REACHABILITY问题：给定图G和一个顶点x，计算出从顶点x可到达的点的个数。显然，这等价于计数从x不能到达的顶点数，由此可见，计数问题和其补是相同的。

（1）试证明Immerman-Sielepscenyi定理：给定一个图G和一个顶点x，G中从x所能到达的点的个数可在空间$\log n$内由一个非确定图灵机计算。

（2）利用Immerman-Sielepscenyi定理的证明，证明：对于可构造函数$f(n)\geqslant \log n$，NPSPACE$(f(n))=$coNPSAPCE$(f(n))$。（提示：设$L\in$NSPACE$(f(n))$，则存在一个非确定图灵机N在$f(n)$空间内判定L。构造非确定图灵机$\overline{N}$

在空间$f(n)$内判定$\overline{L}$：关于输入x，有N的瞬时像图$G(N;x)$。于是$\overline{N}$运行Immerman-Sielepscenyi定理的算法。当算法每次需要确定两个瞬时像是否连通时，则需要通过x及N的转移关系来确定。随着算法的进行，对任意非负整数k，若$\overline{N}$发现一个接收瞬时像$u \in S(k)$，则停机并拒绝；否则，$|S(k-1)|$被计算且没有遇到接受瞬时像，则$\overline{N}$接受。)

4.10 证明：存在非负整数到非负整数的递归函数f，使得$\mathrm{TIME}(f(n))=\mathrm{TIME}(2^{f(n)})$。（该结论说明，在定义计算复杂类时使用可构造函数是十分必要的，否则将会出现如此反常规的现象。)

第5章　Karp 归约和完备性

在对计算问题的研究中，通常对问题之间的困难性给予比较。为了实现问题难度的比较，精确地描述问题的困难现象，我们需要引入归约。通常有 Karp 归约、Cook 归约、Levin 归约以及概率归约等。这里我们重点介绍 Karp 归约，Cook 归约将在下一章介绍。事实上，前面我们已经利用归约思想研究一些问题，如将完美匹配问题转化成一个 MAXFLOW 问题，再利用 MAXFLOW 问题求解，从而得到完美匹配问题的解；在不可判定性的研究中亦有任何递归可枚举语言都可以归约到停机问题。

利用归约，一方面我们可以通过一个问题的求解找到另一个问题的解；另一方面，我们可以发现有些问题比其他问题能够更好地反映语言类的性质，可以找到一些可以刻画整个复杂类的困难性的问题。从逻辑上而言，这些问题在复杂类研究中具有中心地位，如 SAT 似乎比 REACHABILITY 能更好反映 NP 的复杂性。

5.1　Karp 归约

【定义 5.1】　称一个语言 L_1 可以 Karp 归约到语言 L_2，如果存在一个确定图灵机在多项式时间内计算一个串到串的函数 R，使得对于所有输入 x，$x \in L_1$ 当且仅当 $R(x) \in L_2$。称 R 为从 L_1 到 L_2 的 Karp 归约。

说明：$x \notin L_1$ 当且仅当 $R(x) \notin L_2$。因此 Karp 归约函数 R 提供了从语言 L_1 表示的判定问题的任何实例 x 到语言 L_2表示的判定问题的实例的映射，如果能提供是否有 $R(x) \in L_2$，也就直接提供了是否有 $x \in L_1$ 的答案。从直觉上看，一个问题 A 可以被 Karp 归约为另一个问题 B，就是 A 的任何实例都可以被“容易地表示（重新描述）为”B 的实例，而 B 的实例的解也是 A 的实例的解。此时，我们称问题 B 至少与问题 A 一样难，或者问题 B 不会比问题 A 更容易。有的文献将 Karp 归约定义为确定图灵机在空间 $O(\log n)$ 内所计算的函数 R，由推论 4.2 可知，这显然是更强的要求。另一方面，在 Karp 归约要求 R 的计算不会太难；否则，将会得到奇怪的结果。如给定 TSP(D)的一个实例 x，定义 Karp 归约 R：检查所有的旅行，若其中之一有比 D 更小的代价，则令 $R(x)$为一个从点 1 到点 2 的单边组成的图；否则，$R(x)$为没有边的点 1 与点 2 组成的图。这就将 TSP(D) Karp 归约到 REACHABILITY。但就目前我们的知识而言，REACHABILITY 不会比 TSP(D)难。造成这样结果的原因在于 R 的计算是指数时间算法。

对于 $k\geqslant 1$，令 kCNF 为合取范式 Boolean 表达式的集合，其中每个表达式的分句至多有 k 个文字。kSAT 是 kCNF 中可满足的 Boolean 表达式的集合。显然，1SAT$\subseteq$2SAT$\subseteq$3SAT$\cdots\subseteq k$SAT$\cdots\subseteq$SAT。易知，1SAT$\in$P，后面我们会证明 SAT$\in$NP 且 3SAT$\in$NP。

【例 5.1】 证明：2SAT$\in$P。

2SAT 是合取范式 Boolean 表达式的集合，其中每个表达式的分句至多有 2 个文字。下面我们将其 Karp 归约到 REACHABILITY。对于任意 $\Phi\in$2SAT，定义图 $G=G(\Phi)=\{v_i,e:v_i\in V,e\in E\}$，其中顶点集 $V=\{x,\neg x:x$ 为 Φ 的变量$\}$，边集 $E=\{(\alpha,\beta):\Phi$ 中有分句$(\neg\alpha\vee\beta)$或$(\beta\vee\neg\alpha)\}$，则图 G 具有性质：若(α,β)为一条边，则$(\neg\beta,\neg\alpha)$也是一条边。

首先，设 $\Phi\in$2CNF，Φ 是不可满足的当且仅当存在变量 x 使得 $G(\Phi)$有从 x 到$\neg x$ 的通路，也有从$\neg x$ 到 x 的通路。事实上，假设 Φ 可满足，则存在赋值 T 使得 $\Phi(T)=1$。不妨设 $T(x)=$true，则 $T(\neg x)=$false。由于从 x 到$\neg x$ 存在通路，则存在边(α,β)使得 $T(\alpha)=$true，$T(\beta)=$false。又由于$\neg\alpha\vee\beta$ 为 Φ 的一个分句，则 $T(\neg\alpha\vee\beta)=$true，而实际上 $T(\neg\alpha\vee\beta)=$false，矛盾。

反过来，设 Φ 是不可满足的。若对于任意变量 x，既无从 x 到$\neg x$ 的通路，也无从$\neg x$ 到 x 的通路，挑选一个真值未定的顶点 α，可以对 Φ 按照如下方式赋值：首先，由于无从 α 到$\neg\alpha$ 的通路，若在 $G(\Phi)$中将从 α 可达的顶点赋值均为 true，则令 $\alpha=$true。这样赋值是合理的，这是因为 α 不可能同时达到 β 与$\neg\beta$：若 $\alpha\to\beta$ 且 $\alpha\to\neg\beta$，则 $\alpha\to\beta$ 且$\neg(\neg\beta)\to\neg\alpha$，得到 $\alpha\to\neg\alpha$，矛盾。其次，若存在从 α 到 γ 的通路且 $\gamma=$false，则存在边(β_1,β_2)和(β_2,γ)使得 $\alpha\to\beta_1\to\beta_2\to\gamma$。由于 $\gamma=$false，从而 $\beta_2=$false 且 $\beta_1=$false。由于从 α 可达 β_1 且 $\beta_1=$false，可以得到 $\alpha=$false。综上，$G(\Phi)$的每条通路上的顶点赋值相同，不存在从 true 到 false 的边，因此能够得到 Φ 的一个可满足赋值。这与 Φ 是不可满足的矛盾。

其次，2SAT$\in$NL，从而 2SAT$\in$P。事实上，对于任意 $\Phi\in$2SAT，构造图 $G(\Phi)$，则 $\Phi\in\overline{\text{2SAT}}$当且仅当存在变量 x 使得 $G(\Phi)$有从 x 到$\neg x$ 的通路也有从$\neg x$到 x 的通路。猜测这样的 x 并检验是否有从 x 到$\neg x$ 的通路和从$\neg x$ 到 x 的通路可以在非确定性对数空间内完成，因此 2SAT$\in$NL。由于 NL$=$coNL，故$\overline{\text{2SAT}}\in$coNL，从而 2SAT$\in$NL$\subseteq$P 。

【例 5.2】 证明：HAMILTON PATH 可 Karp 归约到 SAT。

所谓 HAMILTON PATH 是指给定一个图 G，问是否有一条通路访问每个顶点恰好一次。于是，对于一个图 G，我们需要构造 $R(G)$，使得 G 有一条 Hamilton 通路当且仅当 $R(G)$ 可满足。为了构造 $R(G)$，首先分析一条 Hamilton 通路的特点。

设 G 有顶点 $\{1,2,\cdots,n\}$，对于一条通路 $u_{i(1)},u_{i(2)},\cdots,u_{i(n)}$，其中 $i(1)$，$i(2),\cdots,i(n)$ 为 $\{1,2,\cdots,n\}$ 的一个置换。于是，点 k 可出现在位置 j 处。因此，要刻画每个点及其出现的位置，则需要 $\{1,2,\cdots,n\}\times\{1,2,\cdots,n\}$ 的子集表示的关系，即需要 n^2 个变量 $\{x_{i,j}:1\leqslant i,j\leqslant n\}$，并定义 $x_{i,j}=\text{true}$ 当且仅当点 j 出现在位置 i 处；否则，为 false。

另外，每条 Hamilton 通路满足：每个点 j 只能出现在唯一的位置，且每个位置只能有一个点，不邻接的点一定不会出现在相邻的位置。下面利用 Boolean 表达式将该性质描述出来，定义分句如下：

① 每个点 j 必须出现在某个位置 i，$1\leqslant i\leqslant n$：$x_{1j}\vee x_{2j}\cdots\vee x_{nj}$，$1\leqslant j\leqslant n$。

② 每个点 j 不可能同时出现在两个位置：$\neg(x_{ij}\wedge x_{kj})$；$i\neq k$，$1\leqslant i,j,k\leqslant n$。

③ 每个位置 i 处必须有一个顶点：$x_{i1}\vee x_{i2}\cdots\vee x_{in}$，$1\leqslant i\leqslant n$。

④ 每个位置 i 只能有一个顶点：$\neg(x_{ij}\wedge x_{ik})$，$j\neq k$，$1\leqslant i,j,k\leqslant n$。

⑤ 对于任意两点 i、j，若 (i,j) 不为 G 的边，则不会出现在通路中的相邻位置：$\neg(x_{ki}\wedge x_{k+1,j})$，$1\leqslant k\leqslant n-1$。

将上述分句取合取即得 $R(G)$，完成 $R(G)$ 的构造。下面证明 R 是一个 Karp 归约：

(1) 对于任意图 G，G 有 Hamilton 通路当且仅当 $R(G)$ 可满足；

(2) 可在多项式时间内计算 R。

事实上，设 $R(G)$ 有可满足的赋值 T。由 $(x_{1j}\vee x_{2j}\cdots\vee x_{nj})\wedge(\wedge_{i\neq k}(\neg x_{ij}\vee\neg x_{kj}))=\text{true}$ 可知，对于每个点 j，存在唯一位置 i 使得 $T(x_{ij})=\text{true}$。类似地，由 $(x_{i1}\vee x_{i2}\cdots\vee x_{ik})\wedge(\wedge_{j\neq k}(\neg x_{ij}\vee\neg x_{ik}))=\text{true}$ 可知，对于每个位置 i，有唯一的点 j 使得 $T(x_{ij})=\text{true}$，即每个位置对应唯一顶点，反之亦然。

于是，每个 T 对应 G 的一个顶点置换 $\pi(1),\cdots,\pi(n)$，其中 $\pi(i)=j$ 当且仅当 $T(x_{ij})=\text{true}$。再由分句 $\neg(x_{ki}\wedge x_{k+1,j})=\text{true}$ 可知，对于所有 k，$(\pi(k),\pi(k+1))$ 为边。因此，$(\pi(1),\cdots,\pi(n))$ 为一条 Hamilton 通路。

反过来，设 G 有一条 Hamilton 通路 $(\pi(1),\cdots,\pi(n))$，其中 π 为一个置换。在上面的构造中，令 $T(x_{ij})=\text{true}$，如果 $\pi(i)=j$；否则，为 false。则 $T\models R(G)$。

下面说明 R 可在多项式时间内计算。

给定图 G 作为图灵机 M 的输入，则 M 可如下产生输出 $R(G)$。

首先，在一条工作带上以二进制形式写出 n。由于 $R(G)$ 描述的前四类分句仅与图 G 的顶点数 n 有关，故可在输出带上逐个生成这些分句。这里，M 需要三

个计数器 i,j,k 帮助构造分句中的变量指标。然后，对于最后一组分句，M 在其一条工作带上逐个生成分句 $\neg x_{ki} \vee \neg x_{k+1,j}$，$k=1,2,\cdots,n-1$。$M$ 在输入中检查 (i,j) 是否为 G 的一条边。若不是，则在输出带上输出该分句；否则，生成下一个。

以上运算仅需要记录指标 i,j,k，以及 $(\neg x_{ki} \vee \neg x_{k+1,j})$，因此需要空间为 $O(\log n)$，进而可在 poly(n) 时间内完成。

在以后的 Karp 归约中，根据构造很容易知道计算所需时间为 poly(n) 的多项式，因此，我们不再具体分析 Karp 归约的时间复杂性。

【例 5.3】 证明：REACHABILITY 可 Karp 归约到 CIRCUIT VALUE。

给定图 G，1 与 n 为 G 的两个顶点，构造一个没有变量的电路 $R(G)$，使得 $R(G)$ 的输出为 true 当且仅当 G 中有从 1 到 n 的通路。

我们考虑 G 的任意两点 i 与 j 之间的一条通路 $w_0=i,w_1,\cdots,w_t,\cdots,w_l=j$。在其中选取最大值顶点如 $w_t=k$，则该通路是 $w_0=i,w_1,\cdots,w_t$ 和 $w_t,\cdots,w_l=j$ 同时是通路的连接，因此是二者都同时成立的合取。于是，可得到一个 AND 门 $h_{i,j,k}$，即 $s(h_{i,j,k})=\wedge$，其前继为 $g_{i,k,k-1}$ 和 $g_{k,j,k-1}$，这里 $h_{i,j,k}$ 表示 i 与 j 之间的一条通路，所有中间点均不超出 k，且 k 一定出现在其中。$g_{i,k,k-1}$ 或 $g_{k,j,k-1}$ 表示 i（或 k）与 k（或 j）之间的一条通路，且所有中间点均不超出 $k-1$。

另外，两点 i 与 j 之间或者有对应于 $h_{i,j,k}$ 的一条通路 $w_0=i,w_1,\cdots,w_t,\cdots,w_l=j$，或者还有另外一条对应于 $g_{i,j,k-1}$ 的通路 $w_0=i,w'_1,\cdots,w'_{t'},\cdots,w'_{l'}=j$。此时，关于 i 与 j 之间的连通性则只要二者之一成立即可，于是有 OR 门 $g_{i,j,k}$，即 $s(g_{i,j,k})=\vee$，其前继为 $g_{i,j,k-1}$ 和 $h_{i,j,k}$。如此组合下去，就将各个通路组合起来，得到从 1 到 n 的通路，输出结果。

因此可以如下定义电路 $R(G)$ 的门：$g_{i,j,k}$，$1\leqslant i,j\leqslant n$，$0\leqslant k\leqslant n$，和 $h_{i,j,k}$，$1\leqslant i,j,k\leqslant n$。于是有 $2n^3+n^2$ 个门并满足：

① $g_{i,j,k}=$true 当且仅当在 G 中从 i 到 j 的通路上所有中间点均不超出 k；

② $h_{i,j,k}=$true 当且仅当在 G 中从 i 到 j 的通路上所有中间点均不超出 k，而且 k 一定出现在其中。

下面对这些门给予归类：

（1）$k=0$ 时，定义 $g_{i,j,0}=$true 当且仅当 $i=j$ 或 (i,j) 为一条边；否则为 false。令 $g_{i,j,0}$ 为输入门。注意，$h_{i,j,0}$ 无定义。

（2）$k\geqslant 1$ 时，令 $h_{i,j,k}$ 为 AND 门，即 $s(h_{i,j,k})=\wedge$，其前继为 $g_{i,k,k-1}$ 和 $g_{k,j,k-1}$。令 $g_{i,j,k}$ 为 OR 门，即 $s(g_{i,j,k})=\vee$，其前继为 $g_{i,j,k-1}$ 和 $h_{i,j,k}$。令 $g_{1,n,n}$ 为输出门。

综上得到电路 $R(G)$。对电路的门按照第三个指标 k 的非递减序重新命名，使得门有从低到高的排列顺序。对 k 归纳可以证明：G 中有从 1 到 n 的通路当且仅当 $R(G)$ 的输出为 true。易知，存在机器可在时间 poly(n) 内计算 $R(G)$。

【**例 5.4**】 证明：CIRCUIT SAT 可 Karp 归约到 SAT。

给定电路 C，构造一个 Boolean 表达式 $R(C)$，使得 $R(C)$ 可满足当且仅当 C 是可满足的。$R(C)$ 中变量应该表示 C 中的变量以及 C 的各个门。具体变量定义如下：

(1) C 的变量输入门 g：对应变量 x，则关于任何赋值 T，有 $T(g)=T(x)$，于是 $R(C)$ 中需添加 $g \Leftrightarrow x$，即 $(\neg g \vee x) \wedge (g \vee \neg x)$。

(2) 常值输入门 g=true 或 false，则分别添加分句 (g) 或 $(\neg g)$。

(3) NOT 门 g：设其前继为 h，则 $g=\neg h$，于是应添加分句 $g \Leftrightarrow \neg h$，即 $(\neg g \vee \neg h) \wedge (g \vee h)$。

(4) OR 门 g：设其前继为 h 与 h'，则 $g \Leftrightarrow h \vee h'$，即 $(\neg h \vee g) \wedge (\neg h' \vee g) \wedge (h \vee h' \vee \neg g)$。

(5) AND 门 g：设其前继为 h 与 h'，则 $g \Leftrightarrow h \wedge h'$，即 $(\neg g \vee h) \wedge (\neg g \vee h') \wedge (\neg h \vee \neg h' \vee g)$。

(6) 输出门 g：添加 (g)。

以上分句取合取，即得 $R(C)$。显然，C 可满足当且仅当 $R(C)$ 可满足。

由于每个 SAT 成员都可直接得到一个电路，因此，SAT 与 CIRCUIT SAT 是互相 Karp 归约的，二者一样困难。对于 $k \geqslant 1$，定义 kSAT 为 SAT 的一个特殊情况，其中公式是合取范式而且所有分句至多有 k 个文字。由于每个分句可以增加文字个数，如 $x_1 \vee x_2 \vee x_3 = (x_1 \vee x_2 \vee x_3) \vee (w \wedge \neg w) = (x_1 \vee x_2 \vee x_3 \vee w) \wedge (x_1 \vee x_2 \vee x_3 \vee \neg w)$（其中 w 为新文字），或重复一个文字使得 $k\mathrm{SAT} \subseteq (k+1)\mathrm{SAT}$，因此有序列 $2\mathrm{SAT} \subseteq 3\mathrm{SAT} \subseteq \cdots \subseteq k\mathrm{SAT} \subseteq \cdots \subseteq \mathrm{SAT}$。由于在 CIRCUIT SAT 到 SAT 的 Karp 归约中所构造的分句至多有 3 个文字，因此 CIRCUITSAT 可 Karp 归约到 kSAT，$k \geqslant 3$，从而得到 SAT 到 kSAT 的 Karp 归约。即对于 $k \geqslant 3$，SAT 与 kSAT 可以相互 Karp 归约，有一样的困难性。

综上，REACHABILITY $\subseteq$ CIRCUIT VALUE $\overset{\mathrm{id}}{\subseteq}$ CIRCUIT SAT $\subseteq$ SAT 为 Karp 归约序列，其中 id 为恒等归约。于是得到 REACHABILITY 到 SAT 的特殊 Karp 归约，归约的像为 SAT 的一个特殊情形。由定义可知对于一般问题之间的 Karp 归约具有传递性，下面说明 Karp 归约的复合不改变归约算法的空间复杂度。

【**定理 5.1**】 对于语言 L_1、L_2 和 L_3，若 R 为 L_1 到 L_2 的 Karp 归约，R' 为 L_2 到 L_3 的 Karp 归约，并且 R 与 R' 均在空间 $O(\log n)$ 内可计算，则两个归约的复合 $R \circ R'$ 为 L_1 到 L_3 的 Karp 归约且在空间 $O(\log n)$ 内可计算。

证明：对于任意 x，有 $x \in L_1$ 当且仅当 $R(x) \in L_2$，而 $R(x) \in L_2$ 当且仅当 $R'(R(x)) \in L_3$，因此只需证明在空间 $O(\log n)$ 内可以计算 $R \circ R'$。设 R 与 R' 分别由机器 M_R 和 $M_{R'}$ 计算，构造计算 $R \circ R'$ 的图灵机 $M_{R \circ R'}$，如图 5.1-1 所示。

将 M_R 的输出带与 $M_{R'}$ 的输入带合并为一条工作带 I，用于记录 M_R 输出带当前所指的符号 σ_i 和 $M_{R'}$ 输入带指针的位置 i，即 (σ_i,i)。当指针向右移动 1 位时，将 (σ_i,i) 擦去，改写为 $(\sigma_{i+1},i+1)$。然后再添加一条工作带 J，用于 $M_{R'}$ 输入带上指针左移时的计算。

初始 $i=1$，有单独的带集合模拟 M_R 关于输入 x 的运算。由于输入带上指针开始扫描▷，故易模拟 $M_{R'}$ 的第一次移动，当 $M_{R'}$ 的输入带上指针右移一位时，$i \leftarrow i+1$，执行 M_R 的运算足够长时间以便能产生下一个输出符号 σ_{i+1}，将 σ_i 改写为 σ_{i+1}，此即为当前 $M_{R'}$ 的输入带指针扫描的符号，继续模拟 $M_{R'}$，如此下去…。

若 $M_{R'}$ 的输入带上指针在某相同位置 i 不动，则以 (σ_i,i) 继续模拟 $M_{R'}$，不对 (σ_i,i) 做改写。若 $M_{R'}$ 的输入带指针向左移动一位，由于 M_R 输出的符号已经被忘记，则利用工作带 J 采取如下方法：

在 I 带上，令 $i \leftarrow i-1$；然后关于输入 x，重新开始运行 M_R，同时在带 J 上记录 M_R 的输出的符号 σ_j 及符号数 j，即记录 (σ_j,j)，并比较 I 带上的 i 与 J 带上的 j。当 $i=j$ 时，则 M_R 暂时停机，将 σ_{i+1} 改写为 $\sigma_i=\sigma_j$，然后以 σ_i 为输入继续模拟 $M_{R'}$。

如此下去，直到 M_R 与 $M_{R'}$ 停机，则 $M_{R\circ R'}$ 停机并输出 $R'(R(x))$。易知，$M_{R\circ R'}$ 确定的计算了 Karp 归约 $R\circ R'$，所用空间为 $O(\log n)$。

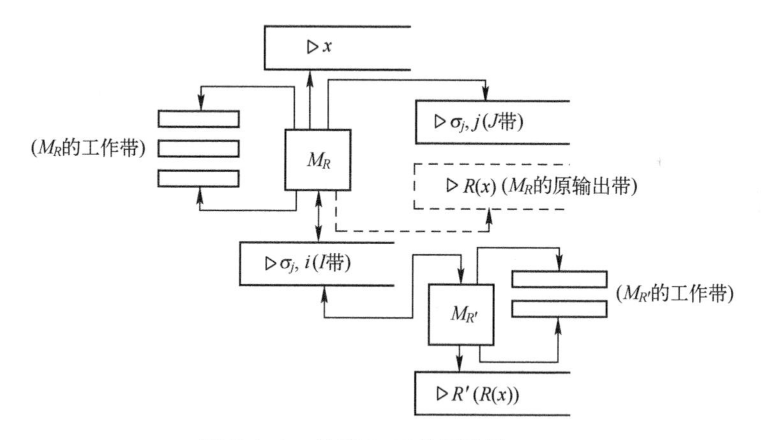

图 5.1-1 计算 $R\circ R'$ 的图灵机 $M_{R\circ R'}$

诺言问题之间的 Karp 归约可以直接的方式定义。称函数 $f:\Sigma^*\rightarrow\Sigma^*$ 是从 $(\Pi_{\text{YES}},\Pi_{\text{NO}})$ 到 $(\Pi'_{\text{YES}},\Pi'_{\text{NO}})$ 的 Karp 归约，如果它把 YES 实例映射到 YES 实例，NO 实例映射到 NO 实例，即 $f(\Pi_{\text{YES}})\subseteq\Pi'_{\text{YES}}$ 和 $f(\Pi_{\text{NO}})\subseteq\Pi'_{\text{NO}}$。显然，任何可以解决 $(\Pi'_{\text{YES}},\Pi'_{\text{NO}})$ 的算法 A 也能用来解决 $(\Pi_{\text{YES}},\Pi_{\text{NO}})$：对于输入 $x\in\Pi_{\text{YES}}\cup\Pi_{\text{NO}}$，运行算法 A 于 $f(x)$ 并输出结果。注意到 $f(x)$ 总是满足 $f(x)\in(\Pi'_{\text{YES}},\Pi'_{\text{NO}})$ 并且 $f(x)$ 是一个 YES 实例当且仅当 x 是一个 YES 实例。同样地，对于诺言问题定理 5.1

也成立。

【定义 5.2】(SET COVER) 对任意近似因子 $\gamma \geqslant 1$，集合覆盖问题 SETCOVER_γ 定义为如下诺言问题。

设 $\mathcal{U}$ 为一个集合。输入实例 $(\mathcal{S},r)$，其中 $\mathcal{S}=\{S_1,\cdots,S_n\}$ 为 $\mathcal{U}$ 的一个子集族 (不失一般性，假设 $\mathcal{U}=\bigcup_{X\in\mathcal{S}} X$)，$r$ 为整数，满足：

(1) $(\mathcal{S},r)$ 为 YES 情形，如果 $\mathcal{S}$ 包含 $\mathcal{U}$ 的大小为 r 的精确覆盖，即 $\exists\, \mathcal{S}'\subseteq\mathcal{S}$ 使得 $|\mathcal{S}'|=r$ 且 $\bigcup_{X\in\mathcal{S}'} X=\mathcal{U}$，并且 $\mathcal{S}'$ 中的元素彼此不交。

(2) $(\mathcal{S},r)$ 为 NO 情形，如果 $\mathcal{S}$ 不包含任意数量小于 γr 的覆盖，即对 $\forall\, \mathcal{S}'\subseteq \mathcal{S}$，$|\mathcal{S}'|\leqslant\gamma r$ 都有 $\bigcup_{X\in\mathcal{S}} X\neq\mathcal{U}$。

注意：YES 情形需要存在一个精确覆盖。如果 $\mathcal{S}$ 包含 $\mathcal{U}$ 的一个大小为 r 的覆盖，但没有相同大小的精确覆盖，那么 $(\mathcal{S},r)$ 既不是 YES 又不是 NO 实例。根据已有结论，对于任何常数 $\gamma\geqslant 1$ 或 $\gamma(n)=O(\log n)$，SETCOVER_γ 问题是 NP 困难的。

【定义 5.3】(BINCVP) 定义诺言问题 BINCVP_γ 为：输入实例是三元 $(\boldsymbol{B},\boldsymbol{t},r)$，其中 $\boldsymbol{B}\in\mathbb{Z}^{m\times n}$ 为格基矩阵，$\boldsymbol{t}\in\mathbb{Z}^m$ 为目标向量，r 为正整数，满足：

(1) $(\boldsymbol{B},\boldsymbol{t},r)$ 为 YES 情形，如果存在 $\boldsymbol{z}\in\{0,1\}^n$ 使得 $\boldsymbol{t}-\boldsymbol{Bz}$ 是至多有 r 个 1 的 0−1 赋值的向量。

(2) $(\boldsymbol{B},\boldsymbol{t},r)$ 为 NO 情形，如果 $\forall\, \boldsymbol{z}\in\mathbb{Z}^n$，$\forall\, \omega\in\mathbb{Z}\setminus\{0\}$，向量 $\omega\boldsymbol{t}-\boldsymbol{Bz}$ 都有超过 $\gamma(m)\cdot\gamma$ 个非零分量。

注意：①对于 YES 情形，格中距离目标向量比较近的向量一定是基本区域的顶点，同时此向量与目标向量的差为一个分量赋值为 0 或 1 的向量，因此距离就是不同的分量数的简单表示；②对于 NO 情形，我们不仅要求 $\boldsymbol{t}$ 距离格比较远，我们同样要求直线 $\omega\boldsymbol{t}$ 上的非零点同样距离格比较远；③这里 γ 是关于格的维数的函数，而不是关于秩数的函数，易知 BINCVP 问题不会满秩，因为满秩后就有 $\boldsymbol{t}$ 的整数倍足够接近格；④BINCVP 就是 GAPCVP 的一个特殊形式，且在 ℓ_p 范数下从 BINCVP_γ 到 $\text{GAPCVP}_{\gamma'}$ 的归约是简单的，其中 $\gamma'=\sqrt[p]{\gamma}$。因此 BINCVP 的困难性蕴含了 GAPCVP 的困难性。

下面例 5.5 在 ℓ_p 范数下将 SETCOVER_γ 归约到 BINCVP_γ。

【例 5.5】 对于近似因子 $\gamma=O(\log m)$，证明：SETCOVER_γ 可 Karp 归约到 BINCVP_γ，其中 m 为格的维数。

在构造归约之前，先介绍一种用于近似计算放大的技术——张量积。给定 $\boldsymbol{v}\in\mathbb{R}^n$，$\boldsymbol{w}\in\mathbb{R}^m$，$\boldsymbol{v}$ 与 $\boldsymbol{w}$ 的张量积 $\boldsymbol{v}\otimes\boldsymbol{w}$ 是一个 $n\cdot m$ 维向量，是用每个 v_i 乘以 $\boldsymbol{w}$，然后写成向量形式。具体来说，对 $i=1,\cdots,n;j=1,\cdots,m$，$\boldsymbol{v}\otimes\boldsymbol{w}$ 的第 $(i-1)m+j$ 位就

是 $v_i \cdot w_j$。向量的张量积可以简单推广到矩阵上：给定矩阵 $\boldsymbol{V}=[\boldsymbol{v}_1,\cdots,\boldsymbol{v}_m]\in\mathbb{R}^{m\times n}$，$\boldsymbol{W}=[\boldsymbol{w}_1,\cdots,\boldsymbol{w}_{m'}]\mathbb{R}^{m'\times n'}$，$\boldsymbol{V}\otimes\boldsymbol{W}$ 为 $mm'\times nn'$ 阶矩阵，是把每个 v_{ij} 变为 $v_{ij}\boldsymbol{W}$，而且由 $\boldsymbol{V}\otimes\boldsymbol{W}$ 生成的格与原格基 $\boldsymbol{V}$ 和 $\boldsymbol{W}$ 的选取无关，所以我们可以讨论$\mathcal{L}(\boldsymbol{V})$与$\mathcal{L}(\boldsymbol{W})$的张量积生成的格，同时可知并不是 $\mathcal{L}(\boldsymbol{V}\otimes\boldsymbol{W})$ 中的向量都可以写成 $\boldsymbol{v}\otimes\boldsymbol{w}$ 的形式，其中 $\boldsymbol{v}\in\mathcal{L}(\boldsymbol{V})$，$\boldsymbol{w}\in\mathcal{L}(\boldsymbol{W})$。

设$(\mathcal{S},r)$为 SETCOVER_γ 的实例，n 和 u 分别为 $\mathcal{S}$ 和 $\mathcal{U}=\bigcup_{X\in\mathcal{S}} X$ 的元素个数。不失一般性，我们设 $\mathcal{U}=\{1,2,\cdots,u\}$，$\mathcal{S}=\{S_1,\cdots,S_n\}$。

任何 $S_i\in\mathcal{S}$ 都可以表示成一个向量 $\boldsymbol{s}_i\in\{0,1\}^u$，其中 $\boldsymbol{s}_i=(\boldsymbol{s}_i(1),\boldsymbol{s}_i(2),\cdots,\boldsymbol{s}_i(u))^{\mathrm{T}}$ 满足 $j\in S_i\Leftrightarrow\boldsymbol{s}_i(j)=1$。用 $\boldsymbol{s}_1,\cdots,\boldsymbol{s}_n$ 组成一个 $u\times n$ 阶的布尔矩阵 $\boldsymbol{M}_{\mathcal{S}}=[\boldsymbol{s}_1,\cdots,\boldsymbol{s}_n]$。设 $k=\lceil\gamma r+1\rceil$，定义格基 $\boldsymbol{B}$ 和目标向量 $\boldsymbol{t}$ 如下：

$$\boldsymbol{B}=\begin{bmatrix}\boldsymbol{1}_k\otimes\boldsymbol{M}_{\mathcal{S}}\\ -\boldsymbol{1}_n\end{bmatrix},\quad \boldsymbol{t}=\begin{bmatrix}\boldsymbol{1}_{ku}\\ \boldsymbol{0}_n\end{bmatrix}$$

其中：$\boldsymbol{1}_k\otimes\boldsymbol{M}_{\mathcal{S}}$ 为 $ku\times n$ 阶矩阵。于是，得到 BINCVP_γ 实例$(\boldsymbol{B},\boldsymbol{t},r)$。下面证明该归约的正确性，即如果$(\mathcal{S},r)$为 YES，则$(\boldsymbol{B},\boldsymbol{t},r)$为 YES；如果$(\mathcal{S},r)$不是 NO，则$(\boldsymbol{B},\boldsymbol{t},r)$不是 NO。

首先假设$(\mathcal{S},r)$为 YES，即存在精确覆盖 $\mathcal{C}\subseteq\mathcal{S}$，$|\mathcal{C}|=r$。设 $\boldsymbol{z}=(z_1,\cdots,z_n)\in\{0,1\}^n$ 为 $\mathcal{C}$ 对应的向量，即 $z_i=1\Leftrightarrow\mathcal{S}_i\in\mathcal{C}$。因为 $\mathcal{U}$ 中任一元素恰属于 $\mathcal{C}$ 中某个 S_i，则 $\boldsymbol{M}_{\mathcal{S}}\boldsymbol{z}=\boldsymbol{1}_u$。因此 $\boldsymbol{t}-\boldsymbol{B}\boldsymbol{z}=[\boldsymbol{0}_{uk}^{\mathrm{T}},\boldsymbol{z}^{\mathrm{T}}]^{\mathrm{T}}$ 是含有 r 个 1 的布尔向量，于是$(\boldsymbol{B},\boldsymbol{t},r)$为 YES。

现假设$(\boldsymbol{B},\boldsymbol{t},r)$不是 NO 情形，即存在格向量 $\boldsymbol{B}\boldsymbol{z}$ 和一个非零向量 $\omega\boldsymbol{t}$，使得 $\omega\boldsymbol{t}-\boldsymbol{B}\boldsymbol{z}$至多有 γr 个分量非零。令 $\mathcal{C}$ 是所有使得 $z_i\neq0$ 对应的 S_i 形成的覆盖。我们证明 $\mathcal{C}$ 为小的覆盖。反设 $\mathcal{C}$ 不能覆盖 $\mathcal{U}$，于是 $\exists j\in\mathcal{U}$ 使得 $j\notin\bigcup_{\otimes\in\mathcal{C}}X$，则 $\omega\boldsymbol{t}-\boldsymbol{B}\boldsymbol{z}$ 的第 $iu+j$ 个分量$(i=0,\cdots,k-1)$都等于 ω，于是至少有 k 个分量非零；而已知 $\omega\boldsymbol{t}-\boldsymbol{B}\boldsymbol{z}$ 至多有 γr 个分量非零，但 $\gamma r<k=\lceil\gamma r+1\rceil$，矛盾，故 $\mathcal{C}$ 确实是 $\mathcal{U}$ 的覆盖。

另外，$|\mathcal{C}|\leqslant\gamma r$。事实上，因为 $\omega\boldsymbol{t}-\boldsymbol{B}\boldsymbol{z}$ 最后 n 个分量是等于 $\boldsymbol{z}$ 的，$|\mathcal{C}|$为 $\boldsymbol{z}$ 的非零分量数，而 $\omega\boldsymbol{t}-\boldsymbol{B}\boldsymbol{z}$ 最多有 γr 个非零分量，所以 $|\mathcal{C}|\leqslant\gamma r$，则$(\mathcal{S},r)$不为 NO。至此证明，对近似因子 $\gamma=O(\log m)$，SETCOVER_γ 可 Karp 归约到 BINCVP_γ。

用一个近似因子为 γ 的特定的 BINCVP_γ 问题以及 Karp 归约的复合性，将其转化到另一个具有更大的近似因子的 BINCVP 近似问题。

【例 5.6】 对于近似因子 γ，证明：BINCVP_γ 可 Karp 归约到 BINCVP_{γ^2}。

设$(\boldsymbol{B},\boldsymbol{t},r)$为 BINCVP_γ 实例，定义 $\boldsymbol{B}'=[\boldsymbol{B}\otimes\boldsymbol{t}\,|\,\boldsymbol{I}\otimes\boldsymbol{B}]$，$\boldsymbol{t}'=\boldsymbol{t}\otimes\boldsymbol{t}$，$r'=r^2$。则函数 $R:(\boldsymbol{B},\boldsymbol{t},r)\to(\boldsymbol{B}',\boldsymbol{t}',r')$是 BINCVP_γ 到 BINCVP_{γ^2}的归约。

事实上，假设$(\boldsymbol{B},\boldsymbol{t},r)$为 YES 情形，即存在 $\boldsymbol{z}\in\{0,1\}^n$ 使得 $\boldsymbol{t}-\boldsymbol{B}\boldsymbol{z}$ 至多有 r 个

1。设 $z'=\begin{bmatrix} z \\ (t-Bz)\otimes z \end{bmatrix}$，显然 z' 也是布尔向量，维数是 $n(m+1)$，并且

$$\begin{aligned} t'-B'z' &= t\otimes t-Bz\otimes t-(t-Bz)\otimes Bz \\ &= (t-Bz)\otimes t-(t-Bz)\otimes Bz \\ &= (t-Bz)\otimes(t-Bz) \end{aligned}$$

也是布尔向量，有至多 $r'=r^2$ 个 1，于是(B',t',r')为 YES 实例。

假设(B,t,r)为 NO 实例。设 $\omega t'$ 为 t' 的任意非零整数倍，我们要证明 $\omega t'$ 与 $\mathcal{L}(B')$ 中的向量至少有 $\gamma^2 r^2$ 个分量不同。设 m、n 分别为 $\mathcal{L}(B)$ 的维数和秩数，$x=[x_0^{\mathrm{T}},\cdots,x_m^{\mathrm{T}}]^{\mathrm{T}}$ 为 $n(m+1)$ 维向量，则

$$\begin{aligned} \omega t' - B'x &= \omega t \otimes t - Bx_0 \otimes t - \sum_{i=1}^{m} e_i \otimes Bx_i \\ &= (\omega t - Bx_0) \otimes t - \begin{bmatrix} Bx_1 \\ \vdots \\ Bx_m \end{bmatrix} = \begin{bmatrix} \omega_1 t - Bx_1 \\ \vdots \\ \omega_m t - Bx_m \end{bmatrix} \end{aligned}$$

其中：e_i 为第 i 个分量为 1、其余分量为 0 的向量；$\gamma r\leqslant m$。又 $\omega_0 t-Bx_0$ 至少有 γr 个非零分量，于是 $\omega t'-B'x$ 至少有 $\gamma^2 r^2$ 个分量不同，故(B',t',r')为 NO 实例。由此实现 BINCVP_γ 到 $\mathrm{BINCVP}_{\gamma^2}$ 的 Karp 归约。

对 $\forall\ell_p$ 范数，由例 5.5 我们可证明，不仅近似因子为 $O(\log^{1/p} n)$ 时 CVP_γ 是 NP 困难的，对于任意的对数多项式因子，CVP_γ 仍然是 NP 困难的。我们甚至还能证明在更大的近似因子内同样有类似的性质。

注意：这些近似因子是渐近大于任何对数多项式的，但是它们小于所有多项式 n^ε。这里的困难性结果使人们认为，当近似因子在 n^ε 内时 CVP_γ 是不可近似求解的。

5.2 完 备 性

Karp 归约的传递性可依据困难性给问题排序，而该排序的极大元则是重点研究。

【定义 5.4】 设 C 是一个复杂类，L 为一个语言，称 L 为 C 困难的，如果任何语言 $L'\in C$ 都可 Karp 归约到 L。若还有 $L\in C$，则称 L 为 C 完备的。

特别地，如果 $C=\mathrm{NP}$，则 L 为 NP 困难的。此外，如果 $L\in\mathrm{NP}$，则 L 为 NP 完备的，记为 $L\in\mathrm{NPC}$。

注意，定义 5.4 提供了证明语言 L 是 NP 完全语言的步骤：

（1）证明 $L\in\mathrm{NP}$；

（2）选取一个已知的 NP 完备语言 L'；

（3）设计一种算法来计算一个函数 R，它把 L'中的每个实例 x 都映射为 L 中的一个实例 $R(x)$；

（4）证明对于所有 x，函数 R 满足 $x\in L'$当且仅当 $R(x)\in L$；

（5）证明计算函数 R 的算法是多项式时间的。

称一个语言类 C 在 Karp 归约下封闭，如果只要 L 可 Karp 归约到 L'，且 $L'\in C$，则 $L\in C$。显然，语言类 P，NP，coNP，L，NL，PSPACE，和 EXP 都是 Karp 归约下封闭的。完备性问题存在的好处之一是区分 Karp 归约下封闭的语言类。对于两个语言类 C 和 C'，有 $C'\subseteq C$。若 C 中有一个完备问题 A 不属于 C'，则 $C'\subsetneq C$；而若 $A\in C'$，则 $C'=C$。如对于语言类 P 与 NP，只要找到一个 NP 完备问题属于 P，则有 P=NP。显然，若两个语言类 C 与 C'在 Karp 归约下封闭，并且存在一个语言 L 对于 C 与 C'都是完备的，则 $C'=C$。这是复杂性研究中完备问题应用的一个基本方法。

同样地，称一个诺言问题 A 是 NP 困难的，如果任何 NP 语言 B 可以有效 Karp 归约到 A。通常，证明一个诺言问题是 NP 难的要说明，除非 NP=P，这个问题的多项式时间算法不存在。

目前我们已知算法穷搜求解 SAT 的时间为 $\mathcal{O}(n^2\cdot 2^n)$。下面我们讨论 SAT 的完备性。

【定理 5.2】（Cook 定理） SAT 是 NP 完备的。

证明思路：对于任意 $L\in\mathrm{NP}$，我们已经知道存在非确定图灵机 N 可在多项式时间内判定 L，即需要有多项式个瞬时像的转移。要证明 SAT 是 NP 完备的，只需要对于 N 的每个输入 x，去构造一个 Boolean 表达式 Φ_x 刻画 $N(x)$的完整运算，使得 Φ_x 可满足当且仅当 $N(x)=\mathrm{yes}$。如果 Φ_x 足够短且在多项式时间内被构造，则可完成 Karp 归约。

我们要把 $N(x)$运行的每一步都表示出来，直至停机。这首先要把每个瞬时像转移表示成 Boolean 表达式。对于瞬时像(q,w,u)，指针恰指着 w 的最后一个符号，带上每个格中有唯一符号，每个时刻恰在一个状态中，一次转移后进入另一状态，每次转移符号被改写或不变，指针会左右移动一次，最终进入停机状态 yes。我们需要 Boolean 表达式将这些行为刻画出来。

证明：假设 N 使用：$h+1$ 个符号 $\sigma_0,\sigma_1,\cdots,\sigma_h$，其中 σ_0 表示空格；$k+1$ 个状态符号 $q_0,q_1,\cdots,q_k$，其中 $q_1=\mathrm{yes}$；l 次转移 $r_1,\cdots,r_l$，表示所有不同的可能转移。

假定 $N(x)$的最长接受路径的长为 $x_a=f(|x|)=t^*$。不妨假设所有计算路径长

都为 t^*，对于短路径，我们将其平凡扩展至 t^*，补长的部分不做任何新计算；而把长度超出 t^* 的计算路径，无论其是否接受均剪短至 t^* 长并拒绝。则 N 从开始到停机状态的一次计算路径长至多为 t^*，因此每次计算的有效转移函数至多有 t^* 个。

为了刻画机器在每个时刻 $t \leqslant t^*$ 的瞬时像，引入 Boolean 变量。

（1）$P^i_{s,t.}$ 表示 $P^i_{s,t.}$ =true 当且仅当“在时刻 t，第 s 个格内符号为 σ_i”，这样的变量共有 $(h+1) \cdot x_a \cdot x_a$ 个。

（2）Q^i_t 表示 Q^i_t=true 当且仅当“在时刻 t，N 在状态 q_i 里”，这样的变量共有 $(k+1) \cdot x_a$ 个。

（3）$S_{s,t}$ 表示 $S_{s,t}$=true 当且仅当“在时刻 t，指针指着第 s 个格”，这样的变量共有 $x_a \cdot x_a$ 个。

（4）R^i_t 表示 R^i_t=true 当且仅当“在时刻 t，N 执行转移函数 r_i”，这样的变量共有 $l \cdot x_a$ 个。

对于瞬时像刻画，定义如下表达式：

A 表示带上每个格恰有一个符号。在时刻 t 第 s 个格内恰有一个符号表达式为

$$A_{s,t}=(P^0_{s,t} \vee P^1_{s,t} \vee \cdots \vee P^h_{s,t}) \wedge \left(\bigwedge_{0 \leqslant i < j \leqslant h} (P^i_{s,t} \Rightarrow \neg P^j_{s,t}) \right)$$

这样的表达式共有 $x_a \cdot x_a$ 个。于是 $A=A_{1,1} \wedge A_{1,2} \wedge \cdots \wedge A_{t^*,t^*}$。

B 表示指针恰扫描一个格。在时刻 t 指针扫某个格表达式为

$$B_t=(S_{1,t} \vee S_{2,t} \vee \cdots \vee S_{t^*,t}) \wedge \left(\bigwedge_{0 \leqslant i < j \leqslant t^*} (S_{i,t} \Rightarrow \neg S_{j,t}) \right)$$

这样的表达式共有 t^* 个。于是 $B=B_1 \wedge B_2 \wedge \cdots \wedge B_{t^*}$。

C 表示 N 恰处于一个状态。在时刻 t，N 恰处于某个状态表达式为

$$C_t=(Q^0_t \vee Q^1_t \vee \cdots \vee Q^k_t) \wedge \left(\bigwedge_{0 \leqslant i < j \leqslant k} (Q^i_t \Rightarrow \neg Q^j_t) \right)$$

这样的表达式共有 t^* 个。于是 $C=C_1 \wedge C_2 \wedge \cdots \wedge C_{t^*}$。

D 表示 N 在每步恰执行一次转移函数。在时刻 t，N 执行某次转移函数表达式为

$$D_t=(R^1_t \vee R^2_t \vee \cdots \vee R^l_t) \wedge \left(\bigwedge_{0 \leqslant i < j \leqslant l} (R^i_t \Rightarrow \neg R^j_t) \right)$$

这样的表达式共有 t^* 个。于是 $D=D_1 \wedge D_2 \wedge \cdots \wedge D_{t^*}$。

E 表示在初始（时刻 1），输入带的前 n 个格，指针指着位置 1 处，处于状态 q_0。设 $x=\sigma_{s_1}\sigma_{s_2}\cdots\sigma_{s_n}$，则

$$E=Q^0_1 \wedge S_{1,1} \wedge \left(\bigwedge_{0 \leqslant i \leqslant n} P^{S_i}_{i,1} \right) \wedge \left(\bigwedge_{n+1 \leqslant i \leqslant t^*} P^0_{i,1} \right)$$

对于每个转移函数 $r_u:=\delta(q_i,\sigma_j)=(q_{i'},\sigma_{j'},m)$ 执行，由如下表达式 F、G、H 和 J 刻画。

（1）F 表示所有转移均有效。r_u 是有效转移函数的 Boolean 表达式为 $F_u=\bigwedge_{s,t}((S_{s,t}\wedge R_t^u)\Rightarrow(Q_t^i\wedge P_{s,t}^j))$。于是 $F=\wedge F_u$。

（2）令 $G(u,t,i')$ 刻画状态转移的效果，即执行转移函数引起状态转移：“$R_t^u\Rightarrow Q_{t+1}^{t'}$ 为 true”。则所有有效状态转移表达为 $G=\wedge G(u,t,i')$。

（3）令 $H(u,s,t,j')$ 刻画正确符号改写，即“$R_t^u\Rightarrow P_{s,t+1}^{j'}$ 为 true”，则所有正确符号改写表达为 $H=\wedge H(u,s,t,j')$。

（4）令 $J(u,s,t,d(m))$ 刻画正确移动指针，即“$(S_{s,t}\wedge R_t^u)\Rightarrow S_{s+d(m),t+1}$ 为 true”，其中 $m\in\{\leftarrow,\rightarrow,-\}$，$d(\leftarrow)=-1$，$d(\rightarrow)=1$ 且 $d(-)=0$。

（5）K 表示机器进入接受状态：$K=Q_1^1\vee Q_2^1\vee\cdots\vee Q_{t^*}^1$。

将上述定义的表达式取“合取”即得

$$\boldsymbol{\Phi}_x=A\wedge B\wedge C\wedge D\wedge E\wedge F\wedge G\wedge H\wedge J\wedge K$$

注意：这里的 $\boldsymbol{\Phi}_x$ 的构造是多项式的，但是仅限于理论上，原因是该多项式是未知的。可以直接验证，如果 $\boldsymbol{\Phi}_x$ 是可满足的，则成真赋值刻画了对 x 的接受计算；反过来，若存在对 x 的接受计算，则变量的对应赋值一定使 $\boldsymbol{\Phi}_x$ 值为 true。于是 $x\in L$ 当且仅当 $\boldsymbol{\Phi}_x\in$ SAT。从而 SAT 为 NP 完备的。

Cook 定理的证明是对瞬时像转移的逻辑刻画，这可以更直观地通过把瞬时像转移列成计算表看出。由于是针对一条计算路径，因此我们以确定图灵机来说明该计算表方法。由例 5.4 知 CIRCUIT SAT 与 SAT 是等价的，因此 CIRCUIT SAT 也为 NP 完备。

【定理 5.3】 CIRCUIT SAT 为 NP 完备的。

计算表方法 假设图灵机 $M=(K,\Sigma,\delta,s)$ 在多项式时间内判定语言 L，关于输入 x，M 的计算可被视为一个 $|x|^k\times|x|^k$ 的表：设 M 为单带机器，关于任意输入 x，在至多 $|x|^k-2$ 步后停机。定义表的行对应运行每个时刻的瞬时像，即时刻在 0 与 $|x|^k-1$ 之间；列对应 M 带中指针的位置，亦在 0 与 $|x|^k-1$ 之间。于是表中 (i,j) 处的赋值为 M 在 i 步后指针所指带的第 j 个位置处的内容。这恰是将瞬时像作为行得到的列表。为了使计算表标准化，做如下简化和规范。

（1）用足够的␣填充串的右边，使其总长为 $|x|^k$。于是实际计算不会到表的最右端。

（2）若在时间 i 时状态为 q，并且指针扫描第 j 个位置，则第 (i,j) 处赋值记为 σ_q，即在时间 i，位置 j 处的符号为 σ，此时状态为 q，若 $q=$yes 或 no，则用 yes 或 no 代替 $\boldsymbol{\sigma}_q$。

（3）设机器的指针不在 $\rhd$ 处，而是在输入的第一个符号处开始，即指针不访问▷。于是，计算表中每行的第一个符号是▷，而不是$\triangleright_q$。

（4）若机器在时间界$|x|^k$内停机时，yes 或 no 出现在不是最后一行，则所有后面的行将等同于这一行。

称一个计算表T是接受的，如果对某个j，有$T_{|x|^k-1,j}=\text{yes}$。于是，关于输入x，M接受x当且仅当M的计算表是接受的。

由计算表知，对于任意的i与j，(i,j)处的赋值仅与$(i-1,j-1)(i-1,j)(i-1,j+1)$处的赋值有关。即时刻$i$在带的第$j$个位置处的内容由时刻$i-1$处相同位置和相邻位置决定，即$(T_{i-1,j-1},T_{i-1,j},T_{i-1,j+1})$决定$T_{i,j}$。若$T_{i-1,j-1},T_{i-1,j},T_{i-1,j+1}$均为$\Sigma$中的符号，则在时刻$i-1$时，指针不在$j$的周围或$j$处，则$T_{i,j}=T_{i-1,j}$。若这三个位置之一为$\sigma_q$，则$T_{i,j}$为$T_{i-1,j}$，或者是一个形为$\sigma_q$的新的符号而且此时指针恰好移动到$j$处。用 Boolean 函数将这些关系刻画出来，就是把每个瞬时像转移表示成 Boolean 表达式，直至最终进入停机状态 yes。利用该计算表方法，我们可以证明 CIRCUIT VALUE 是 P 完备的。

【例 5.7】 在$O(n^2)$时间内判定回文。设输入为$x=010$。取$k=2$，$|x|^k=9$，计算表如图 5.2-1 所示。由计算表知，(i,j)处的赋值仅与$(i-1,j-1)$，$(i-1,j)$，$(i-1,j+1)$处的赋值有关。

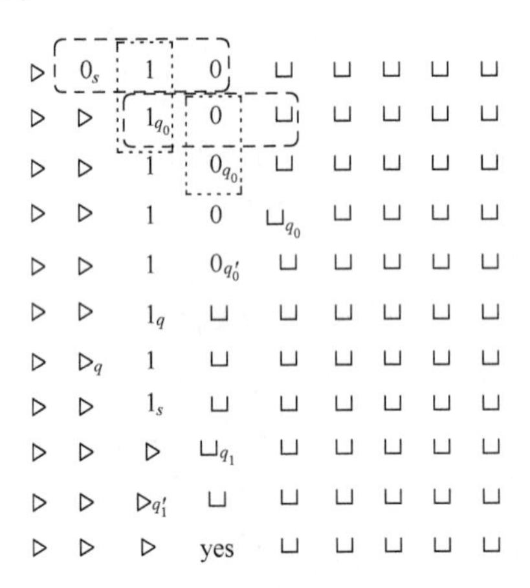

图 5.2-1　判定回文的计算表

5.3　NP 问题的判定与搜索

现在从另一个角度观察 NP。一般地，对于计算问题π可以抽象出一个二元关系R_π，将问题转化为R_π上的搜索问题“输入x，寻找y使得$(x,y)\in R_\pi$”。注意，对于 NP 问题而言y是存在的。

设$R \subseteq \Sigma^* \times \Sigma^*$为串上的二元关系，称$R$为多项式时间可判定的，如果存在确定图灵机在多项式时间内判定语言$\{(x;y):(x,y)\in R\}$。记$L(R)=(x$:存在y使得$(x,y)\in R)$，称R为多项式平衡的，如果$(x,y)\in R$，则存在$k\geq 1$有$|y|\leq |x|^k$。若关系R既为多项式可判定的，又为多项式平衡的，则称R为NP关系。NP关系则是一般关系R_π的一个子类，于是P与NP问题可描述为问题：对于每个NP关系R，是否存在确定图灵机在多项式时间内判定$L(R)$？

【定理5.4】 设$L\in\Sigma^*$是一个语言，则$L\in$NP当且仅当存在NP关系R使得$L=L(R)$。

证明：设R为一个NP关系且$L=L(R)=\{x$:存在y，使得$(x,y)\in R\}$。于是，存在确定图灵机M_R有效判定$\{x;y:(x,y)\in R\}$，且对于某个k有$|y|\leq|x|^k$。定义非确定图灵机N满足：关于输入x，猜测一个y使得$|y|\leq|x|^k$；然后，以x,y为输入运行M_R，检验是否$(x,y)\in R$。若$(x,y)\in R$，则输出yes并接受；否则，拒绝。于是，关于x，N输出yes当且仅当$x\in L$。故$L\in$NP。

反过来，若$L\in$NP，则存在非确定图灵机N判定L，运行时间为$|x|^k$，$k\geq 1$。定义关系R:$(x,y)\in R$当且仅当，关于输入x，y为N的一个接受计算的编码。于是$|y|\leq|x|^k$且$L=\{x$:存在y使得$(x,y)\in R\}$。对于$\{x,y:(x,y)\in R\}$，定义图灵机M_R如下：

关于输入x和y，以x为输入，以y为接受计算编码，运行N。若$N(x)=$yes，则M_R输出yes；否则，输出no。于是，M_R判定$\{x,y:(x,y)\in R\}$且运行时间至多为$|x|^k$，故R为一个NP关系。

定理5.4给出了NP语言类的另一定义，即NP$=\{L(R):R$为一个NP关系$\}$。利用这个定义，我们可以把NP的判定问题转化成搜索问题，后面会介绍对于NP完备问题我们可以利用判定性问题有效求解搜索问题。

对于$\{x;y:(x,y)\in R\}$，我们称y为关于x的证书，这是一个关于x的知识。对于NP的任何yes实例x，证书y一定存在，但是也许不知道如何在多项式时间内找到y；而对于no实例，则没有这样的证书。事实上，对于NP语言的一个实例x及其证书y，可以利用搜索证书的困难性设计一个以y为知识的零知识证明系统。一旦给定y则可以有效验证x是否为yes实例。关于证书的寻找则是一个搜索问题，就一般问题而言搜索问题往往比判定问题更难。

【例5.8】 下面例子说明判定问题可以转化为搜索问题。

（1）SAT问题。对于$\phi\in$SAT，由于其证书是满足ϕ的赋值T，所以对应的搜索问题是：输入一个Boolean表达式ϕ，去寻找赋值T使得T满足ϕ。对应的关系为$R_{SAT}=\{(\phi,T):T\models\phi\}$，而且$L(R_{SAT})=$SAT

（2）图的3染色问题。图的3染色判定问题是指给定一个无向图$G=(V,E)$，

V为顶点集，E为边集，判定G是否有一个3染色。所谓一个3染色，即为一个映射$\varphi: V \to \{1,2,3\}$使得，对于任意$(u,v) \in E$有$\varphi(u) \neq \varphi(v)$。

图的3染色搜索问题是：给定一个无向图$G=(V,E)$，寻找G的一个3染色。对应的关系为$R_{3col}=\{(G,\varphi): G$为无向图，$\varphi$为一个3染色$\}$，而且$L(R_{3col})=\{G: G$为3染色图$\}$。

【定义5.5】(高效可验证证明系统)　称判定问题S具有高效可验证证明系统，若存在一个多项式p和一个多项式时间算法V，满足以下条件：

(1) 完全性。对于任意$x \in S$，存在长度至多为$p(|x|)$的y，使得$V(x,y)=1$，这样的比特串y称为对于$x \in S$的一个证书或NP证据。

(2) 合理性。对于每个$x \notin S$和每个y，均有$V(x,y)=0$。

我们也称S具有一个NP证明系统，并且称V为其验证程序。由此我们得到NP的另一个定义——具有高效可验证系统的判定性问题组成的语言类。由NP证明系统我们可以对应得到一个零知识证明系统。

5.4　若干NP完备问题

从P与NP问题的角度，当面对一个NP中的困难问题A时，我们最期待的是去证明$A \in \mathrm{P}$（假设$\mathrm{P} \neq \mathrm{NP}$），即：若$A \in \mathrm{P}$，则NP中的任何问题都属于P。证明该命题的一种方法是把任意NP问题归约到A。这就是NP完备全性理论的本质。问题A的NP完备性必须满足两个条件：①A在该问题类中；②该类中的每个问题都能归约到A，这也称为NP困难性。下面我们讨论一些NP完备问题的结论，这些结论为研究P与NP问题提供了思路。

【定理5.5】　3SAT是NP完备问题。

证明：由定理5.3知CIRCUIT SAT为NP完备的。在例5.4的CIRCUIT SAT到SAT的Karp归约中，每个分句至多有3个文字，即给定电路C，C的每个输入和门运算转化成如下析取分句。

(1) 对于C的输入门g：$g \Leftrightarrow x$即$(\neg g \vee x) \wedge (g \vee \neg x)$。

(2) 对于常值输入门：$g=\mathrm{true}$或者$g=\mathrm{false}$，添加g或者$\neg g$。

(3) 对于NOT门：设输入线上的变量为h，则$g \Leftrightarrow \neg h$即$(\neg g \vee \neg h) \wedge (h \vee g)$。

(4) 对于OR门：设输入线上的变量为h和h'，则$g \Leftrightarrow h \vee h'$即

$$(\neg h \vee g) \wedge (\neg h' \vee g) \wedge (h \vee h' \vee \neg g)$$

(5) 对于AND门：设输入线上的变量为h和h'，则$g \Leftrightarrow h \wedge h'$即

$$(\neg g \vee h) \wedge (\neg g \vee h') \wedge (\neg h \vee \neg h' \vee g)$$

此即为CIRCUIT SAT到3SAT的Karp归约。

集合覆盖问题（SET COVER） 设$\{S_1,S_2,\cdots,S_m\}$是有限集的集合，k是正整数，是否存在$\{S_{i_1},S_{i_2},\cdots,S_{i_k}\}$使得$\bigcup_{i=1}^{m}S_i=\bigcup_{j=1}^{k}S_{i_j}$。

定理 5.6 集合覆盖问题是 NP 完备的。

证明：容易证明集合覆盖问题 SET COVER $\in$ NP。只需证明 3SAT 可 Karp 归约到 SET COVER，从而说明 SET COVER $\in$ NPC。任意 $\Phi\in$ 3SAT，需要构造多项式时间可计算的函数$f:\Phi\to y$，使得 $\Phi\in$ 3SAT 当且仅当 $y\in$ SET COVER。设 Φ 具有 n 个变量 m 个子句，即其形式为：$\Phi(x_1,x_2,\cdots,x_n)=C_1\wedge C_2\wedge\cdots\wedge C_m$，其中 C_i 是包含三个变量的析取范式。令 $S_{it}=\{j:x_i=\text{true}$ 时 $C_j=1\}$，$S_{if}=\{j:x_i=\text{false}$ 时 $C_j=1\}$，$j=1,2,\cdots,m$。

定义$f:\Phi\to((S_1,S_2,\cdots S_{2i-1},S_{2i},\cdots,S_{2n-1},S_{2n}),n)$，其中 $S_{2i-1}=S_{it}\cup\{m+i\}$，$S_{2i}=S_{if}\cup\{m+i\}$，$i=1,2,\cdots,n$。显然，$f$ 是多项式时间可计算的函数，且满足 $\bigcup_{q=1}^{2n}S_q=\{1,2,\cdots,m+n\}$。以下证明 $\Phi\in$ 3SAT 当且仅当$f(\Phi)\in$ SET COVER。事实上，由于 $\Phi\in$ 3SAT 当且仅当存在赋值 $\tau=(\tau_1,\tau_2,\cdots,\tau_n)$使得 $\Phi(\tau)=1$，则$\{S_{2i-\tau_i}:i=1,2,\cdots,n\}$是$\{S_1,S_2,\cdots,S_{2n})$的一个覆盖。若$\{S_1,S_2,\cdots,S_{2n}\}$存在一个由 n 个集合组成的覆盖，由于$\{S_{2i-1},S_{2i}\}$不相交，对每个 i，$\{S_{2i-1},S_{2i}\}$中必定存在一个集合在覆盖中，若 S_{2i-1} 被选中，$\tau_i=\text{true}$，否则 $\tau_i=\text{false}$。因此，$\tau=(\tau_1,\tau_2,\cdots,\tau_n)$是 Φ 的一个可满足性赋值。

关于集合还有许多有趣的问题，可以证明均是 NP 完备的，如：

（1）集合装箱问题（SET PACKING）：给定集合 U 的一个子集族和一个目标界 K，问是否该集合族中有 K 个两两不交集合？

（2）集合精确覆盖问题：对于集合 $U=\{a_1,a_2,\cdots,a_m\}$，有子集族 $F=\{S_1,S_2,\cdots,S_n\}$，问是否可以找到 F 中不相交子集使得其并为 U？

（3）装箱问题：给定 N 个正整数 $a_1,a_2,\cdots,a_N$（称之为物品）和另外两个整数 C（容量）和 B（箱子的数量）。问这些数是否可以被划分成 B 个子集，使得每个子集中物品的总和至多为 C？

对于集合 $U=\{a_1,a_2,\cdots,a_m\}$，$F=\{S_1,S_2,\cdots,S_n\}$为 U 的一个子集族。定义集合到$\{0,1\}^m$中元素的对应 ρ：$\rho(U)=(1,1,\cdots,1)$；若 $S_i=\{a_{i_1},a_{i_2},\cdots,a_{i_{k_i}}\}$，则 $\rho(S_i)=(0,\cdots,\underset{i_1}{1},\cdots,\underset{i_2}{1}\cdots\underset{i_{k_i}}{1},\cdots,0)=\boldsymbol{s}_i$，$1\leqslant i\leqslant n$。对应 U 的一个覆盖，存在 $\boldsymbol{x}=(x_1,\cdots,x_n)$，其中

$$x_i=\begin{cases}1, & \text{若 } S_i \text{ 在 } U \text{ 的覆盖中}\\ 0, & \text{否则}\end{cases}$$

若 F 中有 U 的一个小于等于 B 的覆盖，则$(\boldsymbol{s}_1^{\mathrm{T}},\boldsymbol{s}_2^{\mathrm{T}},\cdots,\boldsymbol{s}_n^{\mathrm{T}})\cdot\boldsymbol{x}\geqslant\mathbf{1}$，其中 $\mathbf{1}=$

$(1,1,\cdots,1)$（注意：这里向量“$\geqslant$”是指对应分量都分别“大于等于”），且 $\sum_{i=1}^{n} x_i \leqslant B$。于是，$F$ 中有 U 的一个小于等于 B 的覆盖当且仅当$(\boldsymbol{s}_1^{\mathrm{T}},\boldsymbol{s}_2^{\mathrm{T}},\cdots,\boldsymbol{s}_n^{\mathrm{T}}) \cdot \boldsymbol{x} \geqslant \boldsymbol{1}$，且 $\sum_{i=1}^{n} x_i \leqslant B$ 有整数解。基于此，可以给出集合覆盖问题到子集和问题的归约。

子集和问题（SUBSET SUM，简记 SS）：给定 $n+1$ 个整数$(a_1,\cdots,a_n,s)$，寻找 $x_i \in \{0,1\}$ 使得 $\sum_{i=1}^{n} x_i a_i = s$。其判定版本为，给定$(a_1,\cdots,a_n,s)$，确定是否存在 $x_i \in \{0,1\}$ 使得 $\sum_{i=1}^{n} x_i a_i = s$。

【定理 5.7】 子集和问题是 NP 完备的。

证明： 将集合精确覆盖 Karp 归约到子集和问题。给定集合精确覆盖的一个实例：对于集合 $U=\{1,2,\cdots,3m\}$，有子集族 $F=\{S_1,S_2,\cdots,S_n\}$，问是否可以找到 F 中不相交子集使得其并为 U?

令 $s = \sum_{j=0}^{3m-1} (n+1)^j$，设 $S_i=\{j_1,\cdots,j_{k_i}\}$，于是 S_i 对应于$[0,s]$中的整数 $\sum_{j \in S_i} (n+1)^{3m-j} = a_i$，故存在 $I=\{i:x_i=1\}$ 使得 $s = \sum_{i \in I} x_i \cdot a_i$ 当且仅当 $T \subseteq F$ 为一个精确覆盖，其中 $T=\{S_i:i \in I\}$。

图论中也有一些 NP 完备问题，如团问题、顶点覆盖问题。首先回顾一下这两个问题的定义。无向图 $G=(V,E)$中的团是指 G 中两两互相邻接的顶点的集合。团问题定义为 CLIQUE$=\{(G,k)$:图 $G=(V,E)$ 中有规模为 k 的团$\}$，团的规模是指它包含的顶点的个数。无向图 $G=(V,E)$的顶点覆盖是指 V 的一个子集 N，若满足$(u,v) \in E$，则 $u \in N$ 或 $v \in N$，顶点覆盖的规模是指集合 N 的元素个数。

【定理 5.8】 团问题（CLIQUE）是 NP 完备问题。

证明： 首先说明 CLIQUE $\in$ NP。对于任意$(G,k) \in$ CLIQUE，设 W 是 G 的规模为 k 的顶点组成的集合，可以在多项式时间内验证 W 的每对顶点是否组成 E 中的一条边。其次，只需要证明 3SAT 可 Karp 归约到 CLIQUE。对于任意的 $\Phi \in$ 3SAT，设 $\Phi = C_1 \wedge C_2 \wedge \cdots \wedge C_k$，其中 $C_i = \alpha_{i1} \vee \alpha_{i2} \vee \alpha_{i3}$，$i=1,2,\cdots,k$。构造函数 $f:\Phi \to (G,k)$，图 G 为如下形状：令$(\alpha_{i1},\alpha_{i2},\alpha_{i3})$对应顶点$(v_{i1},v_{i2},v_{i3})$，若 v_{is} 与 v_{jt} 之间存在一条边当且仅当 $i \neq j$ 且 $\alpha_{is} \neq \neg \alpha_{jt}$。也就是说，对于 $j=1,2,3$，$i=1,2,\cdots,k$，图 G 可以描述如下：

$G=(V,E)$，满足 V 中顶点 $v_{ij}=g(\alpha_{ij})$，$(v_{is},v_{jt}) \in E$ 当且仅当 $i \neq j$ 且 $g^{-1}(v_{is}) \neq \neg g^{-1}(v_{jt})$。

显然，函数 f 是多项式时间可计算的。下面证明 $\Phi \in$ 3SAT 当且仅当 $f(\Phi) \in$

CLIQUE。

（1）由于$\Phi\in$3SAT，故存在赋值τ使得$\Phi(\tau)=1$。于是每个分句C_i中至少存在$\tau_{is}=\text{true}$。令$W=\{g(\tau_{is}):\tau_{is}=\text{true},i=1,2,\cdots,k\}$。任意$g(\tau_{is}),g(\tau_{jt})\in W$，由于$i\neq j$且$\tau_{is}\neq\neg\tau_{jt}$，则$(g(\tau_{is}),g(\tau_{jt}))$是图$G$的一条边。

（2）由于$f(\Phi)\in$CLIQUE，故存在集合W是k个顶点的集合且每两个顶点邻接。由边的定义可知，存在$\alpha_{1s_1},\alpha_{2s_2},\cdots,\alpha_{ks_k}$使得它们取值一致。令$\alpha_{1s_1}=\alpha_{2s_2}=\cdots=\alpha_{ks_k}=\text{true}$，其他满足$v_{ij}\notin W$的$\alpha_{ij}=g^{-1}(v_{ij})$取任意值。此时，$\alpha$即为$\Phi$的一个可满足性赋值。

实际上，顶点覆盖问题可以看成是寻找由所有边对应的顶点组成的顶点集的一个覆盖，因此顶点覆盖问题是集合覆盖问题的特例，从而得到下面的结论。

【定理5.9】 顶点覆盖问题是NP完备问题。

下面我们给出格中经典问题的NP困难性。从CVP归约到SVP本身是一个有趣的问题，并且人们广泛认为CVP要难于SVP。尽管证明CVP的NP困难性比较容易，而且最早证明此结论的是在1981年，但是SVP（ℓ_2范数）的NP困难性直到1996年才解决，并借助于随机性归约。

我们证明判定CVP问题是NP完备问题。首先证明此问题是NP问题，即对任意满足$\text{dist}(\boldsymbol{t},\boldsymbol{B})\leqslant r$的三元组$(\boldsymbol{B},\boldsymbol{t},r)$，存在一个短的证书用于证明$\text{dist}(\boldsymbol{t},\boldsymbol{B})$最多为$r$。这证书就是搜索问题的一个解，即格向量$\boldsymbol{Bx}$使得$\|\boldsymbol{Bx}-\boldsymbol{t}\|\leqslant r$。因为$\boldsymbol{x}$为整向量，同时$\boldsymbol{Bx}$的所有分量都被$\|\boldsymbol{t}\|+r$所界定，因此$\boldsymbol{Bx}$的大小是$\|\boldsymbol{t}\|+r$的多项式的。又给定证书的验证可以在多项式时间内完成，于是判定CVP问题是属于NP的。下面我们证明该问题是NP困难的，即子集和问题（SS问题）可以Karp归约到CVP。

【定理5.10】 对$\forall p\geqslant 1$（包含$p=\infty$），在ℓ_p范数下GAPCVP_1是NP完备的。

证明：我们已经知道GAPCVP_1是NP问题，因此只需证明SS问题可归约到GAPCVP_1即可。给定子集和问题实例$n+1$元组$(a_1,\cdots,a_n,s)$，定义格基$\boldsymbol{B}$使得$\boldsymbol{b}_i=(a_i,0,\cdots,0,2,0,\cdots,0)^{\mathrm{T}}$，且$\boldsymbol{t}=(s,1,\cdots,1)^{\mathrm{T}}$，其中$\boldsymbol{b}_i$中间有$i-1$个0，后面有$n-i$个0；$\boldsymbol{t}$后面有$n$个1。即$\boldsymbol{B}=\begin{bmatrix}\boldsymbol{a}\\2\boldsymbol{I}_n\end{bmatrix}$，其中$\boldsymbol{a}=(a_1,\cdots,a_n)$，$\boldsymbol{I}_n$为$n$阶单位矩阵。

此归约的输出为三元组$(\boldsymbol{B},\boldsymbol{t},\sqrt[p]{n})$（准确地讲，三元组的第三个元素应该为有理数，易知$\sqrt[p]{n}$可以被任何在区间$(\sqrt[p]{n},\sqrt[p]{n+1})$中的有理数代替而不影响结果，为方便，我们这里不做替代。对于$p=\infty$，易知$\sqrt[p]{n}\to 1$）。

现在证明该归约的正确性，即如果 SS 问题$(\boldsymbol{a},s)$返回 YES，则$(\boldsymbol{B},\boldsymbol{t},\sqrt[p]{n})$为 YES；如果 SS 问题$(\boldsymbol{a},s)$返回 NO，则$(\boldsymbol{B},\boldsymbol{t},\sqrt[p]{n})$为 NO。

首先假设子集和问题有解，存在$x_i \in \{0,1\}$使得$\sum_{i=1}^{n} x_i a_i = s$，此时在$\ell_p$范数下距离向量为

$$\boldsymbol{Bx} - \boldsymbol{t} = \begin{bmatrix} \sum_{i=1}^{n} a_i x_i - s \\ 2x_1 - 1 \\ \vdots \\ 2x_n - 1 \end{bmatrix}$$

于是，$\|\boldsymbol{Bx} - \boldsymbol{t}\|_p^p = \left| \sum_i a_i x_i - s \right|^p + \sum_{i=1}^{n} |2x_i - 1|^p$。因为$\sum_{i=1}^{n} a_i x_i - s = 0$，同时对$\forall i$有$|2x_i-1|=1$，故$\|\boldsymbol{Bx}-\boldsymbol{t}\|_p = \sqrt[p]{n} \leqslant r$。于是 GAPCVP_1 问题$(\boldsymbol{B},\boldsymbol{t},\sqrt[p]{n})$ 为 YES。

反过来，假设 GAPCVP_1 问题$(\boldsymbol{B},\boldsymbol{y},\sqrt[p]{n})$为 YES 实例，即 $\mathrm{dist}(\boldsymbol{y},\boldsymbol{B}) \leqslant \sqrt[p]{n}$，于是$\exists \boldsymbol{x}$使得$\|\boldsymbol{Bx}-\boldsymbol{t}\|_p \leqslant \sqrt[p]{n}$，但是由于$|2x_i-1|$为奇数，因此$\sum_{i=1}^{n} |2x_i - 1|^p \geqslant n$，故$\|\boldsymbol{Bx}-\boldsymbol{t}\| \leqslant \sqrt[p]{n}$当且仅当$\sum_{i=1}^{n} a_i x_i - s = 0$且对$\forall i$有$|2x_i-1|=1$。此时$(\boldsymbol{a},s)$是子集和问题的 YES 实例。

以上从 SS 问题到 CVP 问题的归约（ℓ_2 范数下）与求解子集和问题的 Lagarias-Odlyzko 算法有明显的关联。简单地，先构造如下归约：

给定子集和问题参数$(\boldsymbol{a},s)$，构造格基矩阵

$$\boldsymbol{L} = \begin{bmatrix} c \cdot \boldsymbol{a} & c \cdot s \\ 2\boldsymbol{I} & \boldsymbol{1} \end{bmatrix}$$

其中，c是足够大的常数，$\boldsymbol{1}=(1,\cdots,1)^{\mathrm{T}}$。注意到如果$\boldsymbol{x}$是子集和问题的解，则

$$\boldsymbol{L}\begin{pmatrix} \boldsymbol{x}^{\mathrm{T}} \\ -1 \end{pmatrix} = \begin{pmatrix} 0 \\ \pm 1 \\ \vdots \\ \pm 1 \end{pmatrix}$$

易知，$\left\| \boldsymbol{L}\begin{pmatrix} \boldsymbol{x}^{\mathrm{T}} \\ -1 \end{pmatrix} \right\| = \sqrt{n}$，Lagarias-Odlyzko 算法是，建议寻找格上的（最）短向量，例如可以采用格基归约方法。如果找到短向量 $\boldsymbol{Lx}$ 满足 $x_{n+1} = -1, x_i \in \{0,1\}$，则$x_1,\cdots,x_n$为对应子集和问题的解。这个算法可以简单地描述如下：

（1）用大数c乘以子集和问题的各分量，得到新的参数$(cx_1,\cdots,cx_n,cs)$；

（2）采用与定理5.10相同的方法，归约到$(cx_1,\cdots,cx_n,cs)$问题到CVP问题$(\boldsymbol{B},\boldsymbol{t})$；

（3）解决最近向量问题$(\boldsymbol{B},\boldsymbol{t},\sqrt[p]{n})$。采用如下的嵌入方法：为了寻找与$\boldsymbol{t}$最近的向量，首先寻找格$\mathcal{L}(\boldsymbol{B}|\boldsymbol{t})$中的短向量。如果短向量是$\boldsymbol{Bx}-\boldsymbol{t}$的形式，则$\boldsymbol{Bx}$是与$\boldsymbol{t}$比较近的向量。

注意：在$\boldsymbol{L}$第一行乘以大常数c的原因是，我们不知道如何求解最短向量问题，在实际中使用的是近似算法。如果矩阵的第一行乘以一个大常数c，则任何短向量的第一个分量都必须为零，于是$\sum_{i=1}^{n} x_i a_i = -x_{n+1}s$一定成立。但是这并不能确保$x_{n+1}=-1, x_i \in \{0,1\}$。因此，Lagarias-Odlyzko算法并不能确保每次能找到子集和问题的解。

如果采用ℓ_∞范数，$\|\boldsymbol{x}\|_\infty = \max_i |x_i|$，于是任何以$\boldsymbol{L}$为基的格中的最短向量都是子集和问题的解，所以SVP问题在ℓ_∞范数下是NP困难的。

【定理5.11】　GAPSVP_1在ℓ_∞范数下是NP完备问题。

证明：证明作为练习，略。

注意：已经知道CVP问题就是，给定一个格$\mathcal{L}$与一个随机点$\boldsymbol{t}$和搜索距离d，并且假设$\mu(\boldsymbol{t},\mathcal{L})\leqslant d$，让我们找到一个合理的格点$\boldsymbol{Bx}\in\mathcal{L}$并且这个点到$\boldsymbol{t}$的距离小于等于$d$。由此可见CVP问题对于搜索的范围和结果的大小已经有所约束了，但是并没有约束一共有多少结果和范围究竟有多大，于是CVP问题又可以细分为两种问题：

距离界定译码问题（BDD问题）　BDD问题为CVP中要求找格点$\boldsymbol{Bx}\in\mathcal{L}$，满足这个点到$\boldsymbol{t}$的距离$d\leqslant\lambda_1(\mathcal{L})/2$，也就是说，$d$小于最短向量的一半，并且这个CVP问题最多有一个解，这个解一定是距离最近的格点。

绝对距离译码问题（ADD问题）　ADD问题要求找格点$\boldsymbol{Bx}\in\mathcal{L}$，满足这个点到$\boldsymbol{t}$的距离$d\geqslant\mu(\mathcal{L})$，也就是说，$d$大于整个格的覆盖半径。此时，这个CVP问题至少有一个解，但是我们找到的解并不一定是距离$\boldsymbol{t}$最近的格点。

SVP，CVP，BDD，ADD都是公认的很难在多项式时间内有效解决的难题。这些难题与下面的最短无关向量组问题（SIVP）和带错学习问题（LWE）有密切关系。

最短无关向量问题（SIVP）　给定一个格$\mathcal{L}(\boldsymbol{B})$，找到$n$个线性无关的向量$\boldsymbol{v}_1=\boldsymbol{Bx}_1,\cdots,\boldsymbol{v}_n=\boldsymbol{Bx}_n$，使得这些向量的长度都要小于等于最长的最短向量的范数λ_n，即$\max_i\|\boldsymbol{Bx}_i\|\leqslant\lambda_n$。

带错学习问题（LWE）　随机的选取一个矩阵$\boldsymbol{A}\in\mathbb{Z}_q^{m\times k}$，一个随机向量$\boldsymbol{s}\in\mathbb{Z}_q^k$和一个随机的噪声$\boldsymbol{e}\in\varepsilon^m$，输出为$q_{\boldsymbol{A}}(\boldsymbol{s},\boldsymbol{e})=\boldsymbol{As}+\boldsymbol{e}\bmod q$。定义LWE问题为，给定一

个矩阵 $\boldsymbol{A}$ 和输出 $q_A(\boldsymbol{s},\boldsymbol{e})$，求 $\boldsymbol{s}$。

目前这些问题之间被认为有如下归约关系，如图 5.4-1 所示。最近的二三十年人们逐渐把这些难题的关系证明了出来，尽管部分还需进一步改进。下面我们就部分关系给予说明：

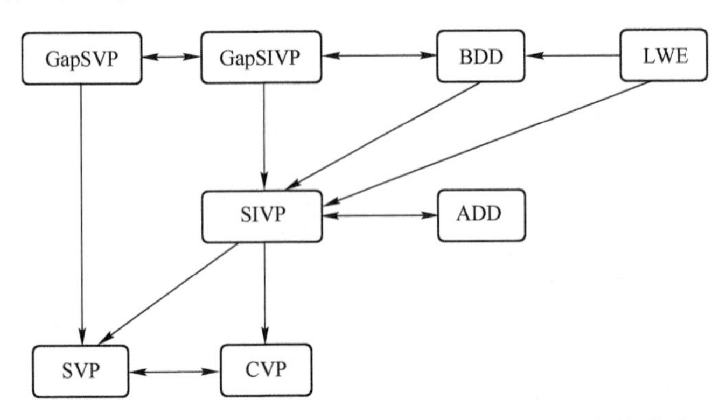

图 5.4-1 SVP、CVP、BDD、ADD、SIVP、LWE 归约关系

（1）BDD 归约到 SIVP。

假设在一个格 Λ 中，给定一个$\mathbb{R}^n$中的随机点 $\boldsymbol{t}$，然后求解 BDD 问题。我们第一步先找到这个格的对偶格 $\Lambda^\vee$，并且在这个对偶格中求解 SIVP 问题，找到对应的一组最短向量 $\boldsymbol{V}$；然后，依次选择这组最短向量 $\boldsymbol{V}$ 中的每一个向量 $\boldsymbol{v}_i$，根据这些向量对于格 Λ 进行分层，找到距离 $\boldsymbol{t}$ 最近的一层 $\mathcal{L}_i$。当我们重复这个操作 n 次之后，就会得到 n 个不同的分层。我们找到这些分层的交汇点即得 BDD 问题的解。

事实上，SIVP 的解 $\boldsymbol{V}$ 给我们的都是线性无关的向量，根据这个向量构成的 $n-1$ 维的超平面分层之间也是相互无关的，这些超平面将交在一个点上：$\mathrm{BDD}(\Lambda,\boldsymbol{t})=\mathcal{L}_1\cap\mathcal{L}_2\cap\cdots\cap\mathcal{L}_n$。因此利用 SIVP 的求解算法基本上可以解决大部分 BDD 问题，但是为了确保输出结果是 BDD 问题的正确解，我们要求到给定目标向量 $\boldsymbol{t}$ 距离最近的格点在 $\lambda_1/(2n)$ 的范围之内时，该方法就可以找到 BDD 问题的正确解。

（2）ADD 归约到 SIVP。

假设需要求解 $\mathrm{ADD}(\mathcal{L},\boldsymbol{t})$，可以首先用求解 SIVP 的算法得到这个格的一个最短无关向量组 $\boldsymbol{V}$；然后以 $\boldsymbol{V}$ 的这些向量作为基，平分整个多维空间$\mathbb{R}^n$。我们只需要看 $\boldsymbol{t}$ 属于哪个分区中，然后向上或者向下取整即可找到那个分区对应的格点，此即为 ADD 问题的解。因为我们是使用了取整的操作来找到格点的，所以这个解的格点到 $\boldsymbol{t}$ 的距离有一个最大的上限，即 $\sum_i \|\boldsymbol{v}_i\|/2 \leqslant (n/2)\lambda_n \leqslant n\mu$。

（3）LWE 与 SIVP、CVP、BDD 关系。

Regev 证明，如果最坏情况的 SIVP 问题难以求解，那么 LWE 的问题函数

$q_A(\boldsymbol{s},\boldsymbol{e})$就难以求逆。即 LWE 问题的困难性是基于最坏情况的 SIVP 困难的。

如果噪声 $\boldsymbol{e}$ 是 $\boldsymbol{0}$，那么 LWE 系统输出的 $\boldsymbol{As}$ 就是格 $\Lambda(\boldsymbol{A}^{\mathrm{T}})$ 中的一个格点，这里 $\boldsymbol{A}^{\mathrm{T}}$ 为矩阵 $\boldsymbol{A}$ 的转置。若加入噪声不是 $\boldsymbol{0}$，则结果就是在 Λ 的某个格点附近的一个向量。此时，只需要求解 CVP 问题，就可以还原出这个格点。

一般地，需要用矩阵 $\boldsymbol{A}$ 张成的格来决定噪声 $\boldsymbol{e}$ 的大小，因此通常假设 $\|\boldsymbol{e}\| \leqslant 1/2\|\lambda_1(\Lambda(\boldsymbol{A}^{\mathrm{T}}))\|$。在这个噪声范围之内，可以确保一定能还原出一开始问题指定的 $\boldsymbol{s}$，因为在这个限制范围，LWE 问题可以被归约成近似 BDD 问题。

习 题

5.1　称一个语言 L_1 可以对数归约到语言 L_2，如果存在一个确定图灵机在空间 $O(\log n)$ 内计算一个串到串的函数 R，使得对于所有输入 x，$x \in L_1$ 当且仅当 $R(x) \in L_2$。称 R 为从 L_1 到 L_2 的对数归约。记为 $L_1 \leqslant \log L_2$。设 $\mathcal{L} = \mathrm{SPACE}(\log n)$，试证明：若 $L_1 \leqslant_{\log} L_2$ 且 $L_2 \in \mathcal{L}$，则 $L_1 \in \mathcal{L}$。

5.2　令 $L \in \mathrm{NTIME}(2^{n^c})$，其中 $c > 0$ 为某常数。定义语言 $L_{\mathrm{pad}} = \{(x, 1^z) \mid z = 2^{|x|^c}\}$。证明：$L_{\mathrm{pad}} \in \mathrm{NP}$。进而，如果 P = NP，则 NEXP = EXP。

5.3　证明：对于任意语言 L，$L \in \mathrm{DTIME}(n^k)$ 当且仅当 $L' = \{(x, 1^z) \mid x \in L, z = |x|^k\} \in \mathrm{DTIME}(n)$。进而，P $\neq$ PSPACE。

5.4　一个强非确定图灵机（简称 SNDTM）是一个非确定图灵机，其有三个可能输出 1，0 和?。称 SNDTM 机器 M 判定一个语言 L，如果：

（1）对于 $x \in L$，M 关于 x 的每个计算得到 1 或?，并且至少存在 M 关于 x 的一个计算得到 1。

（2）对于 $x \notin L$，M 关于 x 的每个计算得到 0 或?，并且至少存在 M 关于 x 的一个计算得到?。

证明：L 由一个 SNDTM 机器 M 在多项式时间内判定当且仅当 $L \in \mathrm{NP} \cap \mathrm{coNP}$。

5.5　考虑语言 $D = \{p(\cdot) \mid p$ 为多变量的整系数且有整数根的多项式$\}$。如 $p_1(x,y) = 2x^2 + y - 6xy + 3$ 有整数根 $x = 0$，$y = -3$，于是 $p_1 \in D$ 但 $p_2(x,y,z) = (2x+1)^2 + (z^2-2)^4 + 5y^6$ 没有整数解，因此 $p_2 \notin D$。

（1）事实上 D 是不可判定语言，即不存在图灵机，输入一个多项式表达式 p，可判定是否 p 有整数根。试找出下列关于 $D \in \mathrm{NP}$ 的证明的错误：

对于 D，我们可以用与 SAT 相同的验证者。给定一个变量为 $(x, \cdots, z)$ 的多项式 p，验证者 V 的证书是对这些变量的一个整数赋值的候选者，并且 V 只是简单计算 $p(c)$。若 $p(c) = 0$，则验证者 V 接受；若 $p(c) \neq 0$，则 V 拒绝。显然，p 有整数根当且仅当对某整数 c 有 $V(p;c)$ 接受。因此 $D\in\mathrm{NP}$。

（2）证明：D 是 NP 困难的，即 NP 中的任意问题都可以多项式归约到 D。（提示：如果 Boolean 变量有比特值 0 和 1，则验证 $x\wedge y=xy$（比特值的积）并且对于 $x\vee y$ 和 $\bar{x}$ 类似地可找到合适的表达式。因此，任意 Boolean 公式都可以变换为多项式。最后，找到一个办法使得，这样的多项式只要有整数根，则有仅以 0，1 为输入值的整数根。）

5.6 证明：对任意常数 $c>0$，$\gamma(n)=\log^c n$，BINCVP_γ 与 GAPCVP_γ 在 ℓ_p 范数下是 NP 困难的。（提示：由例 5.5，可知 $\exists c_0>0$ 使得当 $\gamma_0(m)=c_0\log m$ 时，$\mathrm{BINCVP}_{\gamma_0(m)}$ 是 NP 困难的，m 为 $\mathcal{L}(\boldsymbol{B})$ 的维数。设 $(\boldsymbol{B},\boldsymbol{t},r)$ 为 $\mathrm{BINCVP}_{\gamma_0(m)}$ 的实例，对其重复应用 k 次例 5.6 得到新的实例 $(\boldsymbol{B}',\boldsymbol{t}',r')$，满足维数为 $m'=m^{2^k}$ 且 $\gamma_1(m)=\gamma_0(m)^{2^k}$。取 $c'=2^k>c$，即有 $m'=m^{c'}$，$\gamma_0(m)^{c'}=c_0^{c'}\log^{c'}m=(c_0/c')^{c'}\log^{c'}m':=\gamma_1(m')$。取 $c_1=(c_0/c')^{c'}$，有 $\gamma_1(m')=c_1\log^{c'}m'$，从而归约到实例 $\mathrm{BINCVP}_{\gamma_1(m')}$，且归约是多项式时间的。这说明，在当 $\gamma_1(m')=c_1\log^{c'}m'$ 时 $\mathrm{BINCVP}_{\gamma_1(m')}$ 是 NP 困难的。在 ℓ_p 范数下，$\forall\gamma(m)=\log^c m$，$\mathrm{GAPCVP}_\gamma$ 也是 NP 困难的。）

5.7 对任意常数 $\varepsilon>0$，$\forall p\geqslant 1$，BINCVP_γ 和 GAPCVP_γ 在 ℓ_p 范数下是拟 NP 困难的，其中 $\gamma(m)=2^{\log^{1-\varepsilon}m}$。（提示：该结论证明近似 CVP 问题在“几乎多项式” $\gamma=2^{\log^{1-\varepsilon}m}$ 下是拟 NP 困难的（quasi-NPhard），即没有（拟）多项式时间算法可以在 $\gamma=2^{\log^{1-\varepsilon}m}$ 下解决近似 CVP 问题，除非 $\mathrm{NP}\subset\mathrm{QP}$，这里 QP 是可以在时间 $O(2^{\log^c m})$ 内得到解决的诺言问题，这里 c 为与 m 无关的常数。事实上，与习题 5.6 类似，重复执行例 5.6 共 $k=\frac{1}{\varepsilon}\log\log m$ 次，得到格的维数为 $m'=m^{2^k}=m^{(\log m)^{1/\varepsilon}}=2^{(\log m)^{1+1/\varepsilon}}$，因而在拟多项式时间内可以得到计算。另外，近似因子为 $(c_0\log m)^{(\log m)^{1/\varepsilon}}>2^{(\log m)^{1/\varepsilon}}$，用 m' 代入，则有 $\gamma'(m')=2^{(\log m)^{1+1/\varepsilon}}$。）

5.8 （1）用计算表方法证明 CIRCUITVALUE 是 P 完备的。（提示：在 CIRCUITVALUE 中，电路有 AND，OR，NOT 门。利用德·摩根律可将 NOT 门略去，称这样的电路为单调电路（Monotone Circuit）。显然有，单调电路的 CIRCUITVALUE 是 P 完备的。）

（2）用计算表方法证明 CIRCUITSAT 是 NP 完备的。（提示：需要证明 NP 中所有语言都可 Karp 归约到 CIRCUIT SAT 即可，即 $L\in\mathrm{NP}$。对于任意 x，构造输入为变量或常值的电路 $R(x)$，使得 $x\in L$ 当且仅当 $R(x)$ 可满足。类似于习题 5.8（1）即可证明，仅有的不同在于非确定图灵机每步选择有非确定度 $|\Delta(q,\sigma)|=d>2$，于是我们可添加 $d-2$ 个状态，使得每步仅有两个选择，实现相同的效果。于是，机器对每个“状态-符号”组合恰有两种选择，即“0-选择”和“1-选

择”。此时，只需要在电路构造中添加一列非确定选择的比特串$(c_0,c_1,\cdots,c_{|x|^k-1})\in\{0,1\}^{|x|^k}$即可。)

5.9 电路的大小为其所有门的个数。证明：

(1) P 中所有语言都有多项式电路。

(2) 存在有多项式电路的不可判定语言。

5.10 试证明如下计算问题的 NP 完备性。

(1) 3SAT′：对于每个 Boolean 表达式，每个变量被限制出现至多 3 次，每个文字至多出现 2 次，记这样的语言类为 3SAT′。

(2) 有向图和无向图的汉密尔顿（Hamilton）通路问题（HAMILTON PATH）。

(3) 独立集问题（ISP）：设 $G=(V,E)$为一个无向图，$I\subseteq V$。称 I 为独立集，如果对于任意 $i,j\in I$，顶点 i 与 j 之间没有边。显然所有图都有非空的独立集。独立集问题就是：给定一个无向图 $G=(V,E)$和一个非负整数 k，问是否有一个独立集 I，满足$|I|=k$。

(4) 4 度独立集问题：对于无向图，每个顶点度数至多为 4 的独立集问题。

(5) 极大割集问题（MAXCUT）：在无向图 $G=(V,E)$中，一个割集是一个划分，将顶点集划分为两个非空子集 S 和 $V\backslash S$。一个割集$(S,V\backslash S)$的大小是 S 和 $V\backslash S$ 之间边数。极大割集问题即为：给定一个目标界 k，问是否有大于等于 k 的割集。

(6) 极大二等分问题（MAXBISECTION）：是否有一个大于等于 k 的割集$(S,V\backslash S)$，使得$|S|=|V\backslash S|$。

(7) 二等分宽度问题（BISECTION WIDTH）：即极小的二等分问题。

(8) 三染色问题（3-COLORING）：能否用 3 种颜色染一个图的顶点，使得相邻两个顶点的颜色不同。

(9) 三划分匹配问题（TRIPARTITE MATCHING）：假设有三个分别对应于男孩、女孩和家庭的集合 B、G、H，且$|B|=|G|=|H|=n$。另外，还有一个三元关系 $T\subseteq B\times G\times H$。问能否在 T 中找到含 n 个三元组的集合，使得其中任何两个三元组都不会有相同的分量。

(10) 背包问题（KNAPSACK）：设有 n 个物品 $1,2,\cdots,n$，每个物品 i 有值 v_i 和权值 w_i，二者均为正整数。假设 w 为一个权值限值，k 为一个目标界。问能否找到一个子集 $S\subset\{1,2,\cdots,n\}$，使得 $\sum_{i\in S}w_i\leqslant w$，而 $\sum_{i\in S}v_i\geqslant k$。

(11) 集合划分问题（SET PARTITION）：给定一个数字集合 S，问这些数字能否被划分成两个集合 A 和 $S\backslash A$，使得 $\sum_{x\in A}x=\sum_{x'\in S\backslash A}x'$。

5.11 称两个语言 $K,L\subseteq\Sigma^*$ 是多项式同构的，如果存在一个从 Σ^* 到其本身

的函数 h，满足：①h 为双射，即是一一映射；②对于每个 $x \in \Sigma^*$，$x \in K$ 当且仅当 $h(x) \in L$；③h 与 h^{-1}都是多项式时间可计算的。亦称函数 h 和 h^{-1}是多项式时间同构的。

显然，多项式时间同构不一定是 Karp 归约。什么样的归约是同构呢？不幸的是多数的归约都不是双射，只有很少的实例是例外。证明如下 NP 完备问题都是多项式同构的：

（1）布尔表达式可满足问题（SAT）；

（2）顶点覆盖问题（NODE COVER）；

（3）哈密尔顿通路问题（HAMILTON PATH）；

（4）团问题（CLIQUE）；

（5）极大割集问题（MAXCUT）；

（6）三划分匹配问题（TRIPARTITE MATCHING）；

（7）背包问题（KNAPSACK）；

（8）独立集问题（INDEPENDENT SET）。

5.12（陷门背包问题） 给定 n 个整数 $a_1, a_2, \cdots, a_n$，并将其视为公钥 $\boldsymbol{e}$。任意 n 比特向量 $\boldsymbol{x}$ 可以被解释作 $\{1,2,\cdots,n\}$ 的子集 X。于是消息加密为 $E(\boldsymbol{e},\boldsymbol{x}) = \sum_{i \in X} a_i$。给定 $K=E(\boldsymbol{e},\boldsymbol{x})$，要攻破该密码体制必须求解背包问题实例。但是，Bob 可以很容易地做到：他有两个保密的大数 N 和 m，满足 $(N,m)=1$，并且数 $a'_i = a_i \cdot m \bmod N$ 以指数速度增长，即 $a'_{i+1} > 2a'_i$。证明此时的背包问题是容易解的。

5.13 设 $\mathcal{G}$ 为一个有限图的集合，则 $\mathcal{G}$ 就刻画了一个图论性质。于是有对应于 $\mathcal{G}$ 的计算问题：给定图 G，判定是否 $G-\mathcal{G}$? 称 $\mathcal{G}$ 为存在二阶逻辑可表达的，如果存在一个存在二阶逻辑句子 $\exists P\phi$，使得 $G \mid = \exists P\phi$ 当且仅当 $G \in \mathcal{G}$。

任何语言 L 可被视为一个图的集合 $\mathcal{G}$，满足：一个图 $G \in \mathcal{G}$ 当且仅当 G 的邻接矩阵的第一行为 L 中的一个元素。即 L 对应于一个图的性质。这里我们约定：P 表示相应计算问题在 P 中的图论性质；NP 表示相应计算问题在 NP 中的图论性质。试利用计算表和存在二阶逻辑，证明：

（1）（Fagin 定理）所有关于存在二阶逻辑可表达的图论性质的问题类恰为 NP。

（2）称图论性质 $\mathcal{G}$ 为可排序的 Horn 存在二阶逻辑可表达的，如果有一个 Horn 存在二阶逻辑表达式 ϕ，其带有两个二元关系 G 和 S，使得对于任意适合 ϕ 的模型 M，满足 S^M 是 G^M 的顶点上的一个线性序，则 $M \mid = \phi$ 当且仅当 $G^M \in \mathcal{G}$。则所有可排序的 Horn 存在二阶逻辑可表达的图论性质类恰为 P。

第6章 相对化方法和Cook归约

相对化（Relativization）是由Baker、Gill和Solovay在1975年引入的一种技术，在前面已经应用，如模拟和对角化。简单来说，相对化技术即为，一个图灵机在执行计算任务的过程中，可以随机访问一个谕言（Oracle）$\mathcal{C}$，该Oracle是一个具有无穷的计算能力的计算机器或是语言判定机器。对于复杂类$\mathcal{C}$和一个Oracle$\mathcal{C}$，定义复杂类$\mathcal{C}^{\mathcal{O}}$为$\{L$：$L$是$\mathcal{C}$中被具有访问$\mathcal{O}$权限的机器接受的语言$\}$。由此方法我们也得到另一个比较的工具是Cook归约。它不仅是计算复杂性理论的基本方法，在密码理论中也有着重要应用，在可证明安全密码理论中广泛应用。类似于Karp归约，我们也定义问题的Cook归约下NP困难、NP完备等复杂类。Cook归约下的NP困难性也给出了问题内在复杂性的证据，因为如果一个NP完备问题A能在多项式时间内被求解，那么NP=P。还有一类特殊的Cook归约在解决平均情形和最坏情形之间的归约有着重要作用，称之为自归约。自归约通常是指，对于复杂类$\mathcal{C}$，$\mathcal{C}$中任意实例A可以Cook归约到$\mathcal{C}$中比其更容易计算的一个或多个实例B，则称$\mathcal{C}$为自归约的。这里我们只讨论搜索问题与判定问题之间的自归约，这通过搜索证书来实现。

相对化方法已经在复杂性理论中有很好的应用，如对角化方法，我们利用它证明不可判定问题的存在性，也用此方法证明时间和空间分层定理等。但是，相对化方法也有其局限性，不足以解决P与NP问题。一个复杂性理论命题（如P=NP或NP≠EXPTIME等）被称为是非相对化的，如果存在Oracle A和Oracle B使得该命题在Oracle A存在时成立，在Oracle B存在时不成立。因此，任何对Oracle的存在不敏感的证明技术都不能证明或否定该命题。后面我们会看到一个关于P=NP的非相对化的命题的典型例子。

6.1 Oracle图灵机与Cook归约

对于一个Boolean表达式$\phi=\phi(x_1,x_2,\cdots,x_n)$为$n$个变量的合取范式，我们可以想象有一个可以判定是否可满足的算法D，在计算期间我们可以询问该算法是否是可满足的并得到即时正确回答，将该回答用于接下来的计算。事实上，要构造一个算法，利用 D，通过建立部分赋值逐步求解 ϕ 的可满足赋值 T。具体为：用 ϕ 询问 D，若回答 no，则拒绝；若回答 yes，则执行：令 $T(x_1)=1$，用 $\phi_1=\phi(1, x_2, \cdots, x_n)$ 询问 D，若回答 yes，则再选取 $T(x_2)$；若回答 no，则取 $T(x_1)=0$。不妨设 $T(x_1)=\sigma_1$，然后再同样通过调用 D 选取 $T(x_2)=\sigma_2$，如此下去，经过 n 步后可得到赋值 T 使得 $T\models\phi$。

这里实际上构思了一个 SAT 的理想世界，能够正确的免费回答我们所有的关于 SAT 的询问，称 D 为 Oracle，这当然是不现实的。Oracle 可以对应于任何具体语言，而不仅仅是可满足性问题，也不一定对应于任何物理设备。

一旦我们确定了这样的 Oracle，就可以借用其强大的功能解决很多问题，特别是**NP** 中的问题。但是 Oracle 的出现也使非确定图灵机的功能提到更神秘的高度。因此，对于 P 与 NP 问题而言，我们可以构造两个 Oracle 使之有两个相反的回答。

【定义 6.1】 一个带 Oracle 的图灵机 $M^{\mathcal{O}}$ 是一个多带确定性图灵机，其有一条称之为询问带的特殊带和三个特殊状态：询问状态 $q_?$，回答状态 q_{yes}和 q_{no}。

注意，这里定义的 $M^{\mathcal{O}}$ 与所用的 Oracle 无关，这里的 $\mathcal{O}$ 表明任何语言都可以被用作一个 Oracle。不管 Oracle 是什么，访问 Oracle $\mathcal{O}$ 的所有图灵机都满足性质：①图灵机可以由字符串有效（不太长的）表示；②一个图灵机无需更多的时间或空间代价模拟其他图灵机。

事实上，我们可以将 $M^{\mathcal{O}}$ 表为字符串，并用通用图灵机 $U^{\mathcal{O}}$ 以对数代价模拟每个这样的机器。特别值得注意的是，Oracle 图灵机具有的这两个性质亦是我们的对角化方法的基础，前面我们利用该方法证明了不可判定问题的存在性，也用此方法证明时间和空间分层定理。利用仅有这两个性质的图灵机或复杂类所得的任何结果对于带有 Oracle 的图灵机集合亦成立。即假定两个图灵机带有同样的 Oracle，当被模拟的机器询问 Oracle 时，模拟机也询问，于是模拟可以如以前一样进行下去，因此凡是仅利用性质①与②证明的结论在配以相同的 Oracle 时仍成立（如对角化方法）。这样的结果为相对化的，事实上，关于通用图灵机的所有结果及用对角化方法的结果都是相对化结果。

设 $A\subseteq\Sigma^*$ 是任意语言。除了询问状态引起的转移函数外，带有 Oracle A 的 Oracle 机器 M^A 的计算如通常图灵机一样运行，对 Oracle 询问写在询问带上。当机器进入询问状态 $q_?$ 时，机器对 Oracle A 询问，即询问串是否在 A 中，然后 M^A 从询问状态 $q_?$ 移动到回答状态 q_{yes}/q_{no}，得到回答 yes/no，并允许机器在进一步计算中使用这个回答。关于输入 x，M^A 的计算输出表示为 $M^A(x)$。带有 Oracle 的机器的时间复杂度定义方式如通常的图灵机，每步询问记作通常的一步计算。类似可定义带有 Oracle 的非确定机器。于是，若 C 是任意的确定或非确定时间复杂类，则可以定义 C^A 为相应机器所判定的语言类，而且时间界要加上对 Oracle A 的询问次数。

【定理 6.1】 下列命题成立：

（1）设$\overline{\text{SAT}}$为 SAT 的补，则$\overline{\text{SAT}} \in \text{P}^{\text{SAT}}$。

（2）设 $\mathcal{O} \in C$，C 为语言类，则 $C^{\mathcal{O}} = C$。

（3）设 EXPCOM 为语言$\{<M,x,1^n>$：关于输入 x，M 在 2^n 步内输出 $1\}$，则 $\text{P}^{\text{EXPCOM}} = \text{NP}^{\text{EXPCOM}} = \text{EXP}$。

证明：

（1）定义确定图灵机 M^{SAT}，有 Oracle SAT。对于任意 Boolean 表达式 φ，询问 Oracle SAT，M^{SAT}输出与 Oracle 回答相反即可。

（2）显然，$C \subseteq C^{\mathcal{O}}$。若 $\mathcal{O} \in C$，由于我们可以将任意判定 C 中语言的 Oracle 机器转变为一个标准的机器，仅需要用 Oracle $\mathcal{O}$ 的计算替代每次 Oracle 调用即可。

（3）显然，关于 EXPCOM 的 Oracle 是允许以一次调用的代价执行指数时间的运算，因此，$\text{EXP} \subseteq \text{P}^{\text{EXPCOM}}$，显然，$\text{P}^{\text{EXPCOM}} \subseteq \text{NP}^{\text{EXPCOM}}$且 $\text{EXPCOM} \in \text{EXP}$。

另一方面，若 N 是一个非确定多项式时间 Oracle 图灵机，则可以在指数时间内模拟带有 Oracle EXPCOM 的 N 的执行，故 $\text{EXP} \subseteq \text{P}^{\text{EXPCOM}} \subseteq \text{NP}^{\text{EXPCOM}} \subseteq \text{EXP}$。

但是，相对化结果的局限性可由下列定理表明，因此相对化方法似乎不能解决 P 与 NP 问题。

【定理 6.2】 存在 Oracle A 和 B，使得 $\text{P}^A = \text{NP}^A$和 $\text{P}^B \neq \text{NP}^B$。

证明： 由定理 6.1 可知，令 $A = \text{EXPCOM}$ 则有 $\text{P}^A = \text{NP}^A$，下面构造 B_0，使得 $\text{P}^{B_0} \neq \text{NP}^{B_0}$。

对于任意语言 B，定义 $U_B = \{1^n: B$ 中有长为 n 的字符串$\}$。易知，$U_B \subseteq \text{NP}^B$（事实上，存在长为 n 的 x，利用 Oracle 验证是否有 $x \in B$，并以此作为输出即可）。下面构造 B_0，使得 $U_{B_0} \notin \text{P}^B$，则有 $\text{P}^B \neq \text{NP}^B$。

设 $M_0^{\mathcal{O}}$，$M_1^{\mathcal{O}}$，…为 Oracle 图灵机的一个字典排序。分阶段构造语言 B，在阶段 i，确保 M_i^B 在 $2^n/10$ 时间内不判定 U_B。

初始，B 为空集，每个阶段向 B 中添加一个串，而且每个阶段可以确定有限多个串是否在 B 中。

在阶段 i，我们已经确定了有限多个串是否在 B 中，即 $B = B_{i-1}$。选择 n 使得对任意 $x \in B$，有 $|x| < n$。以 1^n 为输入，运行 $M_i^{\mathcal{O}}$ 至多 $2^n/10$ 步。只要 M_i 用状态已确定的串询问 Oracle，回答将与状态一致。当询问状态未确定的串时，则声明该串不在 B 中。注意，此时 B 中没有任何长为 n 的串。

若 M_i 在 $2^n/10$ 步内停机，则关于 1^n，令其回答不正确。具体的，若 M_i 接受，则声明所有长为 n 的串不在 B 中，即令 $B_i=B_{i-1}=B$，从而确保$1^n\notin U_B$；若 M_i 拒绝，则挑选一个未被询问的长为 n 的串 x_i，并声明 $x_i\in B$，从而确保 $1^n\in U_B$。（注意，由于 M_i 至多有 $2^n/10$ 次询问 Oracle，故这样的串总存在）。总之，M_i 的回答总是不正确的，如此下去，可得语言 B，并确保 $U_B\notin P^B$。

事实上，上述证明中所用的 U_B 不在 $\mathrm{DTIME}^B(f(n))$ 中，这里 $f(n)=O(2^n)$ 为 2^n 的任意多项式。我们可以看到任何试图用仅满足性质①与②的方法，如对角化方法或任意模拟方法，去解决 P 与 NP 的问题必须用到一些 Oracle 出现时不成立的结果。称这样的结果为非相对化的。目前遇到的一个简单例子为 Cook 定理，它对于一般 Oracle A 不是真的，即存在语言 $L\in \mathrm{NP}^A$不能多项式归约到 3SAT。后面还会遇到更多的例子，但是非相对化事实是必要性而不是充分的。如何利用非相对化方法求解 P 与 NP 问题是一个有趣的公开问题。另外，只要我们证明一个复杂性理论的事实，就去检查是否可以用相对化技术证明它，这样的思考将是很有启发性的。

定义 6.2 称问题 Π 能够 Cook 归约到 Π'，若存在多项式时间带 Oracle 图灵机 $M^{\mathcal{O}}$，使得对每个解决 Π'的 Oracle（算法或函数）$\mathcal{O}=f$，均有 M^f 解决 Π。其中，$M^f(x)$表示 M 在能够访问谕言 f 的情况下对应输入 x 的输出。Π 能够 Cook 归约到 Π'，通常简记为：$\Pi\leqslant_C\Pi'$。

上面的定义中，需要注意以下几点：

（1）从问题的困难程度来说，$\Pi\leqslant_C\Pi'$，说明问题 Π 不会比 Π'更困难；显然，Karp 归约一定是 Cook 归约。

（2）Cook 归约具有传递性，因此对于 Cook 归约封闭的语言类，我们也可以类似于 Karp 归约定义完备问题类。

（3）从问题的计算复杂度来说，Cook 归约是高效归约。只要 Π'是多项式时间内能够求解的，则 Π 亦然；由于 Oracle 机器是多项式时间的，因此这里对 Oracle 的询问至多多项式次。

（4）Cook 归约中所说的问题可以是搜索问题，也可以是判定问题。特别地，对于判定问题可叙述如下：

设 π_1 与 π_2 分别是语言 L_1 与 L_2 的判定问题，令χ_L 是语言 L 的特征函数，即 $\chi_L(x)=1$，如果 $x\in L$；否则，$\chi_L(x)=0$。称 π_1 可以 Cook 归约到 π_2，如果存在一个 Oracle 机器 R，关于输入 x，询问关于 L_2 的 Oracle 多项式次询问 q 并分别得到相应的回答 $x_{L_2}(q)$，则输出$\chi_{L_1}(x)$。

【定理 6.3】 设 L_1 与 L_2 是两个语言。若 L_1 可 Cook 归约到 L_2，并且 $L_2\in \mathrm{P}$，则 $L_1\in \mathrm{P}$。

证明：由于$L_2 \in \mathrm{P}$，则存在确定的多项式时间图灵机M_{L_2}判定L_2。由L_1可Cook归约到L_2可得，存在一个Oracle机器M，只要询问关于L_2的Oracle得到相应的回答，则可以判定L_1。下面构造判定L_1的机器M_{L_1}：

关于输入x，运行M，直到向Oracle提出询问q；将q输入给M_{L_2}，运行M_{L_2}得到输出$M_{L_2}(q)$，并作为Oracle回答返回给M；继续运行M，并询问Oracle，直到没有更多的Oracle询问。运行M到停机，输出$M(x)$。

由于M_{L_2}与Oracle给出相同的回答，故该算法的正确性是显然的。由于M的运行时间为多项式的，故询问的次数和询问的长度是关于$|x|$的多项式。由于M_{L_2}的运行时间是询问长度的多项式，因此亦是$|x|$的多项式。于是，M_{L_1}的运行时间为(M的运行时间)+(M_{L_2}的运行时间)×(询问次数)，这是$|x|$的一个多项式。

由此可知，P是Cook归约封闭的。对于NP，PSPACE，NPSPACE，EXP也有相同的结论。

对于诺言问题，类似Cook归约及相关性质也存在。诺言问题之间的Cook归约可以直接如上定义。对于诺言问题$(\Pi_{\mathrm{YES}},\Pi_{\mathrm{NO}})$到$(\Pi'_{\mathrm{YES}},\Pi'_{\mathrm{NO}},)$的Cook归约，是在已知任何解决问题$(\Pi'_{\mathrm{YES}},\Pi'_{\mathrm{NO}})$的oracle下，解决问题$(\Pi_{\mathrm{YES}},\Pi_{\mathrm{NO}})$的Oracle图灵机$M$也能工作。特别地，不管诺言之外的问题Oracle如何回到，M也能正常工作。

注：针对搜索问题也可以定义更精确的归约，称为Levin归约。该归约不仅将实例对应到实例，还将实例的证书也在多项式时间内实现对应。显然，这是Cook归约的一种特殊情况。有兴趣的读者可以参阅相关文献。

6.2　SVP与CVP的Cook归约

我们复习一下CVP的三种不同形式问题：

(1) 判定版本：已知整数格基$\boldsymbol{B}$，目标向量$\boldsymbol{t}$以及实数r，判断$\mathrm{dist}(\boldsymbol{t},\boldsymbol{B}) \leqslant r$或者$\mathrm{dist}(\boldsymbol{t},\boldsymbol{B})>r$。

(2) 最优化版本：已知整数格基$\boldsymbol{B}$，目标向量$\boldsymbol{t}$，计算$\mathrm{dist}(\boldsymbol{t},\boldsymbol{B})$。

(3) 搜索版本：已知整数格基$\boldsymbol{B}$，目标向量$\boldsymbol{t}$，寻找一个向量$\boldsymbol{Bx}$，使得$\|\boldsymbol{Bx}-\boldsymbol{t}\|$最小。

以上每个问题都可以简单归约到下一个问题。事实上，已知一个搜索Oracle找到了与$\boldsymbol{t}$最近的格向量$\boldsymbol{Bx}$，则可以计算$\boldsymbol{Bx}$与$\boldsymbol{t}$的距离，简单地评估$\|\boldsymbol{Bx}-\boldsymbol{t}\|$。类似地，给定一个最优化的Oracle，我们可以计算$\mathrm{dist}(\boldsymbol{t},\mathcal{L}(\boldsymbol{B}))$，于是可以通过比较$r$和$\mathrm{dist}(\boldsymbol{t},\mathcal{L}(\boldsymbol{B}))$的大小而解决判定问题。有趣的是，搜索版本的问题并不比前两个问题更困难，即给定一个解决CVP的判定问题Oracle，我们可以在多项式时间内解决搜索问题。

【例 6.1】 CVP 的搜索问题 Cook 归约到判定问题。

给定判定问题 Oracle，通过多项式次数访问该 Oracle，就可以在多项式时间内解决搜索问题。假设已有 Oracle A，输入$(\boldsymbol{B},\boldsymbol{t},r)$，就会给出 $\text{dist}(\boldsymbol{t},\mathcal{L}(\boldsymbol{B}))$与 r 的大小关系，我们将证明如何利用这个 Oracle 有效寻找一个格向量与 $\boldsymbol{t}$ 最近。

主要思路是：每次访问 Oracle 都得到 $\boldsymbol{x}=(x_1,\cdots,x_n)$ 中每个 x_i 的在二进制下的一个比特，进而得到 x_i。问题是距离 $\boldsymbol{t}$ 最近的格点可能不止一个，因此我们要确定求出的分量 x_i 来自于同一个 CVP 问题的解向量。如何确定第一个分量 x_1?

开始，我们构造 $\boldsymbol{B}=[\boldsymbol{b}_1,\boldsymbol{b}_2,\cdots,\boldsymbol{b}_n]$的子格 $\boldsymbol{B}'$，其中 $\boldsymbol{B}'=[2\boldsymbol{b}_1,\boldsymbol{b}_2,\cdots,\boldsymbol{b}_n]$，显然有 $\text{dist}(\boldsymbol{t},\boldsymbol{B})\leqslant\text{dist}(\boldsymbol{t},\boldsymbol{B}')$。二者的大小关系可以通过访问 Oracle$A$ 得到。具体地，首先确定一个距离平方的上界 d，如，选取 $d=\sum_{i=1}^{n}\|\boldsymbol{b}_i\|^2$；然后在$[0,d]$中进行二分法搜索，直到找到整数 r，满足 $r<\text{dist}(\boldsymbol{t},\boldsymbol{B})^2\leqslant r+1$，调用 oracle A，输入$(\boldsymbol{B}',\boldsymbol{t},\sqrt{r+1})$，如果 A 返回 NO，则 $\text{dist}(\boldsymbol{t},\boldsymbol{B}')>\sqrt{r+1}\geqslant\text{dist}(\boldsymbol{t},\boldsymbol{B})$；如果 A 返回 YES，则$\sqrt{r}<\text{dist}(\boldsymbol{t},\boldsymbol{B})\leqslant\text{dist}(\boldsymbol{t},\boldsymbol{B}')\leqslant\sqrt{r+1}$，而由于 $\text{dist}(\boldsymbol{t},\boldsymbol{B})^2$ 与 $\text{dist}(\boldsymbol{t},\boldsymbol{B}')^2$ 均为整数，则可知 $\text{dist}(\boldsymbol{t},\boldsymbol{B}')=\text{dist}(\boldsymbol{t},\boldsymbol{B})$。

此外，如果 x_1 是偶数并且 $\boldsymbol{Bx}$ 是与 $\boldsymbol{t}$ 最近的格向量，则 $\text{dist}(\boldsymbol{t},\boldsymbol{B}')=\text{dist}(\boldsymbol{t},\boldsymbol{B})$；如果 x_1 对于所有与 $\boldsymbol{t}$ 最近的格向量都为奇数，可知 $\text{dist}(\boldsymbol{t},\boldsymbol{B})<\text{dist}(\boldsymbol{t},\boldsymbol{B}')$。比较 $\text{dist}(\boldsymbol{t},\boldsymbol{B}')$与 $\text{dist}(\boldsymbol{t},\boldsymbol{B})$的大小关系就可以判断 x_1 的奇偶性，从而对 x_1 最低位比特给出判断。我们继续判断 x_1 的其他各比特，设

$$\boldsymbol{t}'=\begin{cases}\boldsymbol{t}, & x_1\text{ 为偶数}\\ \boldsymbol{t}-\boldsymbol{b}_1, & x_1\text{ 为奇数}\end{cases}$$

然后用$(\boldsymbol{B}',\boldsymbol{t}')$代替$(\boldsymbol{B},\boldsymbol{t})$，利用相同的方法确定 x_1 的第二个比特，如此下去可以确定 x_1，并且易知 x_1 的大小在关于输入$(\boldsymbol{B},\boldsymbol{t})$的多项式范围内（通过 Cramer 法则得出），于是得到 x_1 的值可以在多项式时间内完成。

在得到 x_1 的值之后，我们开始确定 x_2 的值。为了保持计算的一致性我们调整运算对象，用子格$[\boldsymbol{b}_2,\cdots,\boldsymbol{b}_n]$和 $\boldsymbol{t}-x_1\boldsymbol{b}_1$ 代替 $\boldsymbol{B}$ 和 $\boldsymbol{t}$，利用同样的方法处理。在进行完 k 次计算得到 $x_1,\cdots,x_k$ 后，用$[\boldsymbol{b}_{k+1},\cdots,\boldsymbol{b}_n]$和 $\boldsymbol{t}-x_1\boldsymbol{b}_1-\cdots-x_k\boldsymbol{b}_k$ 作为新的输入，就可以计算 x_{k+1}。于是在 n 次循环运算完成之后，我们就得到了 $\boldsymbol{Bx}=\sum_{i=1}^{n}x_i\boldsymbol{b}_i$ 作为 CVP 问题$(\boldsymbol{B},\boldsymbol{t})$的一个解。

通过上面的讨论我们知道，对于 CVP 而言判定问题、最优化问题、搜索问题在多项式时间归约下是等价的。

注意，上面的归约方法不适用于 CVP 近似问题，即给定求解 GAPCVP_γ 问题的 Oracle，尚不清楚如何利用此 Oracle 求解 γ 近似搜索问题。已经证明，对于任

何近似参数 γ 而言，$GAPCVP_\gamma$ 都是 NP 困难的（即使 γ 是关于格秩数单调上升的函数）。由于 CVP 问题（包括确定、近似问题）可以在 NP 内解决，因此对于任何的近似参数 γ，CVP 近似搜索问题都可以归约到 $GAPCVP_\gamma$ 上来。然而，这些归约可能无法给出两类问题之间的内在联系，并且对于足够大的近似参数函数，这些归约并不成立（例如 γ 为关于格秩数 n 的多项式）。因此，给出 γ 近似 CVP 搜索问题到 $GAPCVP_\gamma$ 的简单归约一直是一个有趣的问题。

【例 6.2】 SVP 不比 CVP 难。

对于任何 ℓ_p 范数，SVP 可以简单归约到 CVP，但是这种归约通常使得 CVP 问题格秩数远远大于原 SVP 问题格的秩数。一种想法是，是否存在直接的归约，使得不改变格的秩数。这里我们验证 CVP 问题难于 SVP 问题这个想法，并且给出这两个问题之间的一种 Cook 归约，但寻找从 CVP 到 SVP 的直接简便归约一直是公开的难题。我们将给出，“在秩为 n 的格中寻找 SVP 的 γ 近似解”归约到“寻找 CVP 的 γ 近似解”的一种直观方法。本方法可以对任意的 γ 函数成立，同时也对任意的范数成立，并且适用于判定、最优化和搜索问题。

SVP 与 CVP 问题主要有两个不同点：SVP 问题是寻找一个与零点最近的格点，而 CVP 问题是寻找一个与输入向量最近的格点；SVP 问题不允许零向量作为解，而 CVP 问题允许任意格点作为解。因此，这两个问题在本质上是不相同的。归约 $\boldsymbol{B}\to(\boldsymbol{B},\boldsymbol{0})$ 是无效的，因为求解 CVP 的 Oracle 会返回零向量作为解。我们下面就是避免这样的现象发生。

直观的想法如图 6.2-1 所示。首先，我们不去寻找与零点最近的格点，而是寻找与给定格点 $\boldsymbol{t}$ 最近的格点；然后，为了避免使得 $\boldsymbol{t}$ 就是所求格点，就要构造子格使其不包含 $\boldsymbol{t}$，问题就变成如何选取这样的子格，并且不改变与 $\boldsymbol{t}$ 最近的向量。

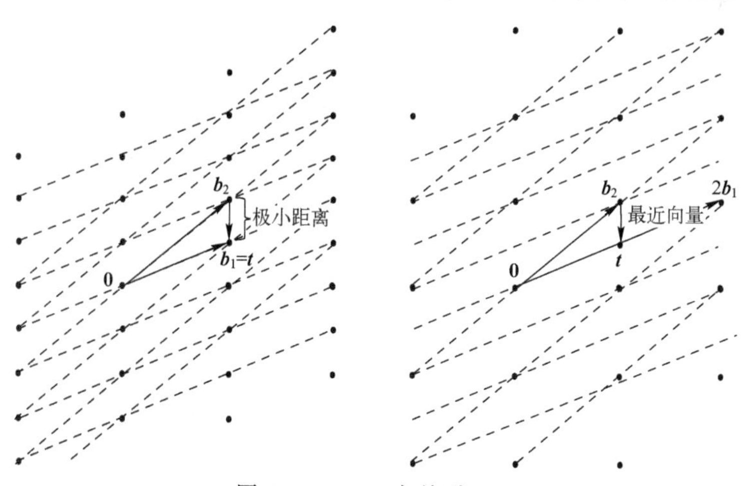

图 6.2-1 SVP 归约到 CVP

【命题 6.1】 对任意函数 $\gamma:\mathbb{N}\to\{r\in\mathbb{R},r\geq 1\}$，给定求解 GAPCVP_γ 的 Oracle，在多项式时间内可求解 GAPSVP_γ。

证明： 设$(\boldsymbol{B},r)$为 GAPSVP_γ 的实例，这里 $\boldsymbol{B}=[\boldsymbol{b}_1,\cdots,\boldsymbol{b}_n]$，算法执行如下：

构造 n 个 GAPSVP_γ 的实例：对于 $j=1,2,\cdots,n$，第 j 个实例为$(\boldsymbol{B}^{(j)},\boldsymbol{b}_j,r)$，其中 $\boldsymbol{b}_j$ 为目标向量，$\boldsymbol{B}^{(j)}=[\boldsymbol{b}_1,\cdots,\boldsymbol{b}_{j-1},2\boldsymbol{b}_j,\boldsymbol{b}_{j+1},\cdots,\boldsymbol{b}_n]$，即第 j 个基取 2 倍。

然后，算法应用求解 GAPCVP_γ 的 Oracle 到这 n 个 GAPCVP_γ 实例。若至少一个实例被 Oracle 返回 yes，则算法输出 YES，从而$(\boldsymbol{B},r)$为 GAPSVP_γ 的 YES 实例；否则，no。

我们需要证明，如果$(\boldsymbol{B},r)$为 YES，那么$(\boldsymbol{B}^{(j)},\boldsymbol{b}_j,r)$对某些 j 为 YES；而如果$(\boldsymbol{B},r)$为 NO，那么对所有 $j=1,\cdots,n$，$(\boldsymbol{B}^{(j)},\boldsymbol{b}_j,r)$为 NO。

事实上，假定$(\boldsymbol{B},r)$为 NO 实例，即 $\lambda_1(\mathcal{L}(\boldsymbol{B}))>\gamma r$。于是，对于任意 $\boldsymbol{w}\in\mathcal{L}(\boldsymbol{B})$，$\boldsymbol{w}\neq 0$，有 $\|\boldsymbol{w}\|>\gamma r$。对每个 $\boldsymbol{v}\in\mathcal{L}(\boldsymbol{B}^{(j)})$，有 $\boldsymbol{v}-\boldsymbol{b}_j\in\mathcal{L}(\boldsymbol{B})$ 且 $\boldsymbol{v}-\boldsymbol{b}_j\neq\boldsymbol{0}$。于是 $\|\boldsymbol{v}-\boldsymbol{b}_j\|>\gamma r$，即 Oracle 一定返回 NO。

若$(\boldsymbol{B},r)$为 YES 实例，即 $\lambda_1(\mathcal{L}(\boldsymbol{B}))\leq r$。设 $\boldsymbol{v}=\sum_{i=1}^{n}a_i\boldsymbol{b}_i$ 是 $\mathcal{L}(\boldsymbol{B})$ 的最短向量，$a_j\in\mathbb{Z}$，可知 $\|\boldsymbol{v}\|\leq r$。于是，$\exists j$ 使得 a_j 为奇数（否则 $\boldsymbol{v}/2\in\mathcal{L}(\boldsymbol{B})$，与 $\boldsymbol{v}$ 为最短向量矛盾）。令 k 为使得 a_k 为奇数的下标之一，则 $\boldsymbol{v}+\boldsymbol{b}_k\in\mathcal{L}(\boldsymbol{B}^{(k)})$，且 $\text{dist}(\boldsymbol{b}_k,\mathcal{L}(\boldsymbol{B}^{(k)}))\leq\|\boldsymbol{v}\|\leq r$。因此，至少有一个$(\boldsymbol{B}^{(j)},\boldsymbol{b}_j,r)$被 Oracle 一定返回 YES。

注意，上述归约仅是一个 Cook 归约，它保持近似因子 γ 被精确不变，而且其调用 Oracle 的格的秩与输入格的秩相同。命题 6.1 的证明是将任何 GAPSVP_γ 的实例归约到 n 个 GAPCVP_γ 的实例，这里 n 是格的秩。

6.3 关系自归约

虽然复杂性理论中更多的研究是围绕判定性问题进行的，但是人们自然地会问，是否“解决判定性问题”的一个有效程序可以确保得到“解决搜索问题”的一个有效程序？一般地搜索问题比相应的判定性问题更难，前者被解决，后者则必然可解。事实上，设 R 为多项式可验证的关系，A 为关于 R 的一个多项式时间的搜索算法，则可以构造对于 $L(R)$ 的一个多项式时间判定算法：关于输入 x，模拟 A 的运行，回答 yes 当且仅当 A 停机并输出一个合适的 y 使得$(x,y)\in R$。显然，该算法判定 $L(R)$。例 6.1 说明二者可能有相同的难度。特别地，对于 NP 完备问题，“解决判定性问题”的一个有效程序可以确保得到“解决搜索问题”的一个有效程序。

设 R 是一个二元关系，R 的相应语言为 $L(R)=\{x:\exists y(x,y)\in R\}$。称一个关

系 R 是自归约的，如果求解关于 R 的搜索问题可以 Cook 归约到语言 $L(R)$ 的判定问题。

若一个关系是自归约的，则一定有一个多项式时间的 Oracle 图灵机求解搜索问题。对 Oracle 询问得到的回答是断言：关于输入 x，是否存在 y，使得 $(x,y)\in R$。如对于图的 3 染色问题，定义 Oracle 为判定图 G 是否可以 3 染色的图灵机 M_1。定义 Oracle 图灵机 M：给定图 G 作为输入，通过访问 Oracle M_1 去寻找一个 3 染色。于是，M 对关系 $R=\{(G,\varphi):\varphi$ 为 G 的 3 染色$\}$ 的搜索问题求解过程中，其所做的询问不局限于 G 而是多项式个图，而且每个图又只依赖于前面的询问。

【例 6.3】 SAT 问题是关系自归约的。

输入：φ，φ 为变量集 $\{x_1,x_2,\cdots,x_n\}$ 上的合取范式。

目标：找到一个赋值 T 使得 $T\vDash\varphi$，即 $\varphi(T(x_1),\cdots,T(x_n))=\text{true}$。

于是，有相应的关系 $R_{\text{SAT}}=\{(\varphi,T):T\models\varphi\}$。显然，$R_{\text{SAT}}$ 为多项式时间可判定的。

断言：R_{SAT} 是自归约的。

事实上，要构造一个算法，利用判定 $\text{SAT}=L(R_{\text{SAT}})$ 的 Oracle A，求解 R_{SAT} 上的求解问题。该算法是通过建立部分赋值逐步构造出一个解，具体如下：

（1）询问是否 $\varphi\in\text{SAT}$，若回答 NO，则放弃。

（2）对每个 i，$1\leqslant i\leqslant n$，令 $\varphi_i(x_{i+1},\cdots,x_n):=\varphi(\sigma_1,\cdots,\sigma_{i-1},1,x_{i+1},\cdots,x_n)$，询问 Oracle，检验是否 $\varphi_i\in\text{SAT}$。若回答 YES，则取 $\varphi_i=1$；否则，取 $\varphi_i=0$。

显然，部分赋值 $T(x_1)=\sigma_1,\cdots,T(x_i)=\sigma_i$，可以扩充成一个可满足的赋值。因此，算法或者放弃或者输出一个赋值 T 使得 $T\vDash\varphi$。

由此可见，若 SAT 是多项式时间可判定的，则存在有效算法求解 R_{SAT} 的搜索问题，由于已经证明 SAT 为 NP 完备问题，因此 NP 完备问题是自归约的。

【例 6.4】 图同构问题（GRAGH ISOMORPHISM）是关系自归约的。

输入：两个简单图 $G_1=(V,E_1)$，$G_2=(V,E_2)$，不妨设没有孤立点。

目标：找到 G_1 与 G_2 之间的一个同构，即有一个置换 $\phi:V\to V$，使得 $(u,v)\in E_1$ 当且仅当 $(\phi(u),\phi(v))\in E_2$。

于是，有相应关系 $R_{\text{GI}}=\{(G_1,G_2,\phi):\phi$ 为 G_1 与 G_2 的同构$\}$。

断言：R_{GI} 是自归约的。

事实上，设 A 为给定 (G_1,G_2) 判定 G_1 与 G_2 是否同构的 Oracle，构造询问 A 的算法 M。在每一步，算法 M 固定 G_1 的一个点 u，并找到 G_2 的一个顶点 v，定义映射 ϕ，使得 $\phi(u)=v$。进而将 ϕ 补充为图的同构。具体如下：

为了检查 u 是否可以被映射到 v，利用下面方式标注这两点：

（1）在 u,v 两点处添加 $|V|$ 个叶片形成星，得到新的图 G_1'，G_2'。

(2) 用(G_1', G_2')询问 Oracle A，得到关于G_1'与G_2'是否同构的回答。若回答为 no，则放弃；若回答为 yes，则G_1与G_2之间有一个同构ϕ，使得$\phi(u)=v$(由于u,v的度数严格大于G_1'与G_2'中其他顶点的度数，因此，G_1'，G_2'之间存在同构ϕ'当且仅当G_1与G_2之间有一个同构ϕ使得$\phi(u)=v$)。

(3) u与v被确定后，以添加$2|V|$个叶片，$3|V|$个叶片等分别构成星来标注V中的顶点，并不断询问 Oracle，确定对应的顶点，直到ϕ被完全确定。

一个 NP 语言也许同时有多个搜索问题，亦即有多个关系，但是一个给定的关系R的自归约不能直接蕴含另一个关系R的自归约。另一方面，人们认为并非所有的 NP 语言都有自归约的关系。

【例 6.5】 分解问题不是关系自归约的。

对于合数语言$L_{\text{comp}}=\{N:N=n_1n_2$，其中$n_1>1$且$n_2>1\}$，定义关系$R_{\text{comp}}=\{(N;(n_1,n_2)):N=n_1n_2$，其中$n_1>1$且$n_2>1\}$，显然，$|(n_1,n_2)|=\text{poly}(|N|)$，而且可在多项式时间内判定$R_{\text{comp}}$，故$L_{\text{comp}}\in\text{NP}$。

已知存在一个随机算法可在多项式时间内判定L_{comp}。R_{comp}上的搜索问题是寻找(n_1,n_2)，$n_1,n_2>1$，使得$N=n_1n_2$。显然，该搜索问题等价于分解问题（FACTORING）。但目前我们没有概率多项式算法求解 FACTORING。故R_{comp}不是自归约的。

另外，对于语言$L_{\text{QR}}=\{(N,x):x$为模N的二次剩余(记为 QR)$\}$，有关系

$$R_{\text{QR}}=\{((N,x),y):y^2\equiv x \bmod N\}$$

R_{QR}上的搜索问题在随机归约（即归约算法是概率多项式时间的，比 Cook 归约更一般）下等价于分解问题（FACTORING）。若假定分解问题比判定L_{QR}更难，则R_{QR}不是自归约的。

6.4 部分 NP 问题的实用算法

NP 完备问题的困难性导致人们去开发许多情况下的概率和近似算法，其中一些非常巧妙，而且通常很有用。下面我们介绍一些已经开发的“接近”解决问题的方案。

1) 几乎总能找到解的问题

假设我们有一个 NP 完备问题，询问在给定结构中是否嵌入了一定的子结构。那么我们或许可以开发出具有以下性质的算法：

(1) 总是在多项式时间内运行；

(2) 找到问题解时，该解是正确的；

(3) 并不总能找到解，但“几乎总是”能找到，因为随着输入字符串的尺寸变大，成功实例与总实例的比接近于 1。

下面介绍 Hamilton 通路的这种算法，可以在几乎所有的图中找到一条 Hamilton 路径，有时会失败但并不经常，并且总是在多项式时间内运行。算法 UHC 来自 Angluin 和 Valiant，下面的定理6.4表明，算法通常会找到，至少对于有 Hamilton 通路的图是可以找到的。

算法的输入是无向图 G 和两个不同的顶点 s,t，输出是顶点 s,t 之间的 Hamilton 通路（如果输入 $s=t$，那么输出 G 中的 Hamilton 圈）。

该过程维护一个部分构造的 Hamilton 路径 P，从 s 到某个顶点 ndp，并尝试通过将一条边连接到一个新的以前未访问过的顶点来扩展 P。在这样做的过程中，它会不时从图 G 中删除一条边，因此我们还将维护一个变化图 G'，它最初为 G。

执行过程中，该算法随机选择与部分通路 P 的当前顶点相关的边(ndp,v)，并从图 G'中删除边(ndp,v)，因此它永远不会再次被选择。如果 v 是不在通路 P 上的顶点，则通过邻接新边(ndp,v)来扩展通路。但是，如果新顶点 v 已经在通路 P 上，那么我们通过从中删除一条边并绘制一条新边来缩短通路，如图6.4-1所示。在这种情况下，通路不会变得更长，但会发生变化。

```
输入：图 G=(V,E)，s,t 为两个顶点
输出：点 s,t 之间的 Hamilton 通路 P（如果输入 s=t，那么输出 G 中的 Hamilton 圈），并返回
      “成功”；否则，返回“失败”。
G':=G; ndp:=s; P:=emptypath;
Repeat
If ndp 为 G'中孤立点,
   Then 返回“失败”。
   Else
      在 G'的与 ndp 相关联的边中随机均匀选择一条(ndp,v)，并从 G'删除该边；
   If v≠t 且 v∉P,
      Then 将边(ndp,v)添加到 P；令 ndp:=v;
      Else
        If v≠t 且 v∈P,
        Then
          令 u:=P 中离 ndp 更近的邻居；从 P 中删除边(u,v)；添加边(ndp,u)添加到 P;
          令 ndp:=u;
      End {then}
   End {else}
Until P 含有 G 的每个顶点（若 s≠t，则不含 t），且(ndp,t)在 G 中但不在 G'中；添加边(ndp,
      t)到 P，并返回“成功”。
End {uhc}
```

图6.4-1 Angluin 和 Valiant 的算法 UHC 程序

如上所述，该算法要么成功，要么失败。由定理 6.4 知，如果图 G 有足够的边，图 6.4-1 的算法几乎肯定会成功。

【定理 6.4】 固定一个正实数 a。存在常数 M 和 c，如果我们从“n 个顶点和至少 $cn\log n$ 条边”的图中随机选择一个图 G，并且在 G 中选择任意顶点 s,t，那么算法 UHC 在总共 $Mn\log n$ 次尝试扩展部分构造的通路之前返回“成功”的概率是 $1-O(n^{-a})$。

注： 对于 Hamilton 通路问题，一条重要的界是边数。n 个顶点有 $o(n\log n)$ 条边的图连通的可能性相对较小，而一个有大于 $cn\log n$ 条边的图几乎肯定是连通的，而且几乎肯定有一条 Hamilton 通路。

2）平均很快求解的问题

在这类问题求解策略中，我们所不确定的事情不在于是否会找到问题的解，而在于需要多长时间才能找到解。这种算法将满足：

（1）总能找到问题的解，而且解总是正确的；

（2）尽管偶尔可能需要指数时间，但“平均”是亚指数时间的。这里的“平均”是指在所有给定尺寸的输入字符串上的平均。

下面介绍这种类型的一个例子——在图中找到最大独立集的算法，平均“仅”需要 $O(n^{c\log n})$ 时间，但偶尔对于某些图，需要近 2^n 的时间才能得到答案。注意，$O(n^{c\log n})$ 不是多项式时间估计，而是对 2^n 的改进。该方法称为回溯法。长期以来，回溯法一直是计算机搜索问题的标准方法。

为便于理解回溯算法，我们先考虑一个有 6 个顶点的图 G，其中顶点的编号为 1,2,3,4,5,6，如图 6.4-2 所示。我们试图在 G 中找到最大的独立顶点集（独立集）。

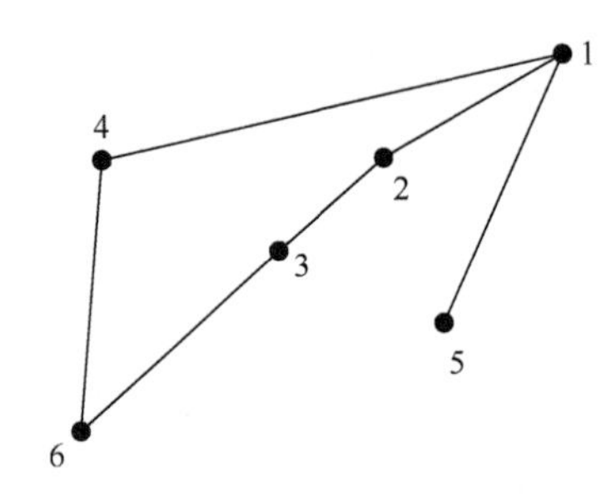

图 6.4-2　6 个顶点的图 G

首先搜索包含顶点 1 的独立集 S，令 $S:=\{1\}$。现在尝试扩大 S。因为 2 与 1 相邻，所以我们不能通过将顶点 2 的添加扩大 S，但可以添加顶点 3。我们的集合 S 现在是$\{1,3\}$。现在我们不能添加邻接顶点 4（连接到 1）或顶点 5（连接到 1）或顶点 6（连接到 3），所以终止。

接下来我们回溯，用可能为它做出的下一个选择替换最近添加的 S 成员。从 S 中删除顶点 3，下一个选择将是顶点 6。集合 S 是$\{1,6\}$，又终止。如果我们再次回溯，则没有进一步的选择来替换顶点 6，因此进一步回溯，从 S 中删除 6，而且将顶点 1 替换为下一个可能的选择，即顶点 2。如此下去，我们得到从算法开始到结束出现的所有独立集 S 的列表：

$$\{1\},\{1,3\},\{1,6\},\{2\},\{2,4\},\{2,6\},\{2,4,5\},\{2,5\},\{2,5,6\},$$
$$\{3\},\{3,4\},\{3,4,5\},\{3,5\},\{4\},\{4,5\},\{5\},\{5,6\},\{6\}$$

表示该搜索过程的一种便捷方法是使用回溯搜索树 T。对于 6 个顶点的图 G，这是一棵树，T 顶点排列在层 Level$:=0,1,2,3$ 上。如图 6.4-3 所示，T 的每个顶点对应于 G 中的一个独立集。对于 T 的两个顶点 S' 与 S''，称 S' 与 S''在 T 中有一条边，如果 $S'\subseteq S''$并且 $S''-S'$包含单个元素，且该元素为 S''中编号最高的顶点。于是，G 的每个有 L 个点的独立集恰好在 L 层上，我们可找到 T 的每个顶点 S。0 层由一个根顶点组成，对应于 G 的空顶点集；3 层上的顶点对应于最大独立集$\{2,4,5\}$，$\{2,5,6\}$和$\{3,4,5\}$。

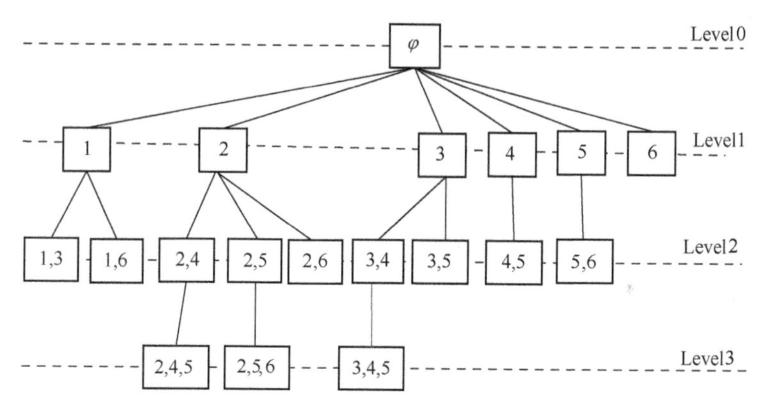

图 6.4-3 6 个顶点图 G 对应的回溯搜索树

一般地，对于一个有 n 个顶点的图 G，其中顶点的编号为 $1,2,\cdots,n$。可以类似找到 G 的最大独立集。此时，T 为一棵 $n+1$ 层的树，其顶点排列在层 Level$:=0,1,2,\cdots,n$ 上，同样定义树 T 的边和根顶点。

回溯算法相当于访问搜索树 T 的每个顶点，而实际上不必事先明确地写下树。

观察搜索过程中独立集 S 的列表，或者图 6. 4-3 中树 T 的顶点列表，正好由图 G 中的每个独立集组成。该例子中，图 G 有 19 个独立的顶点集，包括空集。因此，对搜索工作复杂性的合理衡量是 G 拥有的独立集数量。回溯搜索的复杂性问题与确定图 G 的独立集数量的问题相同。但存在一些图有大量的独立集，如

有 n 个顶点且没有边的图 $\overline{K}_n$ 有 2^n 个独立的顶点集，回溯树将有 2^n 个节点，搜索时间会很长。

完全图K_n包含 n 个顶点和所有可能的边，共 $n(n-1)/2$ 条边，只有 $n+1$ 个独立的顶点集。任何其他有 n 个顶点的图 G 将有许多独立集，独立集个数介于 $n+1$ 和 2^n之间。因此，有时回溯会花费指数时间，有时会相当快。平均而言，这个问题的回溯方法有多快呢?

我们要求找到 n 个顶点的图具有的独立集的平均数。这是在所有顶点子集 $S\subseteq\{1,\cdots,n\}$上 S 是独立集的概率的平均求和。如果 S 有 k 个顶点，那么 S 是独立集的概率即为如下事件的概率。

事件：在可能连接 S 中的一对顶点的 $k(k-1)/2$ 条可能边中，恰好有 0 个实际上出现于随机图 G 中。

由于这些$\binom{k}{2}$条边中的每一条都有 1/2 的概率出现在 G 中，因此它们都不出现的概率是 $2^{-k(k-1)/2}$。因此，n 个顶点的图中独立集的平均数为

$$I_n = \sum_{k=0}^{n} \binom{n}{k} 2^{-k(k-1)/2}$$

注：随着 n 的增大，I_n的增长率为 $O(n^{\log n})$。因此，回溯搜索图中最大独立集的平均计算时间呈亚指数增长。这进一步表明这个 NP 完备问题的困难性，即使在平均意义下，所需的计算时间也不是多项式的。

3）平均很快找到近似解的问题

在这种类型算法中，我们也许得不到正确的答案，但它很接近。尽管这意味着放弃相当多，为了快，人们喜欢这些算法。这里我们暂时只考虑优化问题，如找到通过这些城市的最短通路，或者在图中找到最大团的大小，或者以尽可能少的颜色为图着色，等等。这样的算法将满足：

(1) 在多项式时间内运行；

(2) 总是产生一些输出；

(3) 保证输出与最优解有误差，但误差不会超过给定的界。

下面给出的旅行销售员问题（TSP）的近似算法，它很快产生了一个城市之旅，其至多是最短行程的两倍。

给定平面上的 n 个点（或城市），以及每对点之间的距离，假设距离满足三角不等式，我们找到所有这些城市的往返行程最短者。

算法的第一步是为 n 个给定城市找到最小生成树（MST）。MST 是一棵树，其顶点是问题中所讨论的城市，并且在顶点集上的所有可能的树中，它有最小的可能长度。但注意“找到 MST”与“解决 TSP”不是一样难，MST 问题属于贪心

算法。

一般来说，贪心算法满足：①我们试图通过一次添加一部分来构造一些最优结构；②在每一步中，通过在所有可用的部分中选择能够尽可能带向理想方向的那个部分来决定下一步将添加哪一部分。

贪心算法通常不是最好的算法，原因是不在每一步都取最好的部分，而是取一些其他部分，便于我们在以后的步骤中能够改进。换句话说，寻找最佳结构的全局问题可能无法通过在每一步都尽可能用贪婪的局部程序来解决。但是，在 MST 问题中，贪心策略有效，如图 6.4-4 所示。

```
输入：平面中 n 个点的列表 x={x_1,x_2,…,x_n}
输出：x 上最短的生成树 T。
初始 T 为由单个点 x_1 组成；
  While T 中点的个数少于 n；
    for 对于还不在 T 中的每个点 v，找到 v 到 T 中点的最近距离 d(v)；
    令 v* 到 T 最小距离为 d(v) 点；
    将 v* 添加到 T 的顶点集中；
    将 v* 到 T 中的最近点 w≠v* 的边添加到 T；
  End {while}
End {mst}
```

图 6.4-4　MST 算法程序

MST 的正确性：

令 T 为运行 MST 算法程序生成的树，令 $e_1,\cdots,e_{n-1}$为其边，并以与 MST 算法生成它们的顺序相同的顺序列出。

令 T'为 $\boldsymbol{x}$ 的最小生成树。设 e_r为 T 的第一条不出现在 T'中的边。在最小树 T'中，边 $e_1,\cdots,e_{r-1}$都出现了，我们令 S 为它们的顶点集的并集。在 T'中，设 f 是将 S 上的子树连接到 $\boldsymbol{x}$ 的其余顶点上的子树的边。

假设 f 比 e_r短，f 是 MST 算法在它选择 e_r的那一刻可用的边之一，而 e_r是当时可用的最短边，故矛盾。假设 f 比 e_r长，则 T'不会是最小的，因为我们通过在 T' 中将 f 换成 e_r获得的树更短，这与 T'的最小性相矛盾。所以，f 和 e_r只能是具有相同的长度。在 T'中用 f 换 e_r，T'仍然是一棵树，并且仍然是最小生成树。

现在没有出现在 T'中的 T 的第一条边的指数至少为 $r+1$，比以前大 1。在不影响 T 的最小性的情况下，可以重复替换 T 中没有出现在 T'中的边的过程，直到 T 的每条边都出现在 T'中，即直到 $T=T'$。因此，T 是最小生成树。

这完成了多项式时间旅行销售员算法的过程的一个步骤，该算法至多可以找到最小长度两倍的路径。

下一步查找欧拉回路。我们已知“连通图具有欧拉回路当且仅当每个顶点都具有偶数度数”，而该结论证明本质上是递归，由此我们可得到递归地找到欧拉回路的线性时间算法。

【定理 6.5】 存在算法在多项式时间内运行，它将返回一个旅行销售员的路线，其长度最多是最小旅行长度的两倍。

证明：给定平面上的 n 个城市（或图的 n 个节点），下面描述这个算法。

（1）找到城市的最小生成树 T。

（2）将树的每条边加倍，从而获得“多树” $T^{(2)}$，其中每对顶点之间有 0 或 2 条边。

（3）由于加倍的树的每个顶点的度数都是偶数，所以存在 $T^{(2)}$ 的边的欧拉线路 W，找到该线路。

（4）构造城市的输出路线：从某个城市开始，沿着 W 走。到达某个顶点 v 后，从 v 直接（通过直线）到达 W 的下一个尚未访问的顶点。这通常会导致 W 部分短路，原因是直接从某个顶点到另一个顶点也许有多条边选择。

由上述（4）得出的线路 Z' 确实是对所有城市的线路，其中每个城市仅访问一次。我们确保它的长度最多是最优的两倍。事实上，令 Z 为最优路线，设 e 为 Z 的某条边。那么 $Z-e$ 是一条访问所有城市的通路。由于通路是一棵树，$Z-e$ 是城市生成的树，因此通路 $Z-e$ 至少与 T 一样长，进而 Z 肯定不小于 T。

接下来考虑线路 Z' 的长度。沿着 W 的一条边行走的 Z' 的一步长等于 W 的那条边的长度。短路 W 的几条边的 Z' 的一步长的长度至多等于 W 被短路的边长度之和。如果我们在 Z' 的所有步骤上将这些不等式相加，我们会发现 Z' 的长度最多等于 W 的长度，而 W 的长度又是树 T 长度的两倍。把所有这些放在一起，我们有

$$\text{length}(Z) > \text{length}(Z-e) \geqslant \text{length}(T) = \frac{1}{2}\text{length}(W) \geqslant \frac{1}{2}\text{length}(Z')$$

故结论成立。

最近已经证明，在多项式时间内，我们可以找到一个 TSP 旅程，其总长度至多为最短行程的 3/2 倍。这里倍数 3/2 是否可以进一步改进是很有趣的问题。

习 题

6.1 设二元关系 $R \subseteq \{0,1\}^* \times \{0,1\}^*$ 是多项式平衡的。PC 表示多项式可验证解的多项式平衡的二元关系 R 对应的搜索问题。称 $R \in \text{PC}$，若存在一个多项式时间算法，当输入 (x,y) 时，该算法能够在多项式时间内判定 $(x,y) \in R$ 是否成立。PF

表示多项式平衡关系 R 下能够多项式求解的搜索问题类。称 $R\in \mathrm{PF}$，若存在一个多项式时间算法，使得对于给定的 x，该算法能够找到 y 满足 $(x,y)\in R$（或者断言这样的 y 不存在）。证明：$\mathrm{PC}\subseteq \mathrm{PF}$ 当且仅当 $\mathrm{P}=\mathrm{NP}$。

6.2　（接习题6.1）若 $\mathrm{P}\neq \mathrm{NP}$，则 PF 中包含不在 PC 中的搜索问题。

6.3　证明：NP 问题可以具有多个不同的 NP 证明系统。

6.4　最小点覆盖问题是指判断一个图中是否存在点数为 k 的最小点覆盖。试证明：最小点覆盖问题是自归约的。（提示：可以遍历图中的每个顶点，如果删去这个顶点以及和这个顶点相连接的边，图中只存在点数为 $k-1$ 的点覆盖，那么就可以判定该顶点是最小点覆盖中的顶点，不断重复这个操作，就可以找到最小点覆盖。）

6.5　如果问题的任何实例 I 都可以通过以下方法解决，则称该问题是随机自归约问题：在多项式时间内将实例 I 转化为一个或者多个不相关的均匀随机实例 I'，并且在多项式时间内解决 I'，从 I' 的答案中提取出 I 的答案。

对于素数 q 阶有限群 $G=\langle g\rangle$ 及任意 $a,b,c\in \mathbb{Z}_q$，定义“判定 Diffie-Hellman 问题”（DDH）为“是否以不可忽略的概率区分三元组 (g^a,g^b,g^{ab}) 和 (g^a,g^b,g^c)。”

试证明：DDH 问题是随机自归约的。

6.6　1999 年 Paillier 提出了一个 $\mathbb{Z}_{N^2}^*$ 上新的同态陷门置换 $\mathcal{P}_{N,g}:\mathbb{Z}_N\times\mathbb{Z}_N^*\to\mathbb{Z}_{N^2}^*$，使得 $\mathcal{P}_{N,g}(c,y)=g^c y^N \bmod N^2$，其中 N 为 RSA 模数，g 为 $\mathbb{Z}_{N^2}^*$ 中 N 阶非零整数倍的元素。利用该置换可构造如下概率公钥加密方案，称为 Paillier 公钥密码体制：

密钥生成　给定一个安全参数 n，随机选择两个 $n/2$ 长的不同的素数 P 和 Q，$N=PQ$。选择一个整数 $g\in \mathbb{Z}_{N^2}^*$，$g>0$，$N|\mathrm{ord}_{N^2}(g)$。公钥是 $\langle N,g\rangle$，私钥是 N 的分解 $\langle P,Q\rangle$。用 $\mathrm{Paillier}_{\mathrm{pk}}(n)$ 来记安全参数为 n 的公钥集合。

加密　对于消息 $c\in \mathbb{Z}_N$，选择一个随机值 $y\in \mathbb{Z}_N^*$，计算 $w=\mathcal{P}_{N,g}(c,y)$。

解密　对于密文 $w\in \mathbb{Z}_{N^2}^*$，如果知道 N 的分解，则可以计算其 Carmichael 函数 $\lambda=\lambda(N)=\mathrm{lcm}(P-1,Q-1)$。然后，计算 $\mathrm{Class}_{N,g}(w)=\dfrac{L(w^\lambda \bmod N^2)}{L(g^\lambda \bmod N^2)}$，其中 $L(u)=\dfrac{(u-1)}{N}$。

称 c 为 w 相对于 N 和 g 的类，记作 $\mathrm{Class}_{N,g}(w)$。如果已知 N 的分解，计算 $\mathrm{Class}_{N,g}(w)=c$ 是容易的。称如下问题为 $\mathbb{Z}_{N^2}^*$ 上的计算模合数 N 次剩余类问题，记作 $\mathrm{Class}[N,g]$，即已知 N、g 和 w，计算类 c。

最大有意义比特（msb）是指一个二进制整数最高位的那个比特；而最小有意义比特（lsb）是指一个二进制整数最低位的那个比特，这个位决定了该整数的奇偶性。试证明：

(1) Paillier 公钥密码体制的“安全性”可 Cook 归约到类 c 最小有意义比特 $\mathrm{lsb}(c)$ 的预测。

(2) Paillier 公钥密码体制的“安全性”可 Cook 归约到类 c 最大有意义比特 $\mathrm{msb}(c)$ 的预测。此即等价于，陷门置换 $\mathcal{P}_{N,g}$ 的单向性可分别 Cook 归约到 $\mathrm{lsb}(c)$ 和 $\mathrm{msb}(c)$。

6.7 函数计算问题：称一个（非）确定图灵机计算一个串到串的函数 F，如果关于输入 x，机器的每个计算或者输出正确回答 $F(x)$，或者进入状态 no。对于非确定图灵机，这里要求所有成功的计算在其输出上是一致的，而所有不成功的计算都可以表明该计算是不成功。

我们可以定义函数计算问题的 Karp 归约及完备性。称函数问题 A 归约到函数问题 B，如果满足：存在多项式时间内可计算的串函数 R 和 S，使得，对于任意串 x 和 y，若 x 为 A 的一个实例，则 $R(x)$ 为 B 的一个实例；进而，若 z 为 $R(x)$ 的一个正确输出，则 $S(z)$ 为 x 的正确输出。即 R 可产生问题 B 的一个实例 $R(x)$，满足：可以从 $R(x)$ 的任何正确输出 z 构造关于 x 的一个输出 $S(z)$。称一个函数问题关于函数问题类 FC 是完备的，如果 $A \in \mathrm{FC}$，且该类中所有问题都归约到 A。

(1) 定义 FSAT 为：给定 Boolean 表达式 ϕ，若 ϕ 是可满足的，则返回 ϕ 的一个可满足赋值；否则，返回 no。试证明：在 Cook 归约下 FSAT 与 SAT 是等价的。

(2) 定义 FNP 为伴随 NP 中语言的所有函数问题类；FP 为 FNP 中在确定多项式时间内可解的函数问题组成的 FNP 的子类。证明：FP = FNP 当且仅当 P = NP。

第 7 章　P 与 NP 续、coNP 和多项式谱系

7.1　P 与 NP 续

从前面我们可以知道，至少存在成千的 NP 完备问题（NPC）。人们似乎希望出现这样一种情况：对任何 NP 问题，它要么属于 P 要么属于 NPC，实际上这种情况是不可能出现的。

【定理 7.1】　若 $P \neq NP$，则存在问题 $A \in NP \setminus P \cup NPC$。

证明： 令 $M_1, M_2, \cdots$ 是确定性图灵机的枚举，其中 $M_i(x)$ 的运行时间是 $|x|^i$，令 $f_1, f_2, \cdots$ 是所有多项式时间可计算函数的枚举。对于问题 A，定义条件 R_i 为 $A \neq L(M_i)$ 和 S_i 为对某个 x，$(x \in SAT \wedge f_i(x) \notin A) \vee (x \notin SAT \wedge f_i(x) \in A)$。

构造 $A = \{x : x \in SAT \wedge f(|x|)$ 是偶数$\}$。显然若 $f(n)$ 是多项式时间可计算的，则 $A \in NP$。

令 $f(0) = f(1) = 2$，对于 $n \geq 1$，定义 $f(n+1)$ 如下：

（1）若$\log^{f(n)} n \geq n$，则 $f(n+1) = f(n)$。

（2）若$\log^{f(n)} n < n$，分两种情况进行讨论：

① 若 $f(n) = 2i$，检验是否存在 $|x| < \log n$ 使得以下之一成立：

- $M_i(x)$ 接受 x，$f(|x|)$ 是奇数或者 $x \notin SAT$；
- $M_i(x)$ 拒绝 x，$f(|x|)$ 是偶数且 $x \in SAT$。

若存在，则 $f(n+1) = f(n) + 1$，否则 $f(n+1) = f(n)$。

② 若 $f(n) = 2i+1$，检验是否存在 $|x| < \log n$ 使得以下之一成立：

- $x \in SAT$，$f(|f_i(x)|)$ 是奇数或者 $f_i(x) \notin SAT$；
- $x \notin SAT$，$f(|f_i(x)|)$ 是偶数且 $f_i(x) \in SAT$。

若存在，则 $f(n+1) = f(n) + 1$，否则 $f(n+1) = f(n)$。

从上面函数 f 的构造来看，f 是多项式时间可计算的。对所有的 n，有 $f(n+1) \geq f(n)$。下面需要证明 $A \notin P$ 且 $A \notin NPC$。

首先证明 $A \notin P$。事实上，假设 $A \in P$，则 A 能够由 M_i 判定，从而 R_i 不成立。也就是说，除去有限个 n 值以外，均有 $f(n) = 2i$ 为偶数。因此，除有限个实例之外，SAT 和 A 是重合的，由此得到 $SAT \in P$。这与 $SAT \in NPC$ 矛盾。故假设不成

立，从而得到 $A \notin \mathrm{P}$。

其次证明 $A \notin \mathrm{NPC}$。假设 $A \in \mathrm{NPC}$，则存在函数 f_i 是 SAT 可 Karp 归约到 A，从而条件 S_i 不成立。根据函数 f 的定义，除去有限个点之外，函数 f 的值均为奇数。因此，A 中仅包含有限个元素，从而 $A \in \mathrm{P}$，这与 $\mathrm{P} \neq \mathrm{NP}$ 矛盾。

7.2 coNP

【定义 7.1】(coNP) 定义复杂类 $\mathrm{coNP} = \{\{0,1\}^* \backslash S : S \in \mathrm{NP}\}$。更一般地，语言 L 的补定义为 $\bar{L} = \{0,1\}^* \backslash L$。

回顾，对于任意 NP 中的语言 L 都有证书关系 R，使得 $x \in L$ 当且仅当存在一个适当的 NP 证书 w 满足 $(x,w) \in R$。如 GAPCVP、GAPSVP 等的证书即为搜索问题的解。coNP 即为，$L' \in \mathrm{coNP}$，则 L' 没有 NP 证书。具体地，对于 $x \in \Sigma^* \backslash L$，没有 NP 证书证明 $x \in L$，但有证书证明 $x \notin L$。如 $\mathrm{SAT} \in \mathrm{NP}$，而 $\overline{\mathrm{SAT}} \in \mathrm{coNP}$ 为不可满足 Boolean 表达式集合。此外，从搜索角度看 NP 与 coNP，NP 中语言满足，存在关系 R 使得 $L = \{x : \exists y$ 满足 $(x,y) \in R\}$；而 coNP 中语言满足，对于 R，$\{x' : \forall y$ 满足 $(x',y) \notin R\}$。目前人们普遍相信 NP 不等于 coNP。

【定义 7.2】(coNP 完备) 问题 S 被称为 coNP 困难的，若 coNP 中的每个问题都可归约到 S。若一个问题既在 coNP 中又是 coNP 困难的，则称该问题是 coNP 完备的。

显然，$\mathrm{P} \subseteq \mathrm{NP} \cap \mathrm{coNP}$。在 $\mathrm{NP} \neq \mathrm{coNP}$ 的假设下，下面的定理说明 NPC 与 coNP 不相交。

【定理 7.2】 假设 $\mathrm{NP} \neq \mathrm{coNP}$，设 $S \in \mathrm{NP}$ 且 NP 中的每个问题能够 Karp 归约到 S，则 $S \notin \mathrm{coNP}$。

证明： 容易证得结论“若 NP 中的每个问题 Karp 归约到 S，则 coNP 中的每个问题可 Karp 归约到 $\bar{S}$”。假设 $S \in \mathrm{coNP}$，则 $\bar{S} \in \mathrm{NP}$。$\forall L \in \mathrm{coNP}$，则 L 可 Karp 归约到 $\bar{S}$，下面证明 $L \in \mathrm{NP}$，从而得到 $\mathrm{coNP} \subseteq \mathrm{NP}$，故 $\mathrm{NP} = \mathrm{coNP}$，这与 $\mathrm{NP} \neq \mathrm{coNP}$ 矛盾。

$L \in \mathrm{NP}$。事实上，因为 $L \leqslant_K \bar{S}$，所以存在多项式时间可计算的函数 f，使得 $x \in L$ 当且仅当 $f(x) \in \bar{S} \in \mathrm{NP}$。由 $f(x) \in \bar{S} \in \mathrm{NP}$，知 $f(x)$ 存在可验证的 NP 证据 w。以 w 作为 $x \in L$ 的短证据，构造出对语言 L 的成员归属关系的多项式时间的验证算法 V' 为：首先计算 $f(x)$，并调用 $\bar{S} \in \mathrm{NP}$ 的验证算法 V 去验证 $f(x) \in \bar{S}$ 是否成立，输出 V 的输出。

进一步地，上面定理的成立是不依赖于高效归约的类型的，即把 Karp 归约替换成 Cook 归约结论同样成立。

【定理 7.3】 若 NP 中每个问题都能被 Cook 归约到 NP ∩ coNP 中的某个问题，则 NP = coNP。

证明： 首先证明结论“若 $S \leqslant_C S'$ 且 $S' \in \mathrm{NP} \cap \mathrm{coNP}$，则 $S \in \mathrm{NP} \cap \mathrm{coNP}$”。由于 $S \leqslant_C S'$ 且 $S' \in \mathrm{NP}$，对 $x \in S$，存在多项式时间的谕言机 M^f 使得 $M^f(x)=1$ 当且仅当 $x \in S$，其中 f 是判定 S' 的成员归属关系的函数。当 M 对 S' 的实例 z_i 进行查询时，令其证据为 w_i，σ_i 是返回的回答。以 (z_i, w_i, σ_i) 为 x 的证据，构造多项式时间的验证程序如下：输入 x 和 (z_i, w_i, σ_i)，调用算法 $M^f(x)$，当 M 需要对 z_i 进行查询时，验证其证据 w_i 的正确性并用 σ_i 进行回答。因此，$S \in \mathrm{NP}$。另一方面，由于 $S \leqslant_C S'$，则 $\overline{S} \leqslant_C \overline{S}'$，又由于 $S' \in \mathrm{coNP}$，则 $\overline{S}' \in \mathrm{NP}$，从而 $\overline{S} \in \mathrm{NP}$，得到 $S \in \mathrm{coNP}$。所以，$S \in \mathrm{NP} \cap \mathrm{coNP}$。

由上面的结论可知，如果对任意 $S \in \mathrm{NP}$，都有 $S \leqslant_C S'$ 且 $S' \in \mathrm{NP} \cap \mathrm{coNP}$，则 $S \in \mathrm{NP} \cap \mathrm{coNP}$。因此，$\mathrm{NP} \subseteq \mathrm{NP} \cap \mathrm{coNP}$，从而得到 NP = coNP。

7.3 P/poly 与多项式谱系

7.3.1 P 的一般化（P/poly）

非一致多项式时间描述的是由依赖输入长度的计算设备执行的高效计算。这部分我们给出非一致多项式时间计算的概念。首先介绍电路的计算及其复杂度的知识。

【定理 7.4】（电路的有效计算） 存在多项式时间算法，对于给定的电路 $C: \{0,1\}^n \to \{0,1\}^m$ 和一个 n 比特长的串 x，算法返回 $C(x)$。

电路的复杂度 一个电路的规模定义为边的个数，电路描述的长度是其规模的线性函数。称一个电路族 $\{C_n\}_{n \in \mathbf{N}}$ 的计算函数 f，若对于每个 $x \in \{0,1\}^*$ 均有 $C_{|x|}(x) = f(x)$。这族电路的规模复杂度是一个函数 s：$\mathbb{N} \to \mathbb{N}$ 满足 $s(n)$ 是 C_n 的规模。函数 f 的电路复杂度是指计算函数 f 的电路族的最小复杂度。

【定义 7.3】（一致电路族） 一族电路 $\{C_n\}_{n \in \mathbf{N}}$ 称为一致的，若存在算法 A，满足 $A(n)$ 输出 C_n，且运行的步骤数为 C_n 的规模的多项式。

由上面的讨论，可以得出结论：一致的多项式规模电路族和多项式时间算法的机器是等价的计算模型。

【定理 7.5】 若一个问题能够被一致的多项式规模电路族解决，则它可以被多项式时间算法解决。即一个语言 L 有一致多项式电路当且仅当 $L \in \mathrm{P}$。

下面我们考虑一类特殊算法，算法需要一个依赖于输入长度的额外输入。额外输入成为算法的非一致程度的一个度量。

【定义 7.4】(非一致多项式时间) 称函数f可以由带有ℓ长建议的多项式时间机器计算，若存在一个多项式时间算法A和一个无限的建议序列$\{a_n\}_{n\in\mathbf{N}}$，使得以下条件成立：

(1) 对任意$x\in\{0,1\}^*$，有$A(a_{|x|},x)=f(x)$；

(2) 对任意$n\in\mathbb{N}$，有$|a_n|=\ell(n)$。

我们将能够被带有ℓ长建议的多项式时间机器解决的判定性问题类记为P/ℓ。对正多项式p，将能够被带有p长建议的多项式时间机器解决的判定性问题类记为P/p。对所有的正多项式p，由P/p类的并集组成的集合记为P/poly。

显然，P/0=P。从下面两个定理能够看出，允许一定长度的建议作为额外输入能够提升算法的能力。

【定理 7.6】 判定性问题$S\in$P/poly当且仅当S能够被多项式规模的电路族解决。

【定理 7.7】 P/1$\subseteq$P/poly包含P和一些无法判定的问题。

说明：易知，P/poly是归约封闭的。定义P/poly类的目的之一是划分P与NP。思路是证明存在一个语言属于NP但不在P/poly中，从而亦不在P中。这样就证明P$\neq$NP。为此，我们必须首先理解P/poly与P和NP的关系。

由于类P可以视为有空的建议的P/poly机器的集合，即对于所有n有$a_n=\lambda$，因此，P$\subseteq$P/poly。粗略看上去，P/poly类似于NP。在NP中，$x\in L$当且仅当存在一个证书w_x使得$M(x,w_x)=1$，这里的证书类似于P/poly中的建议。但是二者不同：

(1) 对于每个n，P/poly有一个普适性的证书a_n；而NP中，每个长为n的输入x可以有不同的证书。

(2) 在NP中，对于每个$x\notin L$，每个证书w，有$M(x,w)=0$，即不存在错误的证书。但是，对于P/poly则不一定，因为在定义7.4中，我们只声明存在好的建议串，而没有说明不存在坏的建议串。

因此，可能有语言在NP中但不在P/poly中。值得注意的是，最初提出P/poly的目的是相信计算一定函数电路的大小有一定的下界。但是，除了以各种方式对电路的限制外，目前没有已知的界。P/poly不是一个现实的计算模型，但为我们提供了有效计算的上界（即不在P/poly中的语言必定不是有效计算的）。特别地，可以证明BPP$\subseteq$P/poly，甚至P/poly含有非递归语言，由此可以使我们确信P/poly不能反映任何层次的现实计算。

7.3.2 NP 多项式时间谱系

【定义 7.5】(Σ_k类) 对自然数k，称判定性问题$S\in\Sigma_k$，若存在正多项式p

和多项式时间算法 V，使得 $x \in S$ 当且仅当

$$\exists y_1 \in \{0,1\}^{p(|x|)} \forall y_2 \in \{0,1\}^{p(|x|)} \cdots Q_k y_k \in \{0,1\}^{p(|x|)} V(x,y_1,\cdots,y_k)=1$$

其中，当 k 是奇数时 Q_k 为 $\exists$ 符号，否则为 $\forall$ 符号。我们记 $\mathrm{PH}=\bigcup_k \Sigma_k$ 为多项式时间谱系，其中 Σ_k 是第 k 层。

从上面的定义可知，$\Sigma_k=\mathrm{NP}$，$\Sigma_0=\mathrm{P}$，因此，Σ_k 类是 P 与 NP 复杂类的一般化和推广。定义 $\Pi_k=\mathrm{co}\Sigma_k=\{\{0,1\}^* \backslash S: S \in \Sigma_k\}$，则有以下结论。

【定理 7.8】 $S \in \Sigma_{k+1}$ 当且仅当存在 p 和 $S' \in \Pi_k$，使得 $S=\{x: \exists y \in \{0,1\}^{p(|x|)}, \text{s.t.}\ (x,y) \in S'\}$。

证明：由于 $S \in \Sigma_{k+1}$，存在多项式 p 和多项式时间算法 V，使得

$$x \in S \Leftrightarrow \exists y_1 \in \{0,1\}^{p(|x|)} \forall y_2 \in \{0,1\}^{p(|x|)} \cdots Q_{k+1} y_{k+1} \in \{0,1\}^{p(|x|)}$$
$$V(x,y_1,\cdots,y_{k+1})=1$$

令 $y=y_1$，$V'=1-V$，$S'=\{z: \forall y_1' \exists y'_2 \cdots Q'_k y'_k V'(z,y'_1,\cdots,y'_k)=0\}$，其中当 k 是奇数时 Q_k 为 $\exists$ 符号且 Q'_k 为 $\forall$ 符号；当 k 是偶数时刚好相反。因此，存在正多项式 p 和 $S' \in \Pi_k$，使得 $S=\{x: \exists y \in \{0,1\}^{p(|x|)}, \text{s.t.}\ (x,y) \in S'\}$。

反之，设存在正多项式 p 和 $S' \in \Pi_k$ 使得 $S=\{x: \exists y \in \{0,1\}^{p(|x|)}, \text{s.t.}\ (x,y) \in S'\}$，按照 $S' \in \Pi_k$ 的定义展开，可得到

$$x \in S \Leftrightarrow \exists y \in \{0,1\}^{p(|x|)}, \text{s.t.}\ (x,y) \in S'$$
$$\Leftrightarrow \exists y \in \{0,1\}^{p(|x|)} \forall y_1 \in \{0,1\}^{p'(|x|)} \exists y_2 \in \{0,1\}^{p'(|x|)} \cdots Q'_k y_k \in \{0,1\}^{p'(|x|)}$$
$$V'(x,y,y_1,\cdots,y_k)=0$$

取 $q=\max(p,p')$，则可以得到

$$x \in S \Leftrightarrow \exists y \in \{0,1\}^{q(|x|)} \forall y_1 \in \{0,1\}^{q(|x|)} \exists y_2 \in \{0,1\}^{q(|x|)} \cdots Q'_k y_k$$
$$\in \{0,1\}^{p'(|x|)} (1-V')(x,y,y_1,\cdots,y_k)=1$$

因此，$S \in \Sigma_{k+1}$。

类似于 $\mathrm{NP} \neq \mathrm{coNP}$ 猜想，对多项式时间谱系 $\mathrm{PH}=\bigcup_k \Sigma_k$，我们猜想对每个 k，$\Sigma_k \neq \Pi_k$，否则会导致多项式时间谱系坍塌于某一层。

【定理 7.9】 对每个整数 $k \geq 1$，若 $\Sigma_k=\Pi_k$，则 $\Sigma_{k+1}=\Sigma_k$，进而 $\mathrm{PH}=\Sigma_k$。

证明：显然 $\Sigma_k \subseteq \Sigma_{k+1}$，下证 $\Sigma_{k+1} \subseteq \Sigma_k$。$\forall S \in \Sigma_{k+1}$，存在多项式 p 和 $S' \in \Pi_k$，使得 $S=\{x: \exists y \in \{0,1\}^{p(|x|)}, \text{s.t.}\ (x,y) \in S'\}$。又由于 $\Sigma_k=\Pi_k$，则

$$x \in S \Leftrightarrow \exists y \in \{0,1\}^{p(|x|)} \exists y_1 \in \{0,1\}^{p_1(|x|)} \forall y_2 \in \{0,1\}^{p_1(|x|)} \cdots Q_k y_k \in \{0,1\}^{p_1(|x|)}$$
$$V(x,y,y_1,\cdots,y_k)=1$$

取 $y'=y \circ y_1$，令 $q=p(|x|)+p_1(|x|)$，则

$$x \in S \Leftrightarrow \exists y' \in \{0,1\}^{q(|x|)} \forall y_2 \in \{0,1\}^{q(|x|)} \cdots Q_k y_k \in \{0,1\}^{q(|x|)}$$
$$V(x,y',y_2,\cdots,y_k)=1$$

所以 $S \in \Sigma_k$，从而 $\Sigma_{k+1} \subseteq \Sigma_k$，故 $\Sigma_k = \Sigma_{k+1}$。进而 $\Sigma_{k+1} = \Pi_k$ 且 $\Sigma_{k+1} = \Pi_{k+1}$。同理可证，$\Sigma_{k+2} = \Sigma_{k+1}$，依次下去，最终得到 $\mathrm{PH} = \bigcup_k \Sigma_k = \Sigma_k$。

类比 NP 类的非确定性多项式时间图灵机的定义，给出多项式时间谱系的另一种表述形式：用非确定 Oracle（谕言）机定义多项式时间分层。

令 NP^f 表示能够访问谕言 f 的非确定多项式时间图灵机所判定的复杂类。对复杂类 $\mathcal{C}$ 来说，$\mathrm{NP}^{\mathcal{C}} = \bigcup_{f \in \mathcal{C}} \mathrm{NP}^f$。

【定理 7.10】 对每个整数 $k \geqslant 1$，有 $\Sigma_{k+1} = \mathrm{NP}^{\Sigma_k}$。

证明：首先证明 $\Sigma_{k+1} \subseteq \mathrm{NP}^{\Sigma_k}$。$\forall S \in \Sigma_{k+1}$，存在多项式 p 和 $S' \in \Pi_k$，使得 $S = \{x: \exists y \in \{0,1\}^{p(|x|)}$ 使得 $(x,y) \in S'\}$。考虑非确定性机器 M：输入为 x，非确定性地产生 $y \in \{0,1\}^{p(|x|)}$ 且满足：M 接受 x 当且仅当 $(x,y) \in S'$。因此，$S \in \mathrm{NP}^{\Pi_k}$。只需要将谕言查询时的答案取反，即可得到 $\mathrm{NP}^{\Pi_k} = \mathrm{NP}^{\Sigma_k}$，因此 $S \in \mathrm{NP}^{\Sigma_k}$。

下面证明 $\mathrm{NP}^{\Sigma_k} \subseteq \Sigma_{k+1}$。对任意 $S \in \mathrm{NP}^{\Sigma_k}$，存在非确定谕言机 $M^{S'}$ 使得它能够判定 S 的成员归属关系，并且必要时能够访问谕言查询问题 $S' \in \Sigma_k$ 的成员归属关系。$\forall x \in S$，构造算法 V 如下：运行 $M^{S'}$，设 $q^{(i)}(x,y)$ 是 $M^{S'}$ 的第 i 次查询，对 $M^{S'}$ 的每次查询，V 猜测谕言的答案 $a^{(i)}(x,y)$。因此，$\forall x \in S$ 当且仅当存在 $y \in \{0,1\}^{p(|x|)}$ 使得以下两个条件成立：①所有谕言查询的回答和猜测的答案一致，这个事件记为 $A(x,y)$；②对每个 i，$a^{(i)}(x,y) = 1 \Leftrightarrow q^{(i)}(x,y) \in S'$。换句话说，$\forall x \in S$ 当且仅当 $\exists y \in \{0,1\}^{p(|x|)} (A(x,y) \wedge (\wedge_i (a^{(i)}(x,y) = 1 \Leftrightarrow q^{(i)}(x,y) \in S')))$ 成立。将式中 $S' \in \Sigma_k$ 按照定义展开并逐步整理，则可得到 $S \in \Sigma_{k+1}$。故 $\mathrm{NP}^{\Sigma_k} \subseteq \Sigma_{k+1}$。

定理 7.2 与定理 7.3 说明，NP ∩ coNP 中不能有 NP 困难的问题。对于 GAPCVP_γ，我们有结论 $\mathrm{GAPCVP}_{\sqrt{n}} \in \mathrm{NP} \cap \mathrm{coNP}$，这说明即使在 Cook 归约下 $\mathrm{GAPCVP}_{\sqrt{n}}$ 不应该是 NP 困难的；否则，多项式谱系坍塌。对于诺言问题，有类似结论。

【定理 7.11】 设 $\Pi = (\Pi_{\mathrm{yes}}, \Pi_{\mathrm{no}})$ 为诺言问题，Π_{maybe} 表示 $\Pi_{\mathrm{yes}} \cup \Pi_{\mathrm{no}}$ 外的所有实例。假定 $\Pi \in \mathrm{coNP}$ 并且（非诺言）问题 $\Pi' = (\Pi_{\mathrm{yes}} \cup \Pi_{\mathrm{maybe}}, \Pi_{\mathrm{no}}) \in \mathrm{NP}$，则若 Π' 在 Cook 归约下为 NP 困难，那么 $\mathrm{NP} \subseteq \mathrm{coNP}$ 且多项式谱系坍塌。

证明：取 $L \in \mathrm{NP}$，由假定知，存在从 L 到 Π 的 Cook 归约，即存在多项式时间算法 T，给定对 Π 的 Oracle 访问后，可求解 L。

定义 $\mathrm{Oracle}_{\Pi}(x) = \begin{cases} \mathrm{yes}, & x \in \Pi_{\mathrm{yes}}; \\ \mathrm{no}, & x \in \Pi_{\mathrm{no}}. \end{cases}$；

对于 $x \notin \Pi_{yes} \cup \Pi_{no}$，即 $x \in \Pi_{maybe}$，Oracle(x)为任意回答，这不影响 T 的输出。

由于 $\Pi \in$ coNP，则存在验证者 V_1 和任意 $x \in \Pi_{no}$ 的证书 $w_1(x)$使得 V_1 接受$(x,w_1(x))$；另外，任意 $x \in \Pi_{yes}$和任意证书 w，V_1 拒绝(x,w)。

类似地，由于 $\Pi' \in$ NP，则存在验证者 V_2 和证书 $w_2(x)$（对每个 $x \notin \Pi_{yes} \cup \Pi_{maybe}$，使得 V_2 接受$(x,w_2(x))$。另外，对任意 $x \in \Pi_{no}$和任意 w，V_2 拒绝(x,w)。

下证 $L \in$ coNP。利用 T 构造 Verifier。设 Φ 为 T 的输入，$x_1,\cdots,x_k$ 为 T 对 Π 的 Oracle 询问。对于 $x_i \in \Pi_{no}$，得到二元对(no,$w_1(x_1)$)；对于 $x_i \in \Pi_{yes} \cup \Pi_{maybe}$，得到二元对(yes,$w_2(x_i)$)。用这 k 个二元对作为 Φ 的证书。构造 Verifier：

模拟 T：对 T 执行中每个询问 x_i，Verifier 读取对应的证书对。若该二元对为(yes,w)，则 Verifier 检查 $V_2(x_i,w)=$ yes，并返回 yes 给 T；若该二元对为(no,w)，则检查 $V_1(x_i,w)=$ yes 并返回 no 给 T。若 V_1 或 V_2 拒绝，则 Verifier 拒绝。最后若 T 判定 $\Phi \in L$，则 Verifier 拒绝；否则接受。

完备性：易证。

正确性：若 $\Phi \in L$，下证 Verifier 拒绝。事实上，对每个询问 $x_i \in \Pi_{no}$，证书中一定包含一对(no,w)（否则，V_2 拒绝）。类似地，对每个询问 $x_i \in \Pi_{yes}$，则证书一定包含一对(yes,w)（否则，V_1 拒绝）。于是，对所有 $\Pi_{yes} \cup \Pi_{no}$中询问，一定输出正确回答，即 $\Phi \in L$，则 Verifier 拒绝。

习题

7.1　证明：VALIDITY 属于 coNP。

7.2　证明：HAMILTON PATH COMPLEMENT 属于 coNP。

7.3　证明：若 L 为 NP 完备的，则 $\bar{L}=\{0,1\}^* \setminus L$ 是 coNP 完备的。

7.4　证明：若一个 coNP 完备问题在 NP 中，则 coNP = NP。

7.5　证明：如下定义 coNP 与定义 7.1 等价。

对于每个语言 $L \subseteq \Sigma^*$，称 $L \in$ coNP，如果存在一个多项式 $p:\mathbb{N} \to \mathbb{N}$和一个多项式时间确定图灵机 M，使得对于每个 $x \in \Sigma^*$，有 $x \in L$ 当且仅当对于任意 $u \in \Sigma^*$，$|u| \leqslant p(|x|)$，有 $M(x,u)=1$。

7.6　证明：一个语言 L 有一致多项式电路当且仅当 $L \in$ P。

7.7　证明：P/poly 含有非递归语言。

7.8　称一个语言 S 是稀疏的，如果存在一个多项式 $p(\cdot)$，使得对每个 n 有 $|S \cap \{0,1\}^n| \leqslant p(n)$。当我们猜想没有 NP 完备语言是稀疏的时，NP 含有不在 P/poly 中的语言。就稀疏语言而言，问题 NP$\not\subseteq$P/poly 似乎平行于 P$\neq$NP。证明：

(1) $NP \subseteq P/poly$ 当且仅当对于每个 $L \in NP$，L 可以 Cook 归约到一个稀疏语言。

(2) $P = NP$ 当且仅当对每个语言 $L \in NP$，L 可 Karp 归约到一个稀疏语言。

(3) 称一个稀疏语言 S 为被控的（guarded），如果存在 P 中的一个稀疏语言 G 使得 $S \subseteq G$。若 SAT 可 Karp 归约到一个被控稀疏语言，则 $SAT \in P$。

7.9 证明：$GAPCVP_{\sqrt{n}} \in NP \cap coNP$。

7.10 证明：Σ_2 包含所有的能够 Cook 归约到 NP 的判定问题。

7.11. 令 $\chi_L(x) = \begin{cases} 1, & x \in L \\ 0, & \text{otherwise} \end{cases}$，称语言 $L \in P/poly$，如果存在一列电路 $\{C_n\}$，满足对于每个 n，C_n 有 n 个输入和一个输出；并且存在一个多项式 $p(\cdot)$ 使得，对于所有 n 有 $|C_n| \leqslant p(n)$，而且对于所有 $x \in \{0,1\}^n$ 有 $C_n(x) = \chi_L(x)$。

试证明：该定义与定义 7.4 等价。

第8章　概率算法与计数复杂类

前面我们讨论的都是确定性算法，高效计算是指在多项式时间内执行一系列确定的计算规则。本章我们将考虑带有概率规则的计算模型，并且讨论与之相关的概率多项式时间算法。由此，将高效计算的范畴从确定性多项式时间算法进一步扩展到概率多项式时间算法。

8.1　随机算法实例

8.1.1　随机游动

这里我们主要考虑无向正则图，即每个顶点都有相同度数无向图。设 G 为 d 正则 n 个顶点图。$\boldsymbol{p}$ 表示某过程中到达 G 的各顶点的概率分布，即每个分量为某个过程中到达 G 的对应顶点的概率分布。于是，可将 $\boldsymbol{p}$ 视为$\mathbb{R}^n$中的（列）向量，其中分量 p_i表示由相应分布得到的到达顶点 i 的概率，即 $\boldsymbol{p}$ 的第 i 个分量。

回忆对于每个 $\boldsymbol{v}\in\mathbb{R}^n$和数 $p\geqslant 1$，$\boldsymbol{v}$ 的 ℓ_p 范数为 $\|\boldsymbol{v}\|_p=\left(\sum\limits_{i=1}^{n}|v_i|^p\right)^{1/p}$，这里 v_i 表示 $\boldsymbol{v}$ 的第 i 个分量。当 $p=2$ 时即为欧几里得范数，此时，$\|\boldsymbol{v}\|_2=\sqrt{\sum\limits_{i=1}^{n}|v_i|^2}=\sqrt{\langle\boldsymbol{v},\boldsymbol{v}\rangle}$；当 $p=1$ 时，$\|\boldsymbol{v}\|_1=\sum\limits_{i=1}^{n}|v_i|$；当 $p=\infty$ 时，$\|\boldsymbol{v}\|_\infty=\max\limits_{1\leqslant i\leqslant n}|v_i|$。于是，对于图 G，$\boldsymbol{p}$ 的 ℓ_1 范数为 $\|\boldsymbol{p}\|_1=\sum\limits_{i=1}^{n}|p_i|$ 并且一定有$\|\boldsymbol{p}\|_1=1$。

Hölder 不等式　对于每个 p，q，满足$\frac{1}{p}+\frac{1}{q}=1$，有 $\|\boldsymbol{u}\|_p\|\boldsymbol{v}\|_q\geqslant\sum\limits_{i=1}^{n}|u_iv_i|$。特别地，当 $p=q=2$ 时，则得到柯西－施瓦兹（Cauchy－Schwartz）不等式 $\|\boldsymbol{u}\|_2\|\boldsymbol{v}\|_2\geqslant\sum\limits_{i=1}^{n}|u_iv_i|$。令 $\boldsymbol{u}=\left(\frac{1}{\sqrt{n}},\cdots,\frac{1}{\sqrt{n}}\right)$，有$\frac{\|\boldsymbol{v}\|_1}{\sqrt{n}}\leqslant\|\boldsymbol{v}\|_2$。

我们如下定义概率分布 $\boldsymbol{q}$：根据$\boldsymbol{p}$ 选择 G 中的一个顶点 i，然后取 i 在 G 中的一个随机邻居顶点 j，选择 j 的概率 q_j等于 j 的所有邻接点 i 的概率 p_i和$\frac{1}{d}$之积的和，即 $q_j = \sum_{(i,j)\in E}\left(p_i,\frac{1}{d}\right)$，其中，$1/d$ 为选择 i 后游动到 j 的概率。

于是，$\boldsymbol{q}=\boldsymbol{A}\cdot\boldsymbol{p}$ 其中，$\boldsymbol{A}=\boldsymbol{A}(G)$ 为 G 的标准化的邻接矩阵，即对于每两个顶点 i 与 j，(i,j) 处赋值为 $\boldsymbol{A}_{ij}=\frac{1}{d}\times(i$ 与 j 之间的边数)。由于 $\boldsymbol{A}$ 为对称矩阵且每个赋值在 $[0,1]$ 中，因此，每行和每列中赋值的和恰好为 1。

令 $\{\boldsymbol{e}_i\}_{i=1}^n$ 为 $\mathbb{R}^n$ 的标准基（即 $\boldsymbol{e}_i$ 的第 i 个赋值为 1，其余赋值为 0)，则 $\boldsymbol{A}^T\cdot\boldsymbol{e}_s$ 表示从顶点 s 出发做 T 步随机游动的顶点分布，由此可见，图的邻接矩阵对于分析图上的随机游动非常重要。于是，令 $\boldsymbol{1}=\left(\frac{1}{n},\cdots,\frac{1}{n}\right)$，$\boldsymbol{1}^{\perp}=\left\{\boldsymbol{v}:\langle\boldsymbol{v},\boldsymbol{1}\rangle=\frac{1}{n}\sum_i v_i=0\right\}$，则可定义 $\lambda(G)=\max\limits_{\boldsymbol{v}\in\boldsymbol{1}^{\perp}\text{且}\|\boldsymbol{v}\|_2=1}\|\boldsymbol{A}\cdot\boldsymbol{v}\|_2$。

说明：通常称 $\lambda(G)$ 为 G 的第二最大特征值，有时简记为 λ。事实上，由于 $\boldsymbol{A}$ 为对称矩阵，于是可以找到一组特征向量组成的正交基 $\boldsymbol{v}_1,\boldsymbol{v}_2,\cdots,\boldsymbol{v}_n$，分别对应于特征值 $\boldsymbol{\lambda}_1$，$\boldsymbol{\lambda}_2$，$\cdots$，$\boldsymbol{\lambda}_n$，且 $|\lambda_1|\geqslant|\lambda_2|\geqslant\cdots\geqslant|\lambda_n|$，注意，$\boldsymbol{A}\cdot\boldsymbol{1}=\boldsymbol{1}$。于是 $\boldsymbol{1}$ 为 $\boldsymbol{A}$ 的特征值为 1 的特征向量。由于 $\boldsymbol{A}$ 的特征值最大为 1，故可设 $\boldsymbol{\lambda}_1=1$ 且 $\boldsymbol{v}_1=\boldsymbol{1}$。由于 $\boldsymbol{1}^{\perp}=\mathrm{span}\{\boldsymbol{v}_2,\cdots,\boldsymbol{v}_n\}$，故 $\boldsymbol{v}_2$ 的特征值在 $\boldsymbol{1}^{\perp}$ 中极大，$\lambda(G)=|\lambda_2|$，称 $1-\lambda(G)$ 为图 G 的谱差。由下列引理可知，$\lambda(G)$ 是一个重要参数。

【引理 8.1】 对于任意 n 个顶点正则图 $G=(V,E)$，令 $\boldsymbol{p}$ 为 V 上任意概率分布，则 $\|\boldsymbol{A}^T\cdot\boldsymbol{p}-\boldsymbol{1}\|_2\leqslant|\lambda|^T$。

证明： 由 $\lambda(G)$ 的定义，对于任意 $\boldsymbol{v}\perp\boldsymbol{1}$，$\|\boldsymbol{A}\cdot\boldsymbol{v}\|_2\leqslant\lambda\|\boldsymbol{v}\|_2$。由于 $\boldsymbol{A}$ 是对称矩阵且 $\boldsymbol{A}\cdot\boldsymbol{1}=\boldsymbol{1}$，有 $\langle\boldsymbol{1},\boldsymbol{A}\cdot\boldsymbol{v}\rangle=\langle\boldsymbol{A}\cdot\boldsymbol{1},\boldsymbol{v}\rangle=\langle\boldsymbol{1},\boldsymbol{v}\rangle=0$。于是，$\boldsymbol{A}$ 将 $\boldsymbol{1}^{\perp}$ 映到其本身，并将其中元素压缩至少 λ 倍。故 $\lambda(\boldsymbol{A}^T)\leqslant\lambda(\boldsymbol{A})^T$。

因 $\boldsymbol{p}$ 为一个概率向量，于是 $\boldsymbol{p}=\alpha\cdot\boldsymbol{1}+\boldsymbol{p}'$，其中 $\boldsymbol{p}'\perp\boldsymbol{1}$，$\alpha$ 为某数。又 $\boldsymbol{p}$ 为概率分布，而 $\boldsymbol{p}'$ 范数为 0，故 $\alpha=1$。于是，$\boldsymbol{A}^T\cdot\boldsymbol{p}=\boldsymbol{A}^T\cdot\boldsymbol{1}+\boldsymbol{A}^T\cdot\boldsymbol{p}'=\boldsymbol{1}+\boldsymbol{A}^T\cdot\boldsymbol{p}'$，故 $\|\boldsymbol{p}\|_2^2=\|\boldsymbol{1}\|_2^2+\|\boldsymbol{p}'\|_2^2$。特别地，$\|\boldsymbol{p}'\|_2\leqslant\|\boldsymbol{p}\|_2$。又 $\|\boldsymbol{p}\|_2\leqslant\|\boldsymbol{p}\|_1\cdot1\leqslant1$。因此 $\|\boldsymbol{p}'\|_2\leqslant1$ 且 $\|\boldsymbol{A}^T\cdot\boldsymbol{p}-\boldsymbol{1}\|_2\leqslant|\lambda|^T$。

下列结论说明，每个连通图有很大的谱差。

【引理 8.2】 对于每个 d 正则连通图 G，每个顶点有自环，有 $\lambda(G)\leqslant 1-\frac{1}{8dn^3}$。

证明： 设 $\boldsymbol{u}\perp\boldsymbol{1}$ 且 $\boldsymbol{u}$ 是一个单位向量，$\boldsymbol{v}=\boldsymbol{A}\cdot\boldsymbol{u}$。下证 $1-\|\boldsymbol{v}\|_2^2\geqslant\frac{1}{4dn^3}$，进而 $1-\frac{1}{8dn^3}\geqslant\|\boldsymbol{v}\|_2$。由于 $\|\boldsymbol{u}\|_2=1$，故直接计算得 $\sum_{i,j}\boldsymbol{A}_{i,j}(u_i-v_i)^2=\|\boldsymbol{u}\|_2^2-\|\boldsymbol{v}\|_2^2=1-$

$\|\boldsymbol{v}\|_2^2$，其中 $1\leqslant i, j\leqslant n$。这里要注意的是 $\boldsymbol{A}$ 的行和列的和都为 1。

于是，只要证明 $\sum\limits_{i,j}\boldsymbol{A}_{i,j}(u_i - v_j)^2 \geqslant \frac{1}{4dn^3}$。由于各项均非负，故只需证明，对于某 i，j，$\boldsymbol{A}_{i,j}(u_i-v_j)^2\geqslant\frac{1}{4dn^3}$。由于所有顶点都有自环，因此，对于任意 i，$\boldsymbol{A}_{i,j}\geqslant\frac{1}{a}$，并且对于每个 $i\in\{1,2,\cdots,n\}$，可以假定 $|u_i-v_j|<\frac{1}{2n^{1.5}}$。现在将 $\boldsymbol{u}$ 的分量从大到小排列，$u_1\geqslant u_2\geqslant\cdots\geqslant u_n$。由于 $\sum\limits_i u_i=0$，故 $u_1\geqslant 0\geqslant u_n$。由于 $\boldsymbol{u}$ 是一个单位向量，因此或者 $u_1\geqslant\frac{1}{\sqrt{n}}$ 或者 $u_n\leqslant-\frac{1}{\sqrt{n}}$。故 $u_1-u_n\geqslant\frac{1}{\sqrt{n}}$。这 $n-1$ 个相邻分量差 (u_i-u_{i+1}) 至少为 $\frac{1}{n^{1.5}}$。于是，一定有一个 i_0 使得，若令 $S=\{1,2,\cdots,i_0\}$ 且 $\overline{S}=\{1,2,\cdots,n\}\backslash S$，则对于每个 $i\in S$ 和 $j\in\overline{S}$，$|u_i-u_j|>\frac{1}{n^{1.5}}$。由于 G 是连通的，因此在 S 与 $\overline{S}$ 之间存在一条边 (i,j)。

由于 $|u_i-u_j|\leqslant\frac{1}{2n^{1.5}}$，对于这个 i，j 的选择，有 $|u_i-v_j|\geqslant|u_i-u_j|-\frac{1}{2n^{1.5}}\geqslant\frac{1}{2n^{1.5}}$，于是，$\boldsymbol{A}_{ij}(u_i-u_j)^2\geqslant\frac{1}{4dn^3}$。

利用引理 8.1 和 8.2，至少对于正则图有结论：若顶点 s 和 t 是连通的，则从 s 出发的充分长的随机游动在多项式时间内将以很高概率达到 t。

【定理 8.1】 设 G 是一个所有顶点都有自环的有 n 个顶点的 d 正则图，s 为 G 的一个顶点。设 $T\geqslant 10dn^3\log n$ 且 X_T 表示从 s 出发的随机游动中第 T 步时到达的顶点分布。则对于每个连通到 s 的 j 有 $\Pr[X_T=j]>\frac{1}{2n}$。

证明： 由引理 8.1 和 8.2，若考虑 n 个顶点图 G 到 s 的连通分支的限制，则对这个分支上的每个概率向量 $\boldsymbol{p}$ 和 $T\geqslant 13dn^3\log n$，有 $\|\boldsymbol{A}^T\cdot\boldsymbol{p}-\boldsymbol{1}\|_2\leqslant\frac{1}{2n^{1.5}}$。利用 ℓ_1 范数与 ℓ_2 范数之间的关系，有 $\|\boldsymbol{A}^T\cdot\boldsymbol{p}-\boldsymbol{1}\|_1\leqslant\frac{1}{2n}$。因此，以至少 $\frac{1}{n}-\frac{1}{2n}\geqslant\frac{1}{2n}$ 的概率，该连通分支中每个元素出现在 $\boldsymbol{A}^T\cdot\boldsymbol{p}$ 中。

【推论 8.1】 若重复 100 次长为 $13dn^3\log n$ 的随机游动，则以至少 3/4 的概率遇到点 t。

8.1.2 概率素性检验

所谓素性检验是指，给定一个整数 N，判定其是否是一个素数。我们希望有一个在时间 poly([log$N$])内运行的有效算法，该问题又称为素数判定问题。这是一个基础而古老的数论问题，与密码学有着极为密切的关系。关于素数判定问题，V. Pratt 于 1975 年证明了素数判定问题属于 NP。关于能否高效的判定素数，经过近 30 年的艰苦努力，M. Agrawal、N. Kayal 和 N. Saxena 在 2002 年证明了素数判定问题属于 P。下面我们给出素性检验的一个概率算法，以展示添加了随机化后所得算法的强大性能。

令 PRIMES = $\{N:N$ 为素数$\}$。素性检验即为判断一个数是否为 PRIMES 中的成员。

对于每个数 N 和 $A\in[0,N-1]$：

$$\text{定义 } \mathrm{QR}_N(A)=\begin{cases}0, & \gcd(A,N)\neq 1\\ 1, & A \bmod N \text{ 是二次剩余}\\ -1, & \text{否则}\end{cases}$$

于是，对于 $A\in\{0,1,2,\cdots,N-1\}$，有下列事实：

（1）当 N 为奇素数时，$\mathrm{QR}_N(A)=A^{\frac{N-1}{2}}(\bmod N)$。

（2）当 N 奇数时，定义 Jacobi 符号 $\left(\dfrac{A}{N}\right)=\prod\limits_{i=1}^{k}\mathrm{QR}_{p_i}(A)$，其中 $p_1,\cdots,p_k$ 为 N 的所有素因子。$\left(\dfrac{A}{N}\right)$的计算时间为 $O(\log A\cdot\log N)$。

（3）对于每个奇合数 N，有

$$\left|\left\{A\in[0,N-1]:\gcd(N,A)=1\text{ 且}\left(\frac{A}{N}\right)=A^{\frac{N-1}{2}}(\bmod N)\right\}\right|<\frac{1}{2}\left|\left\{A\in[0,N-1]:\gcd(N,A)=1\right\}\right|。$$

利用上述事实（1）~（3），可以得到素性检验算法：不妨设 N 为奇数，选择随机数 A，$1\leqslant A\leqslant N$，若 $\gcd(N,A)>1$ 或者$\left(\dfrac{A}{N}\right)\neq A^{\frac{N-1}{2}}$（mod N），则输出合数；否则，输出素数。

若 N 为素数，则该算法总输出素数；但若 N 为合数，则以大于等于 1/2 的概率输出合数。

8.1.3 Ajtai-Kumar-Sivakumar 筛法

2001 年，Ajtai-Kumar-Sivakumar 提出第一个用于精确求解 SVP 问题的格筛法，简称 AKS 筛法，如图 8.1-1 所示。

输入：格 $\mathcal{L}$ 的 LLL 约化基 $\boldsymbol{B}$，参数 $0<\gamma<1,\xi>0$，$c_0>0$，$\xi=O(\lambda_1(L))$

输出：格 $\mathcal{L}$ 的一个最短向量

1 $S\leftarrow\varnothing$

2 FOR $j=1$ to $N=2^{c_0 n}$ do

3 $S\leftarrow S\cup$ sampling $(\boldsymbol{B},\xi)$（调用图 8.1-2 算法 2）

4 END FOR

5 $R\leftarrow n\max_i\|\boldsymbol{b}_i\|+\xi$

6 FOR $j=1$ to $k=\left\lceil\log_\gamma\left(\frac{0.01\xi}{R(1-\gamma)}\right)\right\rceil$ do

7 $S\leftarrow$sieve(S,γ,R,ξ)（调用图 8.1-3 算法 3）

8 $R\leftarrow\gamma R+\xi$

9 END FOR

10 计算 $\boldsymbol{v}_0\in\mathcal{L}$ 满足 $\|\boldsymbol{v}_0\|=\min\{\|\boldsymbol{v}-\boldsymbol{v}'\|,(\boldsymbol{v},\boldsymbol{y})\in S,(\boldsymbol{v}',\boldsymbol{y}')\in S,\boldsymbol{v}\neq\boldsymbol{v}'\}$

11 RETURN $\boldsymbol{v}_0$

图 8.1-1 算法 1（AKS 筛法）

给定格基 $\boldsymbol{B}$，AKS 筛法首先生成一个向量对 $(\boldsymbol{v}_i,\boldsymbol{y}_i)\in\mathcal{L}\times\mathcal{B}_n(\xi)$ 列表 L，L 包含 $2^{O(n)}$ 个向量对，且 $\xi=O(\lambda_1)$，λ_1 为格中最短向量长度，这里 $\mathcal{B}_n(\xi)$ 为以 $\mathbf{0}$ 为球心以 ξ 为半径的开球。事实上，这里 ξ 可由 LLL 算法得到。此外，$\boldsymbol{y}_i-\boldsymbol{v}_i$ 在 $\mathcal{B}_n(\xi)$ 中均匀分布，称此向量为扰动向量。事实上，在 $\mathcal{B}_n(\xi)$ 中随机均匀选取一个向量 $\boldsymbol{x}$，用 Babai 算法作用于 $\boldsymbol{x}$ 得到格向量 $\boldsymbol{v}$，令 $\boldsymbol{y}=\boldsymbol{v}+\boldsymbol{x}$，从而得到一个向量对 $(\boldsymbol{v},\boldsymbol{y})$，其中 $\|\boldsymbol{v}\|\leqslant R$ 且 $R\leqslant n\cdot\max_i\|\boldsymbol{b}_i\|$。如图 8.1-2 所示。

输入：给定格 $\mathcal{L}$ 的格基 $\boldsymbol{B}$，参数 $\xi>0$

输出：向量对 $(\boldsymbol{v},\boldsymbol{y})\in L\times\mathbb{R}^n$ 满足 $\|\boldsymbol{y}\|\leqslant n\max_i\|\boldsymbol{b}_i\|$，$\boldsymbol{y}-\boldsymbol{v}$ 在 $\mathcal{B}_n(\xi)$ 中均匀分布

1 $\boldsymbol{x}\underset{\text{random}}{\leftarrow}\mathcal{B}_n(\xi)$

2 $\boldsymbol{v}\leftarrow$ApproxCVP$(-\boldsymbol{x},\boldsymbol{B})$ /* ApproxCVP 为 Babai 算法 */

3 $\boldsymbol{y}\leftarrow\boldsymbol{y}+\boldsymbol{x}$

4 RETURN$(\boldsymbol{v},\boldsymbol{y})$

图 8.1-2 算法 2（初始采样）

然后，对列表 L 进行筛选。这是算法复杂度最高部分。该过程输出新的列表 L_1，满足 L_1 中向量对落在 $L\times\mathcal{B}_n(\gamma R)$ 中，其中 $0<\gamma<1$。事实上，对 L 中每对向量 $(\boldsymbol{v}_i,\boldsymbol{y}_i)$，找到 $(\boldsymbol{v}_i',\boldsymbol{y}_i')$ 满足 $\|\boldsymbol{y}-\boldsymbol{y}'\|\leqslant\gamma R$，将 $(\boldsymbol{v}-\boldsymbol{v}',\boldsymbol{y}-\boldsymbol{y}')$ 添加到新列表 L_1 中。L_1 中向量对 $(\boldsymbol{v}-\boldsymbol{v}',\boldsymbol{y}-\boldsymbol{y}')$ 满足 $\|\boldsymbol{v}-\boldsymbol{v}'\|\leqslant\gamma R,\|(\boldsymbol{y}-\boldsymbol{y}')-(\boldsymbol{v}-\boldsymbol{v}')\|\leqslant\xi$。通过“筛选”得到的新列表中的向量对，格向量变短的同时扰动向量仍落在 $\mathcal{B}_n(\xi)$ 中，如图 8.1-3 所示。

输入：集合 $S=\{(\boldsymbol{v}_i,\boldsymbol{y}_i),i\in I\}\subset\mathcal{L}\times\mathcal{B}_n(\gamma R)$，三元组$(\gamma,R,\xi)$满足

$\forall i\in I,\|\boldsymbol{y}_i-\boldsymbol{v}_i\|\leqslant\xi$

输出：集合 $S'=\{(\boldsymbol{v}_i',\boldsymbol{y}_i'),i\in I'\}\subset\mathcal{L}\times\mathcal{B}_n(\gamma\cdot R)$，

$S'=\{(v_i',\ y_i'),\ i\in I'\}\ \subset L\times\mathcal{B}_n\ (\gamma R+\xi)$ 满足 $\forall i\in I',\|\boldsymbol{y}_i'-\boldsymbol{v}_i'\|\leqslant\xi$

1 $C\leftarrow\varnothing$

2 FOR $i\in I$ do

3 　IF $\exists\boldsymbol{c}\in C,\|\boldsymbol{y}_i-\boldsymbol{c}_i\|\leqslant\gamma R$ then

4 　　$S'\leftarrow S'\cup\{(\boldsymbol{v}_i-\boldsymbol{v}_c,\boldsymbol{y}_i-\boldsymbol{y}_c)\}$

5 　ELSE

6 　　$C\leftarrow C\cup\{i\}$

7 　END IF

8 END FOR

9 RENTURN S'

图 8.1-3　算法 3（带扰动筛法）

重复上述“筛选”过程，直到得到新列表 L_m 为空集，此时返回列表 L_{m-1}。输出列表 L_{m-1} 中最短的格向量 $\boldsymbol{v}_0=\min\{\|\boldsymbol{v}_i-\boldsymbol{v}_j\|,\boldsymbol{v}_i\neq\boldsymbol{v}_j\}$，$\boldsymbol{v}_i,\boldsymbol{v}_j$为列表 L_{m-1} 向量对中的格向量。

这是一个随机化算法，能以高概率输出格的最短向量；其运行时间为 $2^{O(n)}$ 乘以输入长的某个多项式，n 为格的维数。这里指数上 $O(n)$ 中常数因子的确定一直是研究的热点之一，目前已被证明不超过 5.9，这表明 AKS 筛法具有一定的实用性。

8.2　概率复杂类

对应于概率算法，计算模型概率图灵机是一类不确定的图灵机，即其状态转移函数将当前的一个对（状态，符号）映射成几个不同的元组，概率图灵机随机选取这些元组中的一个，从而确定下一步的状态。在概率算法中，随机性可以看作是通过“空中抛币”方式在线产生，也可以看作是以外部输入形式离线产生。对一个概率多项式时间算法 M，其在线和离线两个角度的刻画分别如下：

（1）在线概率多项式时间算法：存在正多项式 $p(\cdot)$ 满足，对任意 $x\in\{0,1\}^*$，M 总是能够在 $p(|x|)$步内停机。此时，$M(x)$表示的是一个随机变量。

（2）离线概率多项式时间算法：存在正多项式 $p(\cdot)$ 满足，对任意 $x\in\{0,1\}^*$和任意 $r\in\{0,1\}^{p(|x|)}$，$M(x;r)$总是能够在 $p(|x|)$步内停机。此时，$M(x,U_{p(|x|)})$是一个随机变量，其中 $U_{p(|x|)}$表示$\{0,1\}^{p(|x|)}$上的均匀分布。

实际上，这两种刻画方式是等价的。概率算法与确定性算法的主要区别在于：允许发生错误，即这些算法以一定的概率输出错误结果。对于这个错误，我们主要关心错误类型和错误量级。

错误量级是指当错误类型确定时，该算法针对该错误类型发生的错误概率。通常，我们期待算法的错误概率是可忽略级别，其中可忽略级别是指：作为输入长度的函数，算法失败的概率随着参数输入长度的增大而下降，且下降速度远远快于任意正多项式的倒数。如果一个算法的错误概率是可忽略级别，那就预示着算法发生错误这个事件在现实中几乎不可能发生。

算法错误的类型主要涉及：算法是对所有实例都会发生错误还是仅对某一类实例发生错误；当算法发生错误时，产生的是一个错误回答的方式还是仅提示“无法输出正确答案”。

算法错误类型分为双边错误、单边错误及零边错误。其中，双边错误是指算法在判定所有实例时均存在错误的可能性。单边错误是指算法仅在判定 YES 实例或 NO 实例时存在错误的可能性。零边错误是指算法在无法进行判定时仅提示“无法输出正确答案”，因此，零边错误算法给出非提示型输出一定是正确答案。

【定义 8.1】(BPP)　称判定性问题 $S\in$ BPP，如果存在概率多项式时间算法 A 满足：① $\forall x\in S$，有 $\Pr[A(x)=1]\geqslant 2/3$；② $\forall x\notin S$，有 $\Pr[A(x)=1]<1/3$。

在定义 8.1 中，需要注意以下两点：

(1) 当 $x\in S$ 时，2/3 的界并不是唯一的，任何大于 1/2 的界均可；当 $x\notin S$ 时，1/3 的界可以被可忽略函数代替。

(2) 对于具有较大错误概率的算法，通过执行足够多次，取输出结果的大多数可以降低错误概率。

关于 BPP 与 NP 的关系，“BPP 是否包含在 NP 中”这个问题目前尚无定论，解决这个问题的障碍在于：BPP 具有双边错误，对 YES 实例和 NO 实例均有错误存在。而 NP 问题对 NO 实例是不存在错误的，判定算法会坚决拒绝 NP 问题的 NO 实例。从本节的后面部分的讨论可知，复杂类 BPP 在多项式时间谱系 PH 的第二层。首先说明 BPP 可以通过以下非一致的方式去随机化。

【定理 8.2】　BPP $\not\subseteq$ P/poly。

证明：首先说明存在不可判定的问题 $S'\in$ P/1 $\subset$ P/poly。设 $f:\mathbb{N}\to\{0,1\}$ 是不可计算的函数，令 $f':\{0,1\}^*\to\{0,1\}$ 满足 $f'(x)=f(|x|)$，可以证明，f 的计算可以 Cook 归约到 f' 的计算，因此 f' 是不可计算的函数。构造判定问题

$$S'=\{x\in\{0,1\}^*:f'(x)=1\}$$

对输入 x，令 1 比特长的 Advice 序列 $a_{|x|}=f(|x|)$，则可以构造带有这样的 Advice

序列$\{a_n\}_{n\in\mathbf{N}}$的多项式时间算法 A 为：输入 x，直接输出 $a_{|x|}$。于是，$S'\in \mathrm{P}/1\subset \mathrm{P/poly}$。显然，$S'\notin \mathrm{BPP}$。从而，$\mathrm{BPP}\neq\mathrm{P/poly}$。

以下说明$\mathrm{BPP}\subset\mathrm{P/poly}$。对任意$S\in\mathrm{BPP}$，存在概率多项式时间算法$B$，使得$\Pr[B(x)=\chi_S(x)]<2^{-|x|}$。设算法$B$的随机带长度为$\ell$，于是

$$\frac{|r\in\{0,1\}^{\ell}:B(x,r)\neq\chi_S(x)|}{2^{\ell}}<2^{-|x|}$$

令 $N_x=\{r\in\{0,1\}^{\ell}:B(x,r)\neq\chi_S(x)\}$，以下遍历长为$|x|$的所有实例 $x_1,\cdots,x_{2^{|x|}}$，可以得到集合 $N_{x_j}=\{r\in\{0,1\}^{\ell}:B(x_j,r)\neq\chi_S(x)\}$且满足$\frac{|N_{r_j}|}{2^{\ell}}<2^{|x|}$，其中 $j=1,\cdots,2^{|x|}$。于是

$$\frac{|N_{x_1}\cap N_{x_2}\cap\cdots\cap N_{x_{2^{|x|}}}|}{2^{\ell}}<2^{|x|}\cdot\frac{1}{2^{|x|}}\leqslant 1$$

因此，存在 $r\in\{0,1\}^{\ell}$ 使得：$\forall x\in\{0,1\}^{|x|}$均满足 $B(x,y)=\chi_S(x)$，将其记为 $r_{|x|}$。当实例长度跑遍所有自然数ℕ时，得到一个长度为 $\ell(|x|)$ 的 Advice 序列$\{r_{|x|}\}_{|x|\in\mathbf{N}}$，使用该序列可以在多项式时间内判定 S 的成员归属关系。从而，$S\in \mathrm{P/poly}$。

【例 8.1】 素性检测属于 BPP。

要构造检测素数的概率多项式时间算法，首先回顾以下两个性质：

(1) 对每个素数 $p>2$，每个 mod p 的二次剩余只有两个 mod p 的平方根。

(2) 对每个合数 N，每个 mod N 的二次剩余至少有四个 mod N 的平方根。

在以下概率多项式时间算法的构造中，需要以黑盒方式调用模素数平方根算法。令 $\mathrm{sqrt}(s,p)$ 表示求解二次剩余 s 在模素数 p 下的平方根，并输出其中最小的那一个。需要指出的是，对素数 p，存在概率多项式时间算法能够实现功能 $\mathrm{sqrt}(s,p)$，这里直接把该算法记为 $\mathrm{sqrt}(s,p)$，并设该算法以几乎接近于 1 的概率成功。根据以上两个性质，可以构造如下素性检测算法 A。

- 输入：自然数 $N>2$。
- 第一步：若 N 是偶数或者整数次方，则输出 0。
- 第二步：均匀选取 $r\leftarrow\{1,2,\cdots,N-1\}$，令 $s\leftarrow r^2 \bmod N$。
- 第三步：令 $r'\leftarrow\mathrm{sqrt}(s,N)$，若 $r'\equiv\pm r \bmod N$，则输出 1，否则输出 0。

由上面可以看出，当输入 N 是素数时，算法 A 能够以几乎为 1 的概率接受 N 并输出 1。当 N 是合数时，由于每个模 N 的二次剩余至少有 4 个平方根，即使能够得出 s 在模素数 p 下的平方根，算法 $\mathrm{sqrt}(s,N)$ 的输出刚好碰撞上$\pm r$ 的概率至多为 1/2，因此算法 A 输出 1 的概率至多为 1/2。上述过程说明了下面

的定理。

【定理 8.3】 若存在概率多项式时间算法 sqrt(s,N)能够以几乎为 1 的概率求解二次剩余 s 在模素数 N 下的平方根，则存在概率多项式时间算法能够进行素性检测，并且满足：当输入 N 为素数时，该算法能够以接近 1 的概率输出接受；当输入 N 为合数时，该算法输出接受的概率至多为 1/2。于是，素性检测属于 BPP。

下面介绍具有单边错误的复杂类 RP 与 coRP。

【定义 8.2】(RP) 称判定性问题 S 属于 RP，若存在概率多项式时间算法 A 使得：

① $\forall x \in S$，有 $\Pr[A(x)=1] \geqslant 1/2$；

② $\forall x \notin S$，有 $\Pr[A(x)=0]=1$。

需要说明的是，错误界 1/2 是无关紧要的，可以用 $1-\mu(|x|)$代替，其中 $\mu(|x|)$是可忽略函数；对于复杂类 RP 来说，它与 NP 及 BPP 的关系为 RP$\subseteq$NP 且 RP$\subseteq$BPP。

令 coRP$=\{\{0,1\}^* \backslash S : S \in \text{RP}\}$，则 coRP 的定义对应如下：

【定义 8.3】(coRP) 称判定性问题 S 属于 coRP，若存在概率多项式时间算法 A 满足：

① $\forall x \in S$，有 $\Pr[A(x)=1]=1$；

② $\forall x \notin S$，有 $\Pr[A(x)=0] \geqslant 1/2$。

关于复杂类 BPP 和 RP，一个很自然的想法是考虑双边错误复杂类和单边错误复杂类的关系，比如 BPP 是否包含在 RP 中。不严格地说，复杂类 BPP 可以通过具有单边错误的 Karp 归约到 coRP 中。实际上，该论断中的 coRP 是指该复杂类的诺言问题（Promise Problem）版本。通俗地说，诺言是指给出的实例符合某种具体的格式，比如符合“给定一个整数”、“给定一个有向图”这类数据格式，人为地去除了不合规的数据格式对应的实例，只考察符合预先格式的实例的归属关系。首先给出诺言版本的 BPP 和 coRP 定义。

【定义 8.4】(诺言版本 BPP) 诺言问题 $\Pi=(\Pi_{\text{yes}},\Pi_{\text{no}})$属于诺言版本 BPP，若存在概率多项式时间算法 A 满足：

① $\forall x \in \Pi_{\text{yes}}$，有 $\Pr[A(x)=1] \geqslant 2/3$；

② $\forall x \in \Pi_{\text{no}}$，有 $\Pr[A(x)=1] \leqslant 1/3$。

【定义 8.5】(诺言版本 coRP) 诺言问题 $\Pi=(\Pi_{\text{yes}},\Pi_{\text{no}})$属于诺言版本 coRP，若存在概率多项式时间算法 A 满足：

① $\forall x \in \Pi_{\text{yes}}$，有 $\Pr[A(x)=1]=1$；

② $\forall x \in \Pi_{\text{no}}$，有 $\Pr[A(x)=0] \geqslant 1/2$。

【定理 8.4】 复杂类 BPP 中的任何问题都可以通过单边错误的随机化 Karp 归约算法归约到诺言版本的 coRP，并且该归约总是将 NO 实例变为 NO 实例。

证明： 对任意 $S\in$ BPP，存在概率多项式时间算法 A，使得对任意 $x\in\{0,1\}^*$ 均有下式成立，即

$$\Pr[A(x)\neq\chi_S(x)]<\frac{1}{2p(|x|)}$$

其中，正多项式 $p(\cdot)$ 是算法 A 的运行时间上界。以下分别构造随机化 Karp 归约算法和某个诺言版本的 coRP 判定问题满足定理要求。

（1）构造随机化 Karp 归约算法 M。输入 $x\in\{0,1\}^n$，均匀选取 $s_1,\cdots,s_m\in\{0,1\}^m$ 并输出 $(x,(s_1,\cdots,s_m))$，其中 $m=p(|x|)$。显然，M 是概率多项式时间算法。

（2）定义范式版本的 coRP 判定问题 $\Pi=(\Pi_{yes},\Pi_{no})$。实例形式为 $(x,(s_1,\cdots,s_m))$，其 YES 实例和 NO 实例分别满足如下条件：

① 称 $(x,(s_1,\cdots,s_m))$ 为 YES 实例，若对每个 $r\in\{0,1\}^m$，存在 $i\in\{1,\cdots,m\}$ 使得 $A(x,r\oplus s_i)=1$；

② 称 $(x,(s_1,\cdots,s_m))$ 为 NO 实例，若至少有 1/2 部分的 $r\in\{0,1\}^m$，使得 $\forall i\in\{1,\cdots,m\}$ 均有 $A(x,r\oplus s_i)=0$。

这样定义的 $\Pi=(\Pi_{yes},\Pi_{no})$ 是属于诺言版本的 coRP 的，可以构造概率多项式时间算法 A'：输入 $(x,(s_1,\cdots,s_m))$，均匀选取 $r\in\{0,1\}^m$，对 $i=1,\cdots,m$，运行 m 次 $A(x,r\oplus s_i)$，输出 1 当且仅当存在 $i\in\{1,\cdots,m\}$ 使得 $A(x,r\oplus s_i)=1$。通过分析可以看出，对 YES 实例 $(x,(s_1,\cdots,s_m))$，总是有 $\Pr[A'(x,(s_1,\cdots,s_m))=1]=1$ 成立；对 NO 实例 $(x,(s_1,\cdots,s_m))$，$\Pr[A'(x)=0]\geqslant 1/2$ 成立。

（3）分析归约算法 M 的归约效果。

对于 S 的任意 YES 实例 $x\in S$，有 $\chi_S(x)=1$，于是 M 将 $x\in S$ 归约为 Π 的非 YES 实例的概率界为

$$\begin{aligned}\Pr[M(x)\notin\Pi_{yes}]&=\Pr[\exists r\in(0,1)^m,\text{s. t. }A(x,r\oplus s_i)=0,\forall i]\\&\leqslant\sum_{r\in(0,1)^m}\Pr[A(x,r\oplus s_i)=0,\forall i]\\&=\sum_{r\in\{0,1\}^m}\prod_{i=1}^{m}\Pr[A(x,r\oplus s_i)=0]\\&<2^m\cdot\left(\frac{1}{2m}\right)^m\end{aligned}$$

于是，$\Pr[M(x)\in\Pi_{yes}]>1/2$。

对于 S 的任意 NO 实例 $x\notin S$，有 $\chi_S(x)=0$。对于每个 $i=1,\cdots,m$，都有式子

$\Pr[A(x,r\oplus s_i)=1]<\frac{1}{2m}$成立。因此，对$s_1,\cdots,s_m\in\{0,1\}^m$的每种选择，均可得到$\Pr[A(x,r\oplus s_i)=1:\forall i]\leqslant 1/2$，即至少有1/2部分的$r\in\{0,1\}^m$，使得$\forall i\in\{1,\cdots,m\}$均有$A(x,r\oplus s_i)=0$；于是，$\Pr[M(x)\in\Pi_{no}]=1$，即$M$总是将$S$的NO实例归约成$\Pi$的NO实例。

进一步，从上面定理8.4的证明过程可以得出，复杂类BPP在多项式谱系中位于第二层。

【定理8.5】 复杂类BPP位于多项式谱系的第二层，即BPP$\subseteq\Sigma_2$。

证明：定义谓词$\phi(x,(s_1,\cdots,s_m),r)=\bigvee_{i=1}^{m}(A(x,r\oplus s_i)=1)$，观察到$\chi_S(x)=1$当且仅当$\exists(s_1,\cdots,s_m)\forall r\phi(x(s_1,\cdots,s_m),r)=\text{true}$。

【定义8.6】（ZPP） 称判定性问题S属于ZPP，若存在概率多项式时间算法A，使得$\forall x\in(0,1)^*$，有$\Pr[A(x)\in\{\chi_S(x),\perp\}]=1$且$\Pr[A(x)=\chi_S(x)\}]\geqslant 1/2$。

从定义可以证得以下定理。

【定理8.6】 ZPP=RP$\cap$coRP。

证明：先证ZPP$\subseteq$RP$\cap$coRP。由定义8.6可知，对判定问题S属于ZPP，则存在概率多项式时间算法A，满足$\forall x\in\{0,1\}^*$，均有$\Pr[A(x)\in\{\chi_S(x),\perp\}]=1$且$\Pr[A(x)=\chi_S(x)]\geqslant 1/2$。也就是说，当$x\in S$时，算法$A(x)$只有两种输出1和$\perp$，且它输出1的概率不小于1/2；当$x\notin S$时，算法$A(x)$只有两种输出0和$\perp$，且它输出0的概率不小于1/2。于是，可分别构造算法A'和A''，在输入$x\in\{0,1\}^*$时：

① 首先运行算法$A(x)$，当$A(x)$输出为1时，$A'(x)$输出1；否则，$A'(x)$输出0。

② 首先运行算法$A(x)$，当$A(x)$输出为0时，$A''(x)$输出0；否则，$A''(x)$输出1。

可以看出，算法A'和A''分别是满足RP和coRP定义的概率多项式时间算法，从而$S\in$RP且$S\in$coRP，因此$S\in$RP$\cap$coRP。

下面证明RP$\cap$coRP$\subseteq$ZPP。对于判定问题$S\in$RP$\cap$coRP，分别存在概率多项式时间算法A_1和A_2，在输入$x\in\{0,1\}^*$时：

① 当$x\in S$时，有$\Pr[A_1(x)=1]\geqslant 1/2$，$\Pr[A_2(x)=1]=1$成立。

② 当$x\notin S$时，有$\Pr[A_1(x)=0]=1$，$\Pr[A_2(x)=0]\geqslant 1/2$成立。

于是，可以构造算法B如下：输入$x\in\{0,1\}^*$，分别运行算法A_1和A_2。当$A_1(x)$输出1时，B输出1；当$A_2(x)$输出0时，B输出0；在其他情况下，B输出$\perp$。可以验证，算法B即为满足ZPP定义的概率多项式时间算法。

8.3 随机归约

8.3.1 随机归约

随机归约是 Karp 归约的一种推广，使得对于任意问题 A 与 B，归约 $f:A\to B$ 在随机算法下是可计算的，且要求输出结果在足够高的概率下是正确的。特别地，有时我们要求 YES 或 NO 两种情形的映射有一个总是正确的。

【例 8.2】 GAPSVP_γ 与 GAPCVP_γ 的随机归约。我们要构造一种特殊的随机归约 f，使得归约 $f:\mathrm{GAPSVP}_\gamma\to\mathrm{GAPCVP}_\gamma$ 在随机算法下是可计算的。

称归约为反向非忠实随机归约（RUR-Reduction，简记为 RUR），如果其将 NO 实例映到 NO 实例，而将 YES 实例以概率 p 映到 YES 实例。称 $1-p$ 为完备性误差，满足 $1-p\geqslant\frac{1}{n^c}$，其中 n 为输入的大小，c 为与 n 无关的常数。这里我们要求 NO 情形的映射总是正确的。如下转换实质上是将 Cook 归约转换为 RUR 归约：

设$(\boldsymbol{B},r)$为 GAPSVP_γ 的实例，其中 $\boldsymbol{B}=[\boldsymbol{b}_1,\cdots,\boldsymbol{b}_n]$；输出 GAPCVP_γ 的实例 $(\boldsymbol{B}',\boldsymbol{b}_1,r)$，其中 $\boldsymbol{B}'=[\boldsymbol{b}_1',\cdots,\boldsymbol{b}_n']$。

令 $c_1=1$，均匀独立地随机选取 $c_i\in\{0,1\}$，$i=2,3,\cdots,n$。对所有 i，令 $\boldsymbol{b}_i'=\boldsymbol{b}_i+c_i\boldsymbol{b}_1$，则 $\mathcal{L}(\boldsymbol{B}')\subseteq\mathcal{L}(\boldsymbol{B})$但 $\boldsymbol{b}_1\notin\mathcal{L}(\boldsymbol{B}')$。

我们可以证明，如果$(\boldsymbol{B},r)$为 YES 情形，则$(\boldsymbol{B}',\boldsymbol{b}_1,r)$至少以 1/2 的概率为 YES；而且当$(\boldsymbol{B},r)$为 NO 实例时，$(\boldsymbol{B}',\boldsymbol{b}_1,r)$总为 NO。因此这是一个 RUR 归约，完备性误差至多为 1/2。

事实上，首先证明 NO 实例的情形。假定$(\boldsymbol{B}',\boldsymbol{b}_1,r)$不是 NO 实例，则 $\exists\boldsymbol{u}\in\mathcal{L}(\boldsymbol{B}')$使得$\|\boldsymbol{u}-\boldsymbol{b}_1\|\leqslant\gamma(n)\cdot r$，有 $\boldsymbol{v}=\boldsymbol{u}-\boldsymbol{b}_1\neq 0$ 且 $\|\boldsymbol{v}\|\leqslant\gamma(n)\cdot r$，故$(\boldsymbol{B},r)$不是 NO 实例。

现在假定$(\boldsymbol{B},r)$为 YES 实例。令 $\boldsymbol{v}=\sum_{i=1}^{n}x_i\boldsymbol{b}_i$ 为 $\mathcal{L}(\boldsymbol{B})$中的最短向量，可知存在 j 使得 x_i 为奇数。令 $\alpha=x_1+1-\sum_{i>1}c_ix_i$。如果对于所有 $i>1$，x_i 为偶数，则 x_1 为奇数且 α 为偶数；另一方面，如果存在 i 使得 x_i 为奇数，则 α 以概率 1/2 为偶数。于是“α 为偶数”的概率至少为 1/2。令 $\boldsymbol{u}=\frac{\alpha}{2}\boldsymbol{b}_1'+\sum_{i>1}x_i\boldsymbol{b}_i'$，，则 $\Pr[\boldsymbol{u}\in\mathcal{L}(\boldsymbol{B}')]\geqslant 1/2$。又 $\boldsymbol{u}-\boldsymbol{b}_1=\left(\alpha\boldsymbol{b}_1+\sum_{i>1}x_i(\boldsymbol{b}_i+c_i\boldsymbol{b}_1)\right)-\boldsymbol{b}_1=\boldsymbol{v}$，故$\|\boldsymbol{u}-\boldsymbol{b}_1\|\leqslant r$。所以$(\boldsymbol{B}',\boldsymbol{b}_1,r)$以至少 1/2 的概率为 YES 实例。于是，我们得到下列结论。

【定理 8.7】 对任意 $\gamma:\mathbb{N}\to\{r\in\mathbb{R}:r\geqslant 1\}$，存在从 GAPSVP_γ 到 GAPCVP_γ 的 RUR 归约，使得完备性误差至多为 1/2。此外，该归约保持维数和秩不变。

8.3.2 随机自归约

称一个问题为随机自归约的，如果关于任意一个输入 x，该问题的求解可以归约到关于一系列随机输入 $y_1,y_2,\cdots$的求解，其中每个 y_i 在所有输入中均匀随机分布。更直观地来讲，最坏情形可以归约到平均情形。因此一个问题要么对于所有的输入都是简单的，要么对于大多数输入都是困难的。换句话讲，我们可以排除那种在大多数输入容易而不是全部输入都容易的问题。习题 8.13 证明 DDH 问题是随机自归约的，下面给出离散对数问题的随机自归约性。

假设 $p_1,p_2,\cdots$为素数序列，其中 p_i 的长度为 i。设 g_i 为乘法群$\mathbb{Z}_{p_i}^*$的生成元。对于任意的 $y\in\{1,2,\cdots,p_i-1\}$，存在唯一整数 $x\in\{1,2,\cdots,p_i-1\}$ 使得 $g_i^x\equiv y(\bmod p_i)$，那么 $x\to g_i^x(\bmod p_i)$为$\{1,2,\cdots,p_i-1\}$上的置换并且被认为是单向的。其逆问题被称为离散对数问题。下面我们利用随机自归约性证明其逆问题在最坏的情形下为困难的，在平均情形下也是困难的。

【定理 8.8】 假设 A 是一个运行时间为 $t(n)$的算法，给定一个素数 p，$\mathbb{Z}_p^*$ 的生成元 g 和输入 $g^x(\bmod p)$，该算法对 δ 部分的输入能够算出 x。那么存在一个随机算法 A'在运行时间 $O\left(\frac{1}{\delta\log 1/\varepsilon}(t(n)+\mathrm{poly}(n))\right)$内以不小于 $1-\varepsilon$ 的概率解决离散对数问题。

证明：假设给定 $y=g^x(\bmod p)$且希望寻找 x。重复下述过程：$O(1/\delta\log 1/\varepsilon)$次，“随机选取 $r\in\{0,1,\cdots,p-2\}$并利用 A 计算 $y\cdot g^r(\bmod p)$的对数。假设 A 输出 z，检验 $g^{z-r}(\bmod p)$是否为 y，如果检验通过，输出 $z-r(\bmod p-1)$作为回答。”

注意到如果 r 为随机选取的，那么 $y\cdot g^r(\bmod p)$在$\mathbb{Z}_p^*$上随机分布并且假设意味着 A 具有 δ 的机会找到离散对数。在 $O(1/(\delta\log 1/\varepsilon))$次尝试之后，$A$ 失败的概率至多为 ε。

【推论 8.2】 对于无限长的素数序列 $p_1,p_2,\cdots$，如果 mod p_i 的离散对数问题在最坏情形下为困难的，那么其对几乎所有的 x 都是困难的。

8.4 计数复杂类

本节介绍一种新的计算问题——计数问题。通俗地说，计数问题是对能够被高效识别的问题的解进行计数，包括两个角度：对能够被高效验证解的搜索问题，对它的实例的解的个数进行计数；对 NP 问题，对它的实例的证据的个数进行计数。计数问题可以看成是对 NP 型判定问题的极大推广。这里只定义精确计数并给出其复杂类。

设二元关系 $R\subseteq\{0,1\}^*\times\{0,1\}^*$ 是多项式平衡的。PC 表示多项式可验证解的多项式平衡的二元关系 R 对应的搜索问题。称 $R\in$ PC，若存在一个多项式时间算法，当输入(x,y)时，该算法能够在多项式时间内判定$(x,y)\in R$ 是否成立。PF 表示多项式平衡关系 R 下能够多项式求解的搜索问题类。称 $R\in$ PF，若存在一个多项式时间算法，使得对于给定的 x，该算法能够找到 y 满足$(x,y)\in R$（或者断言这样的 y 不存在）。

【定义 8.7】(#P) 对于多项式界二元关系 $R\in$ PC，称函数$f:\{0,1\}^*\to\mathbb{N}$是关于 R 的计数问题，如果满足，对任意 $x\in\{0,1\}^*$ 均有 $f(x)=|R(x)|$，其中 $R(x)=\{y:(x,y)\in R\}$。此时，记$\#R=f$。定义类$\#P=\{\#R:R\in \mathrm{PC}\}$。

NP 中的每个判定问题均可以 Cook 归约到$\#P$，即 NP 可以 Cook 归约到$\#P$。这是因为，对于 $S\in$ NP 的任意实例 x，设 S 对应的多项式界关系为 $R_S\in$ PC。通过查询$\#P$ 问题的 Oracle，可以得到$|R(x)|$，然后进一步检查$|R(x)|>0$ 是否成立，即可判定 x 是否为 S 的 YES 实例。

进一步地，通过下面两个定理，证明复杂类 BPP 也可以 Cook 归约到#P。首先证明计算 $f\in$ #P 的求解难度和某个判定问题等价。

【定理 8.9】 对于任意$f\in$ #P，定义判定问题 $S_f=\{(x,N):f(x)\geqslant N\}$，则判定 S_f 的成员归属关系等价于计算 f。

证明： 首先证明判定 S_f 的成员归属关系可以归约到计算 f。由于 $f\in$ #P，则 f 计算的是多项式界二元关系的解的个数。于是，对任意 $x\in\{0,1\}^*$，均有 $f(x)$ 的二进制长度是多项式界的，设该长度为正多项式 $p(|x|)$。设计算函数 f 的 Oracle 为 F，可以构造判定 S_f 的算法 M^F 如下：输入(x,N)，以 x 去询问 Oracle F 得到返回值$f(x)=|R(x)|$，进一步检查$f(x)\geqslant N$ 是否成立。若成立，输出 1，否则输出 0。

其次证明计算 f 可以归约到判定 S_f 的成员归属关系。设判定 S_f 的成员归属关系的 Oracle 为 F'，构造计算 f 的算法如下：输入 $x\in\{0,1\}^*$，对于 $x\in\{0,1\}^*$ 有 $|f(x)|<2^{p(|x|)}$，通过查询 Oracle F'不断缩小$f(x)$的取值可能性。在第 i 次查询的询问为$\left(x,\dfrac{2^{p(|x|)}}{2^i}\right)$，若得到的回答为 1，则第 $i+1$ 次查询的询问为$\left(x,\dfrac{2^{p(|x|)}}{2^i},\dfrac{2^{p(|x|)}}{2^{i+1}}\right)$，否则在 $i+1$ 次查询的询问值为$\left(x,\dfrac{2^{p(|x|)}}{2^{i+1}}\right)$，其中 $i\in\{1,2,\cdots,p(|x|)\}$。可以看出，至多经过多项式次查询，即可得到 $f(x)$ 的函数值。

利用上面的定理，可以证明 BPP 也可以 Cook 归约到#P。下面我们给出更一般化的结论，即复杂类 PP 可以 Cook 归约到#P。

【定义 8.8】 称判定问题 S 属于复杂类 PP，若存在概率多项式时间算法 A，使得对任意 $x\in\{0,1\}^*$，均满足：$x\in S$ 当且仅当 $\Pr[A(x)=1]>1/2$。

从上面定义可以看出，显然 BPP ⊆ PP。以下证明 PP 和#P 的计算等价，从而说明了 BPP 可以 Cook 归约到#P。

【定理 8.10】 复杂类 PP 和#P 在 Cook 归约下是计算等价的。

证明：首先证明 PP 可以 Cook 归约到#P。对复杂类 PP 中的任意判定问题 S，由于存在概率多项式时间算法算法 A，使得对任意 $x\in\{0,1\}^*$，满足：$x\in S$ 当且仅当 $\Pr[A(x)=1]>1/2$。设 A 的运行时间为 $p(\cdot)$，令 $R_A=\{(x,r):r\in\{0,1\}^{p(|x|)},A(x,r)=1\}$，构造用于判定 S 的多项式时间算法 B：输入 $x\in\{0,1\}^*$，以 x 作为询问去查询计算#R_A的 Oracle 得到返回值 $|R_A(x)|$。若 $|R_A(x)|>2^{p(|x|)-1}$，输出 1，否则输出 0。

其次证明#P 可以 Cook 归约到 PP，由上面定理可知，对任意 $f\in$ #P，只需证明它的等价判定问题 $S_f=\{(x,N):f(x)\geqslant N\}$ 可以 Cook 归约到 PP 即可。设函数 f 对应的关系为多项式界关系 R，即#$R=f$。对任意 x，$R_x=\{y:(x,y)\in R\}$，令正多项式 $p'(|x|)$ 是 x 的解的长度上界。对 $x\in\{0,1\}^*$，正整数 $N_x\leqslant 2^{p'(|x|)}$，以下构造 Oracle A'_{x,N_x}如下：输入 x，以 1/2 的概率均匀随机选取 $x\in\{0,1\}^{p'(|x|)}$，且当仅当 $(x,y)\in R$ 时输出 1；其余情况下以$\dfrac{2^{p'(|x|)}-N_x+0.5}{2^{p'(|x|)}}$的概率输出 1。通过分析算法 A'_{x,N_x}可以看出，$f(x)\geqslant N_x$ 当且仅当 A'_{x,N_x}是判定 $S_R=\{x:$存在 y 使得$(x,y)\in R\}\in$ PP 的概率多项式时间算法。以下利用 A'_{x,N_x}为 Oracle 构造解决 S_f 成员归属关系的算法 B'如下：输入(x,N)，以 x 为询问查询 $A'_{x,N}$，若得到的返回值为 1，输出 1，否则输出 0。

通过以上的过程，我们已经得到 NP ∩ BPP 能够归约到#P。实际上，整个多项式时间谱系 PH 能够 Cook 归约到#P。这里我们只给出定理，不再予以证明。

【定理 8.11】 复杂类 PH 中的每个判定问题均可 Cook 归约到#P。

对#P 类计数问题，可以用类似 NP 完备性的方式定义#P 完备性，并进一步讨论#P 完备问题的存在性。

【定义 8.9】 称计数问题 f 是#P 完备的，如果 $f\in$ #P 且#P 中的每个问题均可以 Cook 归约到 f。

对于我们在前面给出的自然 NP 完备问题，求解这些问题的实例的证据的计数问题都是#P 完备问题。需要指出的是，这些计数问题的#P 完备性并不是来自于 NP 完备的，而是来自于在建立 NP 完备性时的 Karp 归约，保持 NP 证据的个数不变，这种归约称为简约归约（Parsimonious Reduction）。

【定义 8.10】 对两个关系 R，$R' \in \mathrm{PC}$，设 g 是从 $S_R=\{x: \exists y \in \{0,1\}^*$ 使得 $(x,y) \in R\}$ 到 $S_{R'}=\{x: \exists y \in \{0,1\}^*$ 使得 $(x,y) \in R'\}$ 的 Karp 归约。称 g 是简约归约，若对每个 $x \in \{0,1\}^*$，均有 $|R(x)|=|R'(x)|$，也称 g 是 R 到 R' 的简约归约。

需要指出的是，简约归约 g 强调的是两个关系 R 和 R' 之间的，而不是强调 Karp 归约，这是因为对多项式时间可计算的函数 g 来说，要求"$|R(x)|=|R'(x)|$"已经暗含了"g 是从 S_R 到 $S_{R'}$ 的 Karp 归约"。

【定理 8.12】 对 $R \in \mathrm{PC}$，如果 PC 中的每个搜索问题都可以简约归约到 R，则 R 对应的计数问题是#P 完备的。

证明：由于 $R \in \mathrm{PC}$，R 对应的计数问题$\#R \in \#\mathrm{P}$。以下只需证明，任意 $f' \in \#\mathrm{P}$ 能够 Cook 归约到$\#R$。设 f' 对应的搜索问题为 $R' \in \mathrm{PC}$，$\#R'=f'$，由于 R' 可以简约归约到 R，设归约函数为 g，则对任意 $x \in \{0,1\}^*$，均有 $|R(x)|=|R'(g(x))|$。因此，对输入 x，可以直接以 x 为查询去询问求解$\#R$ 的 Oracle，获得的返回值即为 $|R(x)|$ 的值。

上面提到"许多 NP 完备的搜索问题的计数问题是#P 完备的"。实际上，某些可高效求解的搜索问题对应的计数问题也可能是#P 完备的。

【定理 8.13】 存在 PF 中的搜索问题，使得其对应的计数问题是#P 完备的。

证明：考虑如下析取范式关系 R_{dnf}，即

$$R_{\mathrm{dnf}}=\{(\phi,\tau): \phi(\tau)=\mathrm{true}, \phi=(x_{11} \wedge \cdots \wedge x_{1t_1}) \vee \cdots \vee (x_{i1} \wedge \cdots x_{it_i})\}_{\alpha \in \mathbb{N}}$$

其中 x_{jt_j} 是变量或变量的非，$j=1,\cdots,i$，α 为变量个数。显然，$R_{\mathrm{dnf}} \in \mathrm{PF}$。以下只需要证明：对于任意 $f \in \#\mathrm{P}$，计算 f 能够 Cook 归约到$\#R_{\mathrm{dnf}}$。由于$\#R_{\mathrm{SAT}}$是#P 完备的，可知 f 能够 Cook 归约到$\#R_{\mathrm{SAT}}$，于是只需证明$\#R_{\mathrm{SAT}}$可以 Cook 归约到$\#R_{\mathrm{dnf}}$即可。设求解$\#R_{\mathrm{dnf}}$的 Oracle 为 F，可以构造求解$\#R_{\mathrm{SAT}}$的算法 M^F 如下：输入 ϕ，设 ϕ 中变量个数为 N_0，以 $\neg\phi$ 为询问去查询 F 得到回答$\#R_{\mathrm{dnf}}(\neg\phi)$，计算 $2^{N_0}\#R_{\mathrm{dnf}}(\neg\phi)$ 并输出该值。

习 题

8.1 利用随机游动给出 SAT 的概率算法。(提示：从任意赋值 T 开始，重复下列 r 次：若没有不满足的分句，则回答"公式是可满足的"并停机。否则，选取任意不可满足的分句，其所有文字在 T 下赋值都为 false，从中任意选取一个并翻转其赋值，更新 T。在 r 次重复后，回答"公式可能是不可满足的"。

注意，这里没有说明如何挑选一个不可满足的分句，亦没有说明如何选择初始赋值。这里所用的仅有的随机化是选择要翻转赋值的文字。所谓"翻转"是指对应变量在 T 中取其真值的逆，然后更新 T。该过程重复直到或者找到一个可

满足的赋值，或者已经做了 r 次翻转，这即是一个随机游动算法。

若所给定的表达式是不可满足的，则我们的算法必定是正确的，即有结论“表达式可能是不可满足的”。但若表达式是可满足的呢？易知，若允许我们有指数次重复，将以很高的概率最终找到一个可满足的赋值，即可能产生错误的否定。但是，当 r 为 Boolean 变量个数的多项式时，对于一般 SAT 问题我们无法有效找到一个可满足的赋值。)

8.2　令 $r=2n^2$，利用随机游动算法计算有 n 个变量的可满足的 2SAT 实例。证明：找到一个可满足赋值的概率至少为 1/2。

8.3　证明：设 $p(x_1,x_2,\cdots,x_m)$ 是一个次数至多为 d 的多项式，S 为整数的有限子集。从 S 中随机选择 $a_1,a_2,\cdots,a_m$ 并替代变量 $x_1,x_2,\cdots,x_m$，则 $\Pr[p(a_1,a_2,\cdots,a_m)\neq 0]\geqslant 1-\dfrac{d}{|S|}$。

8.4　（二分图匹配问题）给定一个二分图 $G=(V_1,V_2,E)$，其中 $V_1=\{u_1,\cdots,u_n\}$，$V_2=\{v_1,\cdots,v_n\}$，问是否存在一个完美匹配，即存在一个子集 $M\subseteq E$，使得对于 M 中的任意两条边 (u,v) 和 (u',v')，有 $u\neq u'$ 和 $v\neq v'$。实质上，这是寻找 $\{1,2,\cdots,n\}$ 上的一个置换 π，使得对于所有 $u_i\in V_i$ 都有 $(u_i,v_{\pi(i)})\in E$。

定义 $n\times n$ 矩阵 $\boldsymbol{X}=(X_{ij})$，其中 $n=|V_1|=|V_2|$，满足：若 $(i,j)\in E$，则 $X_{ij}=X_{ji}$；否则，X_{ij} 为 0。于是，$\det(\boldsymbol{X})=\sum\limits_{\sigma\in S_n}(-1)^{\mathrm{sign}(\sigma)}\prod\limits_{i=1}^{n}X_{i,\sigma(i)}$，其中 S_n 为 $(1,2,\cdots,n)$ 上的置换群。证明：

(1) $\det(\boldsymbol{X})$ 中有单项非零当且仅当 G 中有相应的完美匹配存在。于是，G 有一个完美匹配当且仅当 $\det(\boldsymbol{X})\neq 0$。

(2) $\det(\boldsymbol{X})\neq 0$ 的概率至少为 1/2。(提示：利用习题 8.3)

(3) 设计一个概率算法判定二分图 G 是否有完美匹配，并满足：若有完美匹配，则该算法判定是可靠的；但是，若该算法回答是“可能没有匹配”，则算法产生一个错误否定的概率不超过 1/2。

8.5　对于语言 L，算法 A 计算由集合 L 给出的判定问题为

$$A(x)=\chi_L(x)=\begin{cases}1, & x\in L\\ 0, & x\notin L\end{cases}$$

证明下面 (1)~(3) 是等价的：

(1) $L\in$ BPP。

(2) 存在正多项式 $p(\cdot)$，存在概率多项式时间算法 A，使得对于任意 x，$\Pr[A(x)=\chi_L(x)]\geqslant\dfrac{1}{2}+\dfrac{1}{p(|x|)}$。

(3) 存在正多项式 p，存在概率多项式时间算法 A，使得对于任意 x，$\Pr[A(x)=\chi_L(x)]\geqslant 1-2^{-p(|x|)}$。

8.6 证明：BPP 中所有语言都有多项式电路。

8.7 令函数 $\varepsilon:\mathbb{N}\to[0,1]$，$\mathrm{BPP}_\varepsilon$ 表示由能够被概率多项式时间算法判定的错误上界为 ε 的判定问题组成的复杂类。证明下面 (1)、(2) 成立：

(1) 对每个正多项式 $p(\cdot)$ 和 $\varepsilon(n)=\frac{1}{2}-\frac{1}{p(n)}$，复杂类 BPP_ε 等于 BPP。

(2) 对每个正多项式 $p(\cdot)$ 和 $\varepsilon(n)=2^{-p(n)}$，复杂类 BPP_ε 等于 BPP。

8.8 设函数 $\rho:\mathbb{N}\to[0,1]$，定义复杂类 RP_ρ 如下：称任意判定问题 $S\in\mathrm{RP}_\rho$，如果存在概率多项式时间算法 A 满足条件：①当 $x\in S$ 时，$\Pr[A(x)=1]\geqslant\rho(x)$ 成立；②当 $x\notin S$ 时，$\Pr[A(x)=0]=1$。

证明 (1)、(2) 成立：

(1) 对每个正多项式 $p(\cdot)$，复杂类 $\mathrm{RP}_{1/p}$ 等于 RP。

(2) 对每个正多项式 $p(\cdot)$，复杂类 RP_ρ 等于 RP，其中 $\rho(n)=1-2^{-p(n)}$。

8.9 设函数 $\rho:\mathbb{N}\to[0,1]$，定义复杂类 ZPP_ρ 如下：称任意判定问题 $S\in\mathrm{ZPP}_\rho$，如果存在概率多项式时间算法 A，对任意 $x\in\{0,1\}^*$，有 $\Pr[A(x)=\chi_S(x)]\geqslant\rho(x)$ 且 $\Pr[A(x)\in\{\chi_S(x),\perp\}]=1$。证明下面 (1)、(2) 成立：

(1) 对每个正多项式 $p(\cdot)$，复杂类 $\mathrm{ZPP}_{1/p}$ 等于 ZPP。

(2) 对每个正多项式 $p(\cdot)$，复杂类 ZPP_ρ 等于 ZPP，其中 $\rho(n)=1-2^{-p(n)}$。

8.10(ZPP 的等价定义) 称判定问题 S 在期望概率多项式时间内可解，如果存在随机算法 A 和正多项式 $p(\cdot)$，使得对任意 $x\in\{0,1\}^*$ 均有：$\Pr[A(x)=\{\chi_S(x)\}]=1$ 且 $A(x)$ 的期望步数至多为 $p(|x|)$。证明：$S\in\mathrm{ZPP}$ 当且仅当 S 在期望多项式时间内可解。

8.11 输入素数 p 和模 p 的二次剩余 s，试给出一个概率多项式时间算法，使其输出 $r\in\mathbb{Z}_p$ 满足 $r^2\equiv s \bmod p$。

8.12 (接习题 6.6) 对于 Paillier 公钥密码体制，试证明：

(1) 如果给定 Oracle $\mathcal{O}^{\mathrm{lsb}}$ 满足对于任意密文 $w\in\mathbb{Z}_{N^2}^*$ 和某正多项式 $p(n)$，有

$$\Pr[\mathcal{O}^{\mathrm{lsb}}(w)=\mathrm{lsb}(c)]\geqslant\frac{1}{2}+\frac{1}{p(n)}$$

则可以足够大概率求 Paillier 公钥密码体制的明文。

(2) 如果给定 Oracle $\mathcal{O}^{\mathrm{msb}}$ 满足对于任意密文 $w\in\mathbb{Z}_{N^2}^*$ 和某正多项式 $p(n)$，有

$$\Pr[\mathcal{O}^{\mathrm{msb}}(w)=\mathrm{msb}(c)]\geqslant\frac{1}{2}+\frac{1}{p(n)}$$

则可以足够大概率求 Paillier 公钥密码体制的明文。

8.13 设 $G=\langle g\rangle$ 是一个 q 阶有限群，其中，q 为素数，g 为生成元，定义判定 Diffie-Hellman（DDH）问题为：对于任意三元素 $g^x,g^y,g^z\in G$，判定(x,y,z)是否为 Diffie-Hellman 三元组，即是否有 $xy=z$。

具体地，对于任意敌手 $\mathcal{A}$，试图判定(g^x,g^y,g^z)是否为 Diffie-Hellman 三元组，则对应的区分任务可以用两个游戏刻画。

① 游戏 $\mathcal{G}_0^{\mathcal{A}}$：从$\mathbb{Z}_q$中随机均匀选取三元素 a,b,c，返回 $\mathcal{A}(g^a,g^b,g^c)=0$ 或 1。

② 游戏 $\mathcal{G}_1^{\mathcal{A}}$：从$\mathbb{Z}_q$中随机均匀选取三元素 a,b,c，令 $c=ab$，返回 $\mathcal{A}(g^a,g^b,g^c)=0$ 或 1。定义区分这两个游戏的优势为

$$\mathrm{Adv}_G^{\mathrm{ddh}}(\mathcal{A})=|\Pr[\mathcal{G}_0^{\mathcal{A}}=1]-\Pr[\mathcal{G}_1^{\mathcal{A}}=1]|$$

证明：

（1）该 DDH 问题是随机自归约的。

（2）可以利用多数投票方法给出提高成功的概率。

第 9 章　交互证明与零知识证明

本章介绍交互证明系统与零知识证明。NP 问题可以看作是一个带有高效验证算法的证明系统，且该验证算法是确定性的。将高效验证算法推广到概率算法，可以得到不同类型的概率证明系统。由于在验证算法中加入了随机性，所得的概率证明系统所涵盖的语言要比 NP 更多。

本章约定：对概率算法 A，用 $y \leftarrow A(x_1, x_2, \cdots; r)$ 表示随机选择 r 并计算 $A(x_1, x_2, \cdots; r)$ 后输出 y。对有限集合 S，用 $\alpha \leftarrow S$ 表示从 S 中随机选择元素 α。

9.1 交互证明

在介绍了随机算法后，我们逐渐将高效计算从确定性多项式时间的限制扩展到概率多项式时间计算，很自然地得到交互证明系统的概率。在交互证明系统中，验证程序是交互的、随机化的，而非非交互的、确定性的。于是，这里指的证明不再是静态的，而是随机的动态的过程。在这个动态证明过程中，验证者通过与证明者的交互对话来完成验证。从直觉上来讲，可以把交互过程看作是验证者不断去提问，要求证明者给予回答的过程。

在传统的数学证明中，证明是指建立在一些已知的公理体系下的一系列的推理过程。整个证明是静态的，证明者所需要做的事情就是把整个推理过程写出来，然后一次性将证明提供给验证者去检验推理的正确性。因此，相对于证明结果，数学证明中更加注重证明过程。实际上，在现实生活中，“证明”这一行为是人们去探索和建立一个断言的过程，是动态的。在交互证明中，证明是从验证者角度去定义的，产生证明的工作量全部放在证明者肩上，而验证任务相对来说比求解问题容易许多，比如，只有给出 NP 证据，NP 问题的验证可以在多项式时间内完成。可以看出，对交互证明来说，证明者和验证者具有计算资源不对等或者计算能力不对等性，这也是能够在交互证明基础上定义零知识的关键点。

由于观察到可以进行动态证明完成验证任务这一本质，1985 年由著名的密码学家 Goldwasser、Micali 和 Rackoff 提出了交互证明系统，并进一步在其上定义了“零知识安全性”。交互证明系统和零知识证明不仅是重要的密码学原语，也定义了计算复杂性中的重要复杂类，对计算复杂性的发展产生了深远的影响。

【定义 9.1】(可忽略函数)　称函数 $f:\mathbb{N}\to\mathbb{R}$ 为可忽略的，如果对于任意的正多项式 $p(\cdot)$，对于充分大的 $n\in\mathbb{N}$，都有 $|f(n)|<\frac{1}{p(n)}$。

【定义 9.2】(计算不可区分性)　分布序列 $X=\{X_w\}_{w\in S}$ 与 $Y=\{Y_w\}_{w\in S}$ 是计算不可区分的，如果对于任意的多项式时间算法 D，对于每个正多项式 $p(\cdot)$，足够长的 $w\in S$，都有 $\Pr[D(X_w,w)=1]-\Pr[D(Y_w,w)=1]<\frac{1}{p(|w|)}$，其中 S 是可以有效抽样的指标集。

【定义 9.3】(统计接近)　X 与 Y 是 Ω 上的两个分布，定义 X 与 Y 的统计距离为

$$\Delta(X,Y)=\max_{A\subset\Omega}|\Pr[X\in A]-\Pr[Y\in A]|$$

特别地：

(1) 若 Ω 为可数集，X 与 Y 是离散分布，则

$$\Delta(X,Y)=\frac{1}{2}\sum_{w\subset\Omega}|\Pr[X-w]-\Pr[Y=w]|$$

(2) 若 X 与 Y 为 $\mathbb{R}^n$ 上分布，f 与 g 分别为密度函数，则

$$\Delta(X,Y)=\frac{1}{2}\int_{\mathbb{R}^n}|f(x)-g(x)|\mathrm{d}x$$

称 X 与 Y 是统计接近的，如果其统计距离是可以忽略的。

更一般地，定义两个分布序列 $X=\{X_n\}_{n\in\mathbf{N}}$ 与 $Y=\{Y_n\}_{n\in\mathbf{N}}$ 的统计距离为

$$\Delta(n)=\frac{1}{2}\sum_{\alpha}|\Pr[X_n=\alpha]-\Pr[Y_n=\alpha]|$$

称这两个分布序列 $X=\{X_n\}_{n\in\mathbf{N}}$ 与 $Y=\{Y_n\}_{n\in\mathbf{N}}$ 是统计接近的，如果对于任意 $n\in\mathbb{N}$，它们的统计距离 $\Delta(n)$ 是可以忽略的。

注：$\Delta(X,Y)\in[0,1]$。$\Delta(X,Y)=1$ 当且仅当 X 与 Y 的支架不交；$\Delta(X,Y)=0$ 当且仅当 X 与 Y 是等价分布。此外，对任意（可能随机）函数 f，有 $\Delta(f(X),f(Y))\leqslant\Delta(X,Y)$。

【定义 9.4】(单向函数)　函数 $f:\{0,1\}^*\to\{0,1\}^*$ 称为非一致的单向函数，如果满足以下两个条件：

(1)（易于计算）对于任意的输入 x，$f(x)$ 的值能够被有效地计算出来；

(2)（难于求逆）对于任意多项式大小的电路 $\{C_n\}_{n\in\mathbf{N}}$，对于任意正多项式 $p(\cdot)$，充分大的 n，有 $\Pr[C_n(f(X_n))\in f^{-1}(f(X_n))]<\frac{1}{p(n)}$。

交互证明系统有两个参与方：证明者 P 和验证者 V，其中要求验证者是概率

多项式时间机器。当它们进行交互时，对应的交互计算模型如图 9.1–1 所示。具体地，P 和 V 共享一条公共输入带，它们各自拥有自己的随机带、工作带和通信带。公共输入带对它们来说是只读的。在需要的时候，它们可以从自己的随机带上读取随机数，并且可以在自己的工作带上读写消息。P 的通信带对 V 来说是只读的，同样 V 的通信带对 P 来说也是只读的。在交互过程中，P 把要发生给 V 的消息写在自己的通信带上，以便 V 能够读取该消息。通常，我们把一对交互图灵机 P 和 V 记为(P,V)。

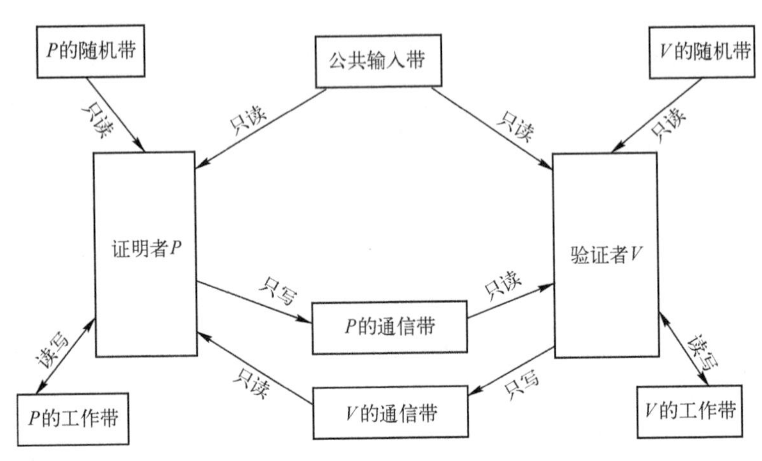

图 9.1–1 交互计算模型

下面给出交互证明系统的形式化定义。对交互图灵机(P,V)来说，它能够被用于证明语言 L 的成员归属关系判定，需要满足两个条件：首先，对 YES 实例，交互完成后 P 总是能够以很大概率让 V 接受该实例。其次，对 NO 实例，无论证明者如何作弊，他欺骗成功使 V 接受该实例的概率都较小。以下用$\langle P,V\rangle(x)$表示交互图灵机(P,V)在以 x 为公共输入完成交互后验证者 V 的输出。

【定义 9.5】(交互证明系统) 设(P,V)是一对交互图灵机，其中 V 是概率多项式时间机器。称(P,V)是语言 L 的交互证明系统，如果满足以下条件：

(1) 完备性：对于任意 $x\in L$，都有 $\Pr[\langle P,V\rangle(x)=1]\geqslant 2/3$；

(2) 合理性：对于任意 $x\notin L$，任意的机器 P^*，都有 $\Pr[\langle P^*,V\rangle(x)=1]\leqslant 1/3$。

在上面的定义中，交互证明系统的错误界为 1/3。实际上，通过独立运行多次(P,V)，可以将错误概率降低到 $2^{-\mathrm{poly}(|x|)}$。将具有交互证明系统的所有语言放在一起，组成 IP 复杂类。

在交互证明系统的定义中，随机性是非常关键的因素。正是因为允许出现合理性错误，才使得交互证明系统比 NP 证明系统具有更强大的能力，从而 IP 复杂类能够涵盖比 NP 更多的判定问题。

【定理 9.1】 若判定问题 L 存在一个合理性错误为零的交互证明系统，则 $L \in \mathrm{NP}$。

证明：设判断问题 L 的交互证明系统是 (P,V)，其合理性错误是零。不妨设验证者是确定多项式时间算法，记为 V。以下说明 V 即为 L 的 NP 证明系统。原因如下：对输入 $x \in \{0,1\}^*$，设 (P,V) 交互过程中产生的消息副本为 $m_1,\cdots,m_t$。当 $x \in L$ 时，由义互证明系统的完备性可知，证明者 P 能够以几乎为 1 的概率使得验证者 V 接受他的证明，从而存在 $m_1,\cdots,m_t$ 满足 $V(x,m_1,\cdots,m_t)=1$。由于每个 m_i 长度是关于 $|x|$ 的多项式且 t 是关于 $|x|$ 的多项式，$m_1,\cdots,m_t$ 作为 NP 证据，其长度必然是多项式界的。当 $x \notin L$ 时，由于交互证明系统 (P,V) 无合理性错误，对任意的比特串 $m_1,\cdots,m_t$ 均有 $V(x,m_1,\cdots,m_t)=0$。从而，$L \in \mathrm{NP}$

交互证明系统的能力来自于随机性和交互的组合。显然，$\mathrm{NP} \subseteq \mathrm{IP}$，以下首先给出一个 coNP 语言的交互证明系统，以此来说明 $\mathrm{NP} \neq \mathrm{IP}$。在此基础上，给出结论 IP=PSPACE，以此表明添加了随机性和交互之后的 IP 复杂类的能力非常强大。

称两个图 $G_1=(V_1,E_1)$ 和 $G_2=(V_2,E_2)$ 是同构的，如果存在双射 $\phi: V_1 \to V_2$ 满足：$\forall (u,v) \in E_1$，都有 $(\phi(u),\phi(v)) \in E_2$。此时称 ϕ 是同构映射。图同构的判定版本是一个 NP 问题，图非同构的判定版本是 coNP 的。以下给出图非同构的交互证明系统。

(1) 公共输入：一对图 (G_1,G_2)，其中 $G_i=(V_i,E_i)$ 且 $V_i=\{1,2,\cdots,|V_i|\}$，$i=1,2$。

(2) 验证者第一步 (V_1)：验证者 V 均匀选取一个图并产生该图的一个随机同构图。随机选取 $\sigma \in \{1,2\}$ 和 V_σ 上的一个置换 π，令 $E'=\{(\pi(u),\pi(v)):(u,v) \in V_\sigma\}$，记图 $G'=(V_\sigma,E')$ 并将它发给证明者 P。

(3) 证明者的第一步 (P_1)：证明者 P 接收到图 G' 后，计算 τ 使得图 G' 和 G_τ 同构，并将 τ 发送给验证者 V。

(4) 验证：验证 $\tau=\sigma$ 是否成立。若成立，输出 1；否则，输出 0。

在上面这个交互证明系统中，协议的完备性错误和合理性错误分别是 0 和 1/2。对公共输入 (G_1,G_2)，当它是图非同构的 YES 实例时，(G_1,G_2) 中与 G' 同构的图是唯一确定的，证明者 P 计算出来的 τ 满足 $\tau=\sigma$，因此 P 总是能够让验证者 V 接受他的证明。当 (G_1,G_2) 是图非同构的 NO 实例时，在图的规模相同的情况下，这两个图必然同构。因此，G' 与 G_1 和 G_2 均同构，此时证明者 P 计算出来的 τ 满足 $\tau=\sigma$ 的概率至多为 1/2。

【定理 9.2】 IP=PSPACE。

在上面的交互证明系统的定义中，合理性是指证明者计算无界合理性。即使一个恶意证明者具有无界计算能力，她欺骗验证者的概率也很小。也就是说，根本不存在能够以较大概率欺骗成功的策略。Brassard 等对合理性条件中的证明者计算时间进行了限制，定义了计算合理的证明系统，又称论证系统。与交互证明系统不同，论证系统仅考虑计算合理性，即具有多项式时间计算能力的恶意证明者不能以很大概率成功欺骗验证者，但这并不是说这样的策略不存在，而是由于计算能力受限导致寻找到这样的策略不可行。

【定义 9.6】(论证系统)　设(P,V)是一对交互图灵机，其中 V 是概率多项式时间机器。称(P,V)是语言 L 的论证系统，如果满足以下条件：

(1)（完备性）对 $x\in L$，都有 $\Pr[\langle P,V\rangle(x)=1]\geqslant 1/3$；

(2)（计算合理性）对 $x\notin L$，任意概率多项式时间的机器 P^*，都有 $\Pr[\langle P^*,V\rangle(x)=1]\leqslant 1/3$。

交互证明系统和论证系统都是用来证明判定问题的成员归属关系的。实际上，还有一种交互证明，证明的是证明者知道语言 L 的 YES 实例 x 的“知识”。首先，需要明确并理解“知识”这个词。通俗地说，知识是和计算能力密切相关的，是指该参与方从外界获取到的超出他自身计算能力的信息。比如，对两个具有多项式时间计算能力的参与者 Alice 和 Bob 来说，假设 Alice 进行抛币并把得到的随机比特串发给 Bob，那么 Bob 在这个过程中并没得到知识，他完全可以依靠自己的能力进行抛币得到随机比特串。再比如，对于一个规模很大的图，如果 Alice 告诉 Bob 这个图的一个哈密尔顿圈，那么 Bob 获得了知识，这是因为他依靠自身的计算能力无法计算出哈密尔顿圈。在形式化定义中，“知识提取”是使用知识提取器的存在性进行刻画的，详细如下。

【定义 9.7】(知识证明)　设 R 是多项式界二元关系，称 V 是语言 L 的关于关系 R 的知识验证者，如果满足下面两个条件：

(1)（有效性）存在概率机器 P，对于任意$(x,y)\in R$，都有 $\Pr[\langle P(y),V\rangle(x)=1]=1$；

(2)（知识合理性）存在一个概率多项式时间的机器 K，对于任意的机器 P^*，对于任意的 $x,y,r\in\{0,1\}^*$，若 $P^*_{x,y,r}$使 V 输出 1 的概率 $p(x,y,r)>\mu(|x|)$，其中 $\mu(|x|)$是可忽略函数，则 K 能以至少 $1-\mu(|x|)$的概率在期望多项式时间内输出 $s\in R(x)$。

如果 V 是 L 的关于关系 R 的知识验证者并且 P 是满足（1）中条件的机器，那么(P,V)称为是语言 L 的关于关系 R 的知识证明，K 称为知识提取器。

显然，知识的证明必定是交互证明系统。事实上，若知识抽取器存在，则抽取出来的$s\in R(x)$已经说明了“x是语言L的YES实例”这件事情。与交互证明系统和论证系统的关系类似，在知识证明的定义中，如果限定证明者的计算能力为概率多项式时间，此时的知识合理性为计算有界合理性，对应的(P,V)称为知识论证（Argument of Knowledge）。

【定义9.8】(知识论证) 设R是多项式界二元关系，称V是语言L的关于关系R的知识验证者，如果满足下面两个条件：

（1）（有效性）存在概率多项式时间图灵机P，使得对于任意$(x,y)\in R$，都有$\Pr[\langle P(y),V\rangle(x)=1]=1$；

（2）（计算有界合理性）存在一个概率多项式时间的机器K，对于任意的概率多项式时间机器P^*，任意$x,y,r\in\{0,1\}^*$，若$P^*_{x,y,r}$使V输出1的概率$p(x,y,r)>\mu(|x|)$，其中$\mu(|x|)$是可忽略函数，则K能以至少$1-\mu(|x|)$的概率在期望多项式时间内输出$s\in R(x)$。

如果V是L的关于关系R的知识验证者并且P是满足（1）中条件的机器，那么(P,V)称为是语言L的关于关系R的知识论证，K称为知识提取器。

9.2 零知识证明

零知识证明是具有零知识性质的交互证明。所谓零知识性质是指，验证者在整个证明过程中没有获取到任何额外的知识。这体现了证明者的隐私保护能力。

零知识证明的形式化定义是从模拟的角度进行定义的。对于任意概率多项式时间的验证者，他与证明者交互之后所得到的会话消息均可以通过一个多项式时间的模拟器模拟产生，使得模拟的会话与真实交互的会话在计算意义下是不可区分的。进一步，对模拟会话和真实交互会话这两个分布序列，在计算意义下根据两者的接近程度，零知识证明可以细分为完美零知识、统计零知识和计算零知识。

【定义9.9】(零知识证明) 设交互图灵机(P,V)是语言L的交互证明系统/论证系统/知识证明/知识论证，称其是零知识交互证明系统/论证系统/知识证明/知识论证，如果存在一个概率多项式时间的机器M，使得对于任意概率多项式时间的机器V^*，对充分长的$x\in L$，分布序列$\{\langle P,V^*\rangle(x)\}_{x\in L}$和$\{M(x)\}_{x\in L}$是计算不可区分的。即对任意概率多项式时间算法$D$，任意正多项式$p(\cdot)$，存在可忽略函数$\mu(\cdot)$，有

$$|\Pr[D(\langle P,V^*\rangle(x))=1]-\Pr[D(M(x))=1]\leqslant\mu(|x|)|$$

此时称M为模拟器。进一步，若模拟的会话和真实交互会话是统计接近的，则

称(P,V)是统计零知识交互证明系统/论证系统/知识证明/知识论证。若模拟会话和真实交互会话是同分布的，则称(P,V)是完美零知识交互证明系统/论证系统/知识证明/知识论证。

以下给出图同构的零知识证明系统。

(1) 公共输入：一对图(G_1,G_2)，其中$G_i=(V_i,E_i)$且$V_i=\{1,2,\cdots,|V_i|\}$，$i=1,2$。

(2) 证明者第一步P_1：证明者P选取图G_2的一个随机拷贝并将其发送给验证者V。具体地，P均匀选取顶点集V_2上的一个置换π，令$E'=\{(\pi(u),\pi(v)):(u,v)\in V_2\}$，记图$G'=(V_2,E')$并将它发给证明者$V$。

(3) 验证者第一步（V_1）：接收到图G'后，验证者均匀随机选取$\sigma\in\{1,2\}$发送给证明者P。

(4) 证明者第二步（P_2）：P计算G'与G_σ之间的同构映射发送给V。具体地，若$\sigma=1$，P发送$\pi\circ\phi$给V；若$\sigma=2$，P发送π给V。其中，ϕ是G_1与G_2间的同构。

(5) 验证者第二步（V_2）：V验证收到的映射为G'与G_σ之间的同构映射。若成立，输出1；否则，输出0。

上面的构造是图同构问题的零知识证明系统。这里不再给出严格的证明，仅通过启发式分析的方式逐一解释说明其完备性、合理性和零知识性质。在上面这个交互证明系统中，协议的完备性错误和合理性错误分别是0和1/2。对公共输入(G_1,G_2)，当它是图同构的YES实例时，证明者P总是能够计算出来G'与G_σ之间的同构映射。因此，对于YES实例，P总是能够让验证者V接受他的证明。当(G_1,G_2)是图同构的NO实例时，在图的规模相同的情况下，G'与G_σ这两个图之间必然不存在同构映射。此时，只有当验证者V的提问恰好是$\sigma=2$时，恶意证明者才能够欺骗成功。因此，合理性错误至多为1/2。

要说明上面的构造具有零知识性质，需要构造模拟器去模拟真实交互的会话，并且使得模拟的结果和真实交互的结果是计算不可区分的。模拟器M的构造：输入一对同构图(G_1,G_2)，M随机选取$\sigma'\in\{1,2\}$和$V_{\sigma'}$上的一个置换π，令$E'=\{(\pi(u),\pi(v)):(u,v)\in V_{\sigma'}\}$，将图$G'=(V_{\sigma'},E')$作为Oracle查询填充给$V^*((G_1,G_2))$，并得到回答$\sigma$。当$\sigma=\sigma'$时，$M$发送$\pi$回答验证者$V^*$。否则，$M$重复上述过程。可以看出，重复这个过程的期望次数为2次，即可模拟出和真实交互不可区分的会话。

在实际应用中，在零知识证明开始之前，参与协议的证明者和验证者可能已经得到了一些先验信息，考虑这种带有先验辅助输入的零知识性质更为贴近实际应用。Goldreich和Oren提出了辅助输入零知识的概念。与上面的零知识定义不同的是，在辅助输入零知识中，验证者具有辅助输入 $y \in \{0,1\}^*$。辅助输入零知识的概念更贴近实际应用，比如，在一个大的协议中，某个协议可能作为这个大协议的子协议。在这个协议开始执行时，验证者已经从前面的协议执行中得到了一些信息。在这种情况下，如果要求大协议是零知识的，那么子协议在具有辅助输入的情况下也不能泄露知识。

【定义 9.10】（辅助输入零知识） 设 (P,V) 是语言 L 的交互证明系统/论证系统/知识证明/知识论证，称它是辅助输入零知识的，如果存在概率多项式时间的算法 M，使得对于任意概率多项式时间机器 V^*，对充分长的 $x \in L$，均有 $\{\langle P,V^*(y)\rangle(x)\}_{x\in L,y\{0,1\}^*}$ 和 $\{M(x,y)\}_{x\in L,y\{0,1\}^*}$ 是计算不可区分的。即对任意概率多项式时间算法 D，任意正多项式 $p(\cdot)$，存在可忽略函数 $\mu(\cdot)$，有 $|\Pr[D(\langle P,V^*(y)\rangle(x))=1]-\Pr[D(M(x,y))=1]| \leqslant \mu(|x|)$。

在本章中，除非特别说明，把不带辅助输入的零知识和带辅助输入零知识统称为零知识，不再加以区分。

在零知识证明中，需要构造一个模拟器，利用满足特定模拟效果的模拟器的存在性来刻画零知识性质。根据模拟器模拟方式的不同，可以把零知识证明分为黑盒零知识和非黑盒零知识。其中，黑盒零知识是指在模拟过程中，模拟器以黑盒调用的方式使用恶意验证者程序。下面是黑盒零知识的简要定义。

【定义 9.11】（黑盒零知识证明） 设 (P,V) 是语言 L 的交互证明系统/论证系统/知识证明/知识论证，称它是黑盒零知识的，如果对于任意概率多项式时间机器 V^*，都存在概率多项式时间算法 M，M 在模拟过程中以黑盒方式调用 V^*，并且模拟出来的会话 $\{M^{V^*}(x,y)\}_{x\in L,y\in\{0,1\}^*}$ 与真实交互会话 $\{\langle P,V^*(y)\rangle(x)\}_{x\in L,y\in\{0,1\}^*}$ 是计算不可区分的。

NP 问题零知识证明的存在性 伴随着零知识证明的概率被首次提出，Goldwasser 等给出了对二次剩余的零知识证明系统，以此来说明零知识证明的存在性。在实际应用中，我们处理的通常都是 NP 问题，而使用零知识证明去证明 NP 问题中的非平凡语言 NP\BPP 是最经常遇到的情形。因此，NP 问题零知识证明的存在性成为人们最为关心的问题。这也是零知识证明能够被广泛应用的一个非常关键的理论依据。

以下首先介绍承诺方案，这是构造 NP 问题的零知识证明必不可少的工具。然后，给出 NP 问题零知识证明的构造方案。基于一般困难性假设的承诺方案的构造可参见第 10.4.4 节。

承诺方案是一个由两个阶段组成的两方交互协议，其功能类似于电子信封。两个参与者为发送者 S 和接收者 R，均为概率多项式时间机器。两个阶段分别为承诺阶段和揭开阶段。在承诺阶段，发送者将被承诺的消息装入电子信封，即发

送者 S 计算消息 m 的承诺值 c 并将其发送给接收者 R；在揭开阶段，发送者打开信封里的消息，即 S 把 m 的值和计算承诺时使用的随机串发送给 R，R 验证这个承诺的正确性。承诺方案需要满足的安全性质为：隐藏性质和绑定性质。通俗来讲，隐藏性质是指任意概率多项式时间的接收者 R^* 均无法从承诺值获取被承诺消息的任何有效信息。绑定性质要求任意概率多项式时间的 S^* 均无法在揭开阶段篡改被承诺消息。

【定义 9.12】(承诺方案)　承诺方案是一个两方 (S,R) 参与的两阶段协议，由三个算法组成 KGen，Com，Rev，其中：

- KGen（参数生成算法）是一个概率多项式时间算法。输入安全参数 1^λ，输出公共参数 pp，即 $pp \leftarrow \mathrm{KGen}(1^\lambda)$。
- Com（承诺算法）是一个概率多项式时间算法。输入公共参数 pp 和消息 m，产生承诺值 c，即 $c \leftarrow \mathrm{Com}(pp,m)$。
- Rev（揭开算法）是一个确定性算法。输入公共参数 pp 和承诺值 c，输出消息 m 和承诺时所用的随机串 r，使其满足 $\mathrm{Com}(pp,m,r)=1$。

承诺方案需要满足以下两个性质：

（1）隐藏性质。不同消息的承诺是计算不可区分的，即对任意概率多项式时间算法 A，存在可忽略函数 $\varepsilon(\cdot)$，有

$$\Pr[b=b' : pp \leftarrow \mathrm{KGen}(1^\lambda),(m_0,m_1) \leftarrow A(pp),b \leftarrow \{0,1\},\\ c \leftarrow \mathrm{Com}(pp,m_b),b' \leftarrow A(pp,c)] \leqslant \frac{1}{2}+\varepsilon(\lambda)$$

此时称承诺方案具有计算隐藏性质或者是计算隐藏的。特别地，若对任意计算时间无界的算法 A 均满足上式，称该承诺方案是统计隐藏的。若对任意计算时间无界的算法 A，上面的概率均等于 1/2，则称该承诺方案是完美隐藏的。

（2）绑定性质。对于消息 m 的随机承诺值 c，考虑试图将 c 打开成 $m_1 \neq m$ 这个事件。若对于任何概率多项式时间敌手 A，仅能以可忽略的概率成功，称承诺方案是计算绑定的，即对任意概率多项式时间算法 A，存在可忽略函数 $\varepsilon(\cdot)$，有

$$\Pr[m \neq m' \wedge \mathrm{Com}(pp,m,r)=\mathrm{Com}(pp,m',r')=c : pp \leftarrow \mathrm{KGen}(1^\lambda),\\ c \leftarrow \mathrm{Com}(pp,m),(m',r') \leftarrow A(pp,c,\mathrm{Rev}(pp,c))] \leqslant \varepsilon(\lambda)$$

特别地，若对任意计算时间无界的算法 A 均满足上式，称该承诺方案是统计绑定的。若对任意计算时间无界的算法 A，上面的概率均为 0，则称该承诺方案是完美绑定的。

从上面隐藏性质和绑定性质的定义可知，承诺方案不能既满足统计隐藏性质又满足统计绑定性质。

以承诺方案作为工具，下面给出 NP 问题的零知识证明的构造。这里给出证

明图三着色问题的两个协议的构造，第一个是由 Goldreich 等给出的，是为了说明 NP 问题的零知识证明的存在性，但是构造的子协议错误概率过高。为降低错误概率，其需要进行多项式次顺序复合，协议的轮数将达到多项式轮。第二个是进一步考虑到低轮数需求，构造了常数轮的方案，以此说明 NP 问题存在常数轮的零知识证明。进一步，如果对其中使用的承诺方案的隐藏性质限定在信息论意义下，得到的零知识证明将是一个完美零知识证明系统，而不仅仅是计算零知识证明系统。从这两个协议构造中，也可以体会到承诺方案的性质对零知识证明方案的性质的影响。

NP 问题的零知识证明构造一：图的三着色问题是一个 NP 完备问题。设三个颜色用$\{1,2,3\}$表示，对于图 $G=(V,E)$，称它是一个三着色图，如果存在顶点和颜色之间的映射 $\phi:V\to\{1,2,3\}$，使得$\forall(u,v)\in E$，都有 $\phi(u)\neq\phi(v)$。图的三着色问题的零知识证明协议构造如下：

（1）公共输入：图 $G=(V,E)$，不妨设 $V=\{1,2,\cdots,n\}$。

（2）证明者的辅助输入：图 G 的三着色 Ψ。

（3）证明者的第一步（P_1）：证明者 P 选择$\{1,2,3\}$上的随机置换 π，令 $\phi(i)=\pi(\Psi(i))$，其中 $i\in V$。然后，P 使用具有完美绑定性质的承诺方案 Com 对每个顶点上的颜色进行承诺，并且把承诺值发送给 V。即 P 均匀独立的选取 $s_1,\cdots,s_n\in\{0,1\}^n$ 并且计算 $c_i=\mathrm{Com}(s_i,\phi(i))$或记为 $c_i=C_{s_i}(\phi(i))$，其中 $i\in V$。发送 $c_1,\cdots,c_n$ 给验证者 V。

（4）验证者的第一步（V_1）：验证者随机选取图 G 的一条边$(u,v)\in E$ 并且发送给 P。

（5）证明者的第二步（P_2）：证明者揭开对应于顶点 u，v 的承诺，并且把$(s_u,\phi(u))$和$(s_v,\phi(v))$的值发给 V。

（6）验证者的第二步（V_2）：验证者 V 验证 P 揭开的承诺值是否正确，并且验证 $\phi(u)\neq(v)$。若验证正确，V 输出 1；否则，输出 0。

从上面的构造可以看出：如果图 G 是三着色的，则诚实证明者能够始终让诚实验证者接受他的证明并输出 1；如果图 G 不是三着色图，那么不管如何着色，必定存在一条边，它的两个端点的颜色是一致的。因此，不管证明者采取何种欺骗策略，此时 V 拒绝 G 的概率至少为 $1/|E|$。因此，上述构造是一个交互证明系统。它的零知识性质来自于模拟器的存在性，模拟器 M 构造如下：首先，M 承诺一些伪着色发送给 V^* 以便探测 V^* 提问的是那条边。然后，M 随机选择两个不同的颜色作为该条边的着色并且对其进行承诺，其他边对应顶点的着色仍然使用伪着色并且对这些伪着色进行承诺，把这些承诺值发送给 V^*，然后 M 以黑盒方式调用 V^* 并继续执行此协议以便完成模拟。需要指出的是，这里的模拟器的

运行时间不是严格意义上的多项式时间，而是平均意义的多项式时间，我们称之为期望多项式时间。综上构造的是一个图的三着色问题的零知识证明系统。

考虑到轮效率是协议效率的一个重要度量指标，我们期待得到常数轮的协议。通常，把常数轮并且错误概率是 $2^{-\mathrm{poly}(n)}$ 的协议称为是轮有效的协议。上面的方案是一个原子协议，如果想要将错误概率降低到 $2^{-\mathrm{poly}(n)}$，其中 n 是公共输入的二进制长度，需要独立重复运行多项式次原子协议，最终得到的协议将会是多项式轮。为了构造 NP 问题的常数轮的零知识证明系统，Goldreich 和 Kahan 对上述协议进行了修改，给出了如下构造。

NP 问题的零知识证明构造二：

（1）公共输入：图 $G=(V,E)$，不妨设 $V=\{1,2,\cdots,n\}$。令 $t=n\cdot|E|$。

（2）证明者辅助输入：图 G 的三着色 Ψ。

（3）证明者第一步（P_1）：证明者执行具有完全隐藏性的承诺方案 Com_1 的承诺阶段的第一轮消息，发送 m_1 给 V。

（4）验证者第一步（V_1）：验证者 V 随机独立选取 t 条边 $\overline{E}=((u_1,v_1),\cdots,(u_t,v_t))\in E^t$，然后他随机选取 $\overline{s}\in\{0,1\}^{\mathrm{poly}(n)}$ 并且计算这些边的承诺值 $\mathrm{Com}_1(m_1,\overline{s},\overline{E})$，将其发送给 P。

（5）证明者第二步（P_2）：证明者均匀选取 $\{1,2,3\}$ 上的 t 个置换 $\pi_1,\cdots,\pi_t$，对于每个 $i\in V$ 和 $1\leqslant j\leqslant t$，令 $\phi_j(i)=\pi_j(\Psi(i))$。使用具有完全绑定性质的承诺方案 Com_2，证明者把这些边变换之后的颜色承诺起来并且把承诺值发送给 V。即 P 均匀选取 $s_{11},\cdots,s_{nt}\in\{0,1\}^n$，计算 $c_{ij}=\mathrm{Com}(s_{ij},\phi_j(i))$ 并且发送 $c_{11},\cdots,c_{nt}$ 给 V。

（6）验证者第二步（V_2）：验证者揭开承诺的 t 条边，发送 $(\overline{s},\overline{E})$ 给证明者 P。

（7）证明者第三步（P_3）：首先验证 V 打开的承诺是否正确，若正确，P 揭开这些边对应的顶点置换后的颜色，即发送

$$((s_{u_1}1,\phi_1(u_1)),(s_{v_1}1,\phi_1(v_1))),\cdots,((s_{u_t t},\phi_t(u_t)),(s_{v_t t},\phi_t(v_t)))$$

给验证者；否则，V 终止协议并停机。

（8）验证者第三步（V_3）：验证者验证 P 打开的承诺是否正确，并且验证 $\phi_j(u_j)\neq\phi_j(v_j)$，其中 $j=1,\cdots,t$。若验证正确，V 输出 1；否则，输出 0。

在上面的构造中，限定证明者是具有多项式时间能力的机器，把证明者所使用的具有完全绑定性质的承诺方案替换成计算隐藏性质的承诺方案，得到的协议是一个完美零知识的论证系统。因此，对于任意的 $L\in\mathrm{NP}$ 存在完全零知识的论证系统。

【定理 9.3】 如果存在单向置换，那么任意的语言 $L\in\mathrm{NP}$ 都存在常数轮完美零知识论证系统。

9.3 CVP 问题的不可近似计算性

CVP 问题的 NP 困难性质说明给出一个有效精确计算 CVP 问题的算法几乎是不可能的。对于 CVP 的近似问题，在不大的近似因子下，CVP_γ 问题仍然是 NP 困难。在 ℓ_p 范数下，对任意固定 p，GAPCVP_γ 问题在 $\gamma(n)=O(\log^c n)$ 内是 NP 困难，其中 c 是与 n 无关的常数；在 NP 不包含于 QP（Quasi-Polynomial Time，在 $2^{\log^c n}$时间内可求解的判定问题类）的假设下，在近似因子 $\gamma(n)=2^{\log^{1-\varepsilon} n}$ 内，CVP_γ 不能有效求解，其中 ε 为任意正常数。这里的近似因子，尽管小于 n^ε，但是远远大于对数多项式，称为拟多项式因子。

本节作为交互证明系统的应用，我们讨论 GAPCVP_γ 的补。

【定义 9.13】（AM 协议）Arthur-Merlin（简称 AM）协议，又称公共掷币证明系统，是一个特殊的交互证明系统。在每一轮，验证者只掷币并将掷币结果发给证明者，而在最后一轮，验证者决定是否接受。对每个非负整函数 $r(\cdot)$，定义复杂类 $\mathrm{AM}(r(\cdot))$ 由满足如下性质的语言组成：

每个语言由一个 Arthur-Merlin 证明系统组成。在该系统中，关于公共输入 x，至多用 $r(|x|)$ 轮。记 $\mathrm{AM}=\mathrm{AM}(2)$。

AM 协议和一般交互证明系统之间的不同，可被视为询问巧妙问题和询问随机问题之间的不同，这两种情形是等价的。事实上，可以证明，对 $\forall r(\cdot)$，有 $\mathrm{IP}(r(\cdot))\subseteq \mathrm{AM}(r(\cdot)+2)$。

【定义 9.14】 称一个诺言问题在 AM 中，如果存在一个协议，满足：

（1）常数轮；

（2）参与双方中，Arthur 作为验证者是一个 BPP 机器，证明者 Merlin 是计算无界的；

（3）两个常数 $0\leqslant a<b\leqslant 1$，使得对 YES 输入，Merlin 有一个策略使得 Arthur 以至少 b 的概率接受；对于 NO 输入，无论 Merlin 采取任何策略，Arthur 接受的概率至多为 a。

对于 GAPCVP_γ，在 20 世纪 90 年代 Lagarias，Hästad，Banaszczyk 等证明，当 $\gamma=\sqrt{n}$时 $\mathrm{GAPCVP}_\gamma\in\mathrm{NP}\cap\mathrm{coNP}$，由此可以说明 $\mathrm{GAPCVP}_{\sqrt{n}}$不是 NP 困难的可能性；2000 年 Goldreich 和 Goldwasser 证明了 $\mathrm{GAPCVP}_{O(\sqrt{n})}\in\mathrm{NP}\cap\mathrm{coAM}$。

下面作为交互证明系统的应用，我们给出 $\mathrm{GAPCVP}_{\sqrt{n}}\in\mathrm{coAM}$ 的证明。类似方法可以证明，当 $\gamma=\sqrt{n/\log n}$时，$\mathrm{GAPCVP}_\gamma\in\mathrm{NP}\cap\mathrm{coAM}$，该结论蕴含一个更强结果，即 $\mathrm{GAPCVP}_\gamma\in\mathrm{SZK}$（统计零知识）。为简单起见，用$\{0。1\}^*$表示所有的 0-1

串，且不妨设所有语言都是其子集。实际中如果 x 是从连续分布中选取的，则无法用有限个比特准确表示，但可取多项式多个比特近似表示。

【定理 9.4】 $\mathrm{GAPCVP}_{\sqrt{n}} \in \mathrm{coAM}$。

为了证明该定理，我们需要构造协议：允许 Arthur 验证“一个点远离格”。即给定$(\boldsymbol{B},\boldsymbol{v},d)$，若 $\mathrm{dist}(\boldsymbol{v},\mathcal{L}(\boldsymbol{B}))\geqslant\sqrt{n}\,d$，则 Arthur 以概率 1 接受；若 $\mathrm{dist}(\boldsymbol{v},\mathcal{L}(\boldsymbol{B}))<d$，则以某正概率拒绝。

【事实 9.1】 n 维单位球的体积为 $V_n=\pi^{n/2}/(n/2)!$，其中$(1/2)!=\sqrt{\pi}/2$，可证明$\dfrac{(n+1/2)!}{n!}\approx\dfrac{n!}{(n-1/2)!}\approx\sqrt{n}$。

【引理 9.1】 对任意 $\varepsilon>0$ 和任意向量 $\boldsymbol{v}$，$\|\boldsymbol{v}\|\leqslant\epsilon$，则两个分别以 $\mathbf{0}$ 和 $\boldsymbol{v}$ 为球心的单位球的体积满足$\dfrac{\mathrm{vol}(\mathcal{B}(\mathbf{0},1)\cap\mathcal{B}(\boldsymbol{v},1))}{\mathrm{vol}(\mathcal{B}(\mathbf{0},1))}\geqslant\varepsilon\cdot\dfrac{(1-\varepsilon^2)^{\frac{n-1}{2}}}{3}\sqrt{n}$。

证明：$\mathcal{B}(\mathbf{0},1)\cap\mathcal{B}(\boldsymbol{v},1)$含一个高 ε 的柱体，底面半径为$\sqrt{1-\varepsilon^2}$。

$$\frac{\mathrm{vol}(\mathcal{B}(\mathbf{0},1)\cap\mathcal{B}(\boldsymbol{v},1))}{\mathrm{vol}(\mathcal{B}(\mathbf{0},1))}>\frac{\varepsilon V_{n-1}(\sqrt{1-\varepsilon^2})^{n-1}}{V_n}\approx\varepsilon\cdot\frac{(1-\varepsilon^2)^{\frac{n-1}{2}}}{\sqrt{\pi}}\sqrt{n/2}\geqslant\varepsilon\cdot\frac{(1-\varepsilon^2)^{\frac{n-1}{2}}}{3}\sqrt{n}。$$

对于 $\varepsilon\leqslant 2/\sqrt{n}$，由引理 9.1 有下列结论：

【推论 9.1】 存在常数 $\delta>0$，使得对任意 $d>0$ 和任意 $\boldsymbol{y}\in\mathbb{R}^n$满足 $|\boldsymbol{y}|\leqslant d$，有 $\Delta\left(U\left(\mathcal{B}\left(\mathbf{0},\frac{1}{2}\sqrt{n}\,d\right)\right)\right)$，$U\left(\mathcal{B}\left(\boldsymbol{y},\frac{1}{2}\sqrt{n}\,d\right)\right)<1-\delta$，这里 U 为均匀分布。

证明：估计 $\Delta=\dfrac{\mathrm{vol}\left(\mathcal{B}\left(\mathbf{0},\frac{1}{2}\sqrt{n}\,d\right)\backslash I\right)+\mathrm{vol}\left(\mathcal{B}\left(\boldsymbol{y},\frac{1}{2}\sqrt{n}\,d\right)\backslash I\right)}{\mathrm{vol}\left(\mathcal{B}\left(\mathbf{0},\frac{1}{2}\sqrt{n}\,d\right)\right)+\mathrm{vol}\left(\mathcal{B}\left(\boldsymbol{y},\frac{1}{2}\sqrt{n}\,d\right)\right)}$即可，其中集合 $I=\mathcal{B}\left(\mathbf{0},\frac{1}{2}\sqrt{n}\,d\right)\cap\mathcal{B}\left(\boldsymbol{y},\frac{1}{2}\sqrt{n}\,d\right)$。

注：对于任意常数 c 和 $\varepsilon\leqslant c\sqrt{\log n}$，引理 9.1 中右边仍大于等于 $1/\mathrm{poly}(n)$。

对于“点在格上均匀分布”一直没有明确定义。通常处理方法之一是，将点限制于足够大的立方体$[-k,k]^n$内，但此时面临问题是“所讨论的点可能落入立方体边缘很近的区域”。因此，我们的方法是考虑限制于分布的一个周期内，即在$\mathbb{R}^n/\mathcal{L}(\boldsymbol{B})$内，其中 $\mathcal{P}(\boldsymbol{B})$ 中点即为陪集代表元，而所有点模 $\mathcal{L}(\boldsymbol{B})$ 是周期出现。

【定义 9.15】 对 $\boldsymbol{x}\in\mathbb{R}^n$，定义 $\boldsymbol{x} \bmod \mathcal{P}(\boldsymbol{B})$ 为满足 $\boldsymbol{x}-\boldsymbol{y}\in\mathcal{L}(\boldsymbol{B})$ 的唯一的 $\boldsymbol{y}\in\mathcal{P}(\boldsymbol{B})$。

下面给出定理 9.4 的证明。

首先 Arthur 掷一个公平硬币，若是正面（head），则在 $\mathcal{L}(\boldsymbol{B})$ 中随机选择一个“均匀”点；若反面（tail），则在 $\boldsymbol{v}+\mathcal{L}(\boldsymbol{B})$ 中随机选择一个“均匀”点。记所选择的点为 $\boldsymbol{w}$。然后，以 $\boldsymbol{w}$ 为球心，$\frac{\sqrt{n}d}{2}$ 为半径的球 $\mathcal{B}\left(\boldsymbol{w},\frac{\sqrt{n}}{2}d\right)$ 中随机选择均匀点 $\boldsymbol{x}$，并将 $\boldsymbol{x}$ 发送给 Merlin。Merlin 收到 $\boldsymbol{x}$ 后告知 Arthur 掷币结果是 head 还是 tail。具体协议构造如下。

基于 GAPCVP 的 AM 协议构造：

公共输入：$(\boldsymbol{B},\boldsymbol{v},d)$

（1） Arthur 均匀随机选择 $\sigma\in\{0,1\}$ 和一个随机点 $\boldsymbol{t}\in\mathcal{B}(\boldsymbol{0},\sqrt{n}d/2)$，然后 Arthur 将 $\boldsymbol{x}=\sigma\boldsymbol{v}+\boldsymbol{t} \bmod \mathcal{P}(\boldsymbol{B})$ 发送给 Merlin。（注，$\sigma=1$，则 $\boldsymbol{x}\in\mathcal{B}\left(\boldsymbol{v},\frac{\sqrt{n}d}{2}\right)$。）

（2） Merlin 检验是否 $\text{dist}(\boldsymbol{x},\mathcal{L}(\boldsymbol{B}))<\text{dist}(\boldsymbol{x},\boldsymbol{v}+\mathcal{L}(\boldsymbol{B}))$。若“<”，则返回 $\tau=0$；否则，返回 $\tau=1$。

（3） Arthur 接受当且仅当 $\tau=\sigma$。

协议的完备性：若 $\text{dist}(\boldsymbol{v},\mathcal{L}(\boldsymbol{B}))>\sqrt{n}d$ 则 Arthur 以概率 1 接受。事实上，若 $\sigma=0$，则 $\text{dist}(\boldsymbol{x},\mathcal{L}(\boldsymbol{B}))=\text{dist}(\boldsymbol{t},\mathcal{L}(\boldsymbol{B}))\leqslant\|\boldsymbol{t}\|\leqslant\sqrt{n}d/2$，而

$$\begin{aligned}\text{dist}(\boldsymbol{x},\boldsymbol{v}+\mathcal{L}(\boldsymbol{B}))&=\text{dist}(\boldsymbol{t},\mathcal{L}(\boldsymbol{B})+\boldsymbol{v})=\text{dist}(\boldsymbol{t}-\boldsymbol{v},\mathcal{L}(\boldsymbol{B}))\\&\geqslant\text{dist}(\boldsymbol{v},\mathcal{L}(\boldsymbol{B}))-\|\boldsymbol{t}\|>\sqrt{n}d/2>\text{dist}(\boldsymbol{x},\mathcal{L}(\boldsymbol{B}))\end{aligned}$$

则 Merlin 回答正确 $\tau=0$，从而 Arthur 接受。对于 $\sigma=1$，类似讨论。

协议的正确性：

（1） 若 $\text{dist}(\boldsymbol{v},\mathcal{L}(\boldsymbol{B}))\geqslant\sqrt{n}d$，则两个分布 $\mathcal{L}(\boldsymbol{B})$ 和 $\boldsymbol{v}+\mathcal{L}(\boldsymbol{B})$ 中点无交。于是 Merlin 以概率 1 正确回答；另一方面，若 $\text{dist}(\boldsymbol{v},\mathcal{L}(\boldsymbol{B})<d$，则两个分布多数重叠，且 Prover 以非负概率出错。

（2） 若 $\text{dist}(\boldsymbol{v},\mathcal{L}(\boldsymbol{B}))\leqslant d$，则 Arthur 以某常数概率拒绝。事实上，不妨设 $\boldsymbol{w}\in\mathcal{L}(\boldsymbol{B})$ 使得 $\text{dist}(\boldsymbol{v},\mathcal{L}(\boldsymbol{B}))=\|\boldsymbol{v}-\boldsymbol{w}\|$，取 $\boldsymbol{y}=\boldsymbol{v}-\boldsymbol{w}$，则 $\boldsymbol{v}-\boldsymbol{y}\in\mathcal{L}(\boldsymbol{B})$ 且 $\|\boldsymbol{y}\|\leqslant d$。令 η_0 为 $\mathcal{B}(\boldsymbol{0},1/2\sqrt{n}d)$ 上均匀分布，η_1 为 $\mathcal{B}(\boldsymbol{y},1/2\sqrt{n}d)$ 上均匀分布。于是 Arthur 发送的点等价于从 $\eta_\sigma \bmod \mathcal{P}(\boldsymbol{B})$ 选择的点。由推论 9.1，知 $\Delta(\eta_0,\eta_1)<1-\delta$。故 Arthur 以不小于 δ 的概率拒绝。

9.4　概率可验证证明系统

在 NP 证明系统中，验证算法是确定性的，验证者通过检验整个证据去判定

某个判定问题的成员归属关系，其中，完备性错误和合理性错误均为0。考虑这样的问题：对一个判定问题，如果放宽验证者算法为概率算法，且适度放宽验证效果使其允许发生一定数量的错误，是否可以仅检验证明的一小部分就可以较高可信度去判定该问题的成员归属关系？这刚好是概率可验证证明（Probabilistically Checkable Proof，PCP）的涵盖范围。

粗略地讲，概率可验证证明由一个概率多项式时间的验证者组成，该验证者可以通过直接访问某个比特串的方式获取它的某些位置上的比特信息，这个比特串被称为Oracle，代表整个证明。对该Oracle的查询对应着所访问的比特串的位置，查询哪些位置由验证者的输入和随机抛币共同决定。利用概率证明系统去判定某个判定问题的成员归属关系时，要满足两个条件：①对于该判定问题的YES实例，通过查询某个Oracle上面的部分位置信息进行判断，验证者总是能够接受该实例。②对于NO实例，无论使用哪个比特串作为Oracle，验证者能够接受该实例的概率都不超过1/2。

从交互证明的角度来看，概率可验证证明可以看作是验证者和一个无记忆功能的证明者进行交互。其中，验证者所查询的Oracle可以看作是证明者，对Oracle进行查询的问题可以看作是验证者发送给证明者的提问，Oracle对这些查询的回答则是证明者对验证者的回答。不同的是，交互证明系统中的证明者，会根据此前所产生的消息历史记录去计算回答发送给验证者。在概率可验证证明系统中，证明者把每次接收到的提问都看作是第一次，不会记得此前的消息历史记录，从而每次回答都不依赖于此前的消息历史记录。以下给出概率可验证证明的形式化定义。

【定义9.16】 关于语言L的概率可验证证明是一个概率多项式时间Oracle机器M，满足以下条件。其中，M被称为验证者，它访问的Oracle被称为证明。

（1）完备性：对$x \in L$，存在一个Oracle π_x，使得M通过访问该Oracle的某些位置信息并得到回答后，判断并接受该实例且输出1，即$\Pr[M^{\pi_x}(x)=1]=1$；

（2）合理性：对$x \notin L$，对每个Oracleπ，M通过访问其上某些位置信息并输出1的概率不超过1/2，即$\Pr[M^{\pi}(x)=1] \leqslant 1/2$。其中，概率取自于$M$的内部抛币。

对于上面的Oracle机器M，除了时间复杂度之外，有两个更重要的复杂性度量指标：随机性复杂度（Randomness Complexity）和查询复杂度（Query Complexity）。其中，随机性复杂度是指验证者M所使用的随机抛币数量。在Oracle确定的前提下，随机性复杂度能够刻画M的所有可能执行的数量。查询复杂度是指验证者M询问的问题的数量，它能够刻画验证者所读取了证明中的多大比例的信息，以便用于进行判定。

【定义 9.17】 令$r(\cdot)$，$q(\cdot)$：$\mathbb{N}\to\mathbb{N}$是两个整数函数。称概率可验证证明具有查询复杂度$q(\cdot)$，如果对任意长度为n的输入，验证者至多进行$q(n)$次Oracle查询。称概率可验证证明具有随机性复杂度$r(\cdot)$，如果验证者对n比特长的输入至多使用$r(n)$长的随机抛币。进一步地，将所有可以使用具有$q(n)$查询复杂度和$r(n)$随机性复杂度的概率可验证证明能够判定的判定问题放到一起，构成复杂类PCP(r,q)。对于整数函数集合R和Q，定义PCP$(R,Q)=\bigcup_{r\in R,q\in Q}PCP(r,q)$。

关于概率可验证证明的定义，需要说明的有如下两点：第一，对于概率可验证证明系统中的错误概率，可以通过连续多次执行该证明系统的方式将其降低。比如，独立地重复执行k次，最终可以将验证者被成功欺骗的概率降低至2^{-k}，此时相应的查询复杂度和随机性复杂度至多增至原来的k倍。可以看出，概率可验证证明在证明的可信度和所需验证的证明位置数之间给出了一种折中。第二，定义中允许验证者是适应性的（Adaptive），即验证者可以根据此前查询中获取到的回答去决定下一次查询的问题。相对于适应性验证者，非适应性（Non-adaptive）验证者的所有提问问题由他的输入和随机抛币共同决定。本节我们提到的概率验证证明系统均是指非适应性的。

对于概率可验证证明系统，随着随机性复杂度$r(\cdot)$和查询复杂度$q(\cdot)$的变化，它所刻画的复杂类会发生变化。比如，当查询复杂度为极端情况$q(\cdot)=0$且$r(\cdot)$为任意正多项式时，有PCP(poly,0)=coRP成立。当随机性复杂度为极端情况$r(\cdot)=0$且$q(\cdot)$为任意正多项式时，有PCP(0,poly)=NP成立。以下定理使用了非确定性时间复杂度刻画概率可验证证明系统的能力上界。

【定理 9.5】 对正整数$n\in\mathbb{N}$，任意整数函数$r(\cdot)$和$q(\cdot)$，有

$$\mathrm{PCP}(r(n),q(n))\subseteq\mathrm{NTIME}(2^{O(r(n)+q(n))}n^{O(1)})$$

证明：对于判定问题$L\in$PCP$(r(n),q(n))$，概率多项式时间的验证者M需要的随机抛币长度为$r(n)$。对每一种随机抛币的可能性，M至多需要进行$q(n)$个查询，因此，M所查询的证明的位置共有$2^{q(n)}$种可能性。于是，遍历所有的随机抛币，共计有$2^{r(n)+q(n)}$个位置可供查询。构造非确定性图灵机U如下：输入n长比特串x，第一步，U首先猜测查询位置和对这些查询的回答，这些操作能够在$2^{r(n)+q(n)}n^{O(1)}$时间内完成；第二步，在每个查询位置上，U调用算法M在所有随机抛币上的运行。当M需要Oracle查询时，U使用相应的位置信息提供回答给M。U输出1当且仅当M在该查询位置上的所有输出均为1。

【定理 9.6】 对多项式界的$r(\cdot)$，PCP$(r,\mathrm{poly})\subseteq$NTIME$(2^r\cdot\mathrm{poly})$。特别地，PCP(log,poly)$\subseteq$NP成立。

证明：对于判定问题$L\in$PCP$(r(n),\mathrm{poly})$，概率多项式时间的验证者M需要

的随机抛币长度为$r(n)$。对每一种随机抛币的可能性，M至多需要进行poly个查询。将验证者的所有随机抛币对应的那些查询位置放在一起，对这些查询位置的回答放在一起，组成$((r_1,\cdots,r_{2^{r(n)}}),(a_1,\cdots,a_{2^{r(n)}}))$，其中$r_i$是随机抛币，$a_i$是$r_i$对应的查询的回答。于是，$((r_1,\cdots,r_{2^{r(n)}}),(a_1,\cdots,a_{2^{r(n)}}))$共有$2^{r(n)}\cdot \text{poly}$种可能性。构造非确定性图灵机$U$如下：输入$n$长比特串$x$，第一步，$U$首先猜测$((r_1,\cdots,r_{2^{r(n)}}),(a_1,\cdots,a_{2^{r(n)}}))$，这些操作能够在$2^{r(n)}\cdot \text{poly}$时间内完成；第二步，在每个猜测上，$U$调用算法$M$在所有随机抛币上的运行。当$M$需要Oracle查询时，$U$使用该猜测中所包含的回答提供回答给$M$。$U$输出1当且仅当$M$在该查询位置上的所有输出均为1。

进一步地，当$r(\cdot)=\log n$时，$\text{PCP}(\log,\text{poly})\subseteq\text{NP}$成立。

实际上，NP问题可以使用具有对数随机性复杂度和常函数查询复杂度的概率可验证证明进行刻画，这就是著名的PCP定理。

【定理9.7】 $\text{PCP}(\log,O(1))=\text{NP}$。

习题

9.1 试构造具有n个变量、m个子句的合取范式CNF的不可满足性的交互证明系统，进而证明：$\text{coNP}\subseteq\text{IP}$。

9.2 对具有n个变量的合取范式CNF的不可满足性问题，试给出一个$n/O(\log n)$轮交互证明系统。

9.3 证明：若语言L具有一个交互证明系统，则它就有一个具有确定性证明者的交互证明系统。

9.4 证明：若语言L具有这样一个交互证明系统，满足验证者永不接受L的NO实例，则$L\in\text{NP}$。

9.5 构造图的哈密尔顿圈的零知识证明系统，并分析其完备性、合理性及零知识性质。

9.6 证明：黑盒零知识在顺序合成下保持零知识性质。

9.7 证明PCP与其他语言类有如下关系：

(1) 若$\text{NP}\subseteq\text{PCP}(o(\log),o(\log))$，则$\text{NP}=\text{P}$。

(2) $\text{PCP}(\text{poly},\text{poly})=\text{NEXP}$。

(3) $\text{PCP}(\text{poly},0)=\text{coRP}$。

(4) $\text{PCP}(0,\text{poly})=\text{NP}$。

(5) $\text{PCP}(\log,\text{poly})\subseteq\text{NP}$且$\text{NP}\subseteq\text{PCP}(\log,O(1))$，进而$\text{NP}=\text{PCP}(\log,O(1))$。

第 10 章　密码学的计算复杂性视角

在后 NPC 时代，我们将破译者视为一种资源有限的概率图灵机。一个新的思想出现，即我们将攻破密码体制的任务归约到某个计算困难性问题的解决上来证明该加密体制的安全性。复杂性理论密码学的中心思想是通过利用可有效计算的问题和某些困难问题求解的计算不可行性之间的差距来实现安全性。

考虑以下设置：Alice 通过计算密文 y 来加密明文消息 $x\in\{0,1\}^n$，y 是加密函数 f 下 x 的像。对手 Eve 只知道密文和加密函数，试图检索明文消息，如试图找到一个 $\tilde{x}\in\{0,1\}^n$ 使得 $f(\tilde{x})=y$。

显然，如果 Eve 只是猜测 x，那么检索到原始明文的概率将是微不足道的。如果我们假设 f 为一一映射函数，则概率为 $\Pr[f(U_n)=f(x)]=\frac{1}{2^n}$，其中 U_n 表示在 $\{0,1\}^n$ 上均匀分布的随机变量。

另一方面，如果 Eve 测试所有可能的明文，Eve 肯定会找到原始明文。但是 Eve 必须将函数 f 作用于不同的明文候选者执行 2^n 次。这种方法非常低效并且对于足够大的 n 几乎不可能，因为 Eve 的计算资源是有界的。

那么，是否在“中间”存在一个算法，可以在多项式时间内以非常高的成功概率找到 $\tilde{x}$。如果在某种意义上对 f 求逆足够困难，则这种算法不存在，f 将被称为单向。因此，安全的加密体制中加密函数的单向性是安全的必要前提。由此，我们就有希望设计在实际应用中足够有效的密码体制，并且攻击这些体制需要上百万年的计算时间。

最初密码学家试图将加密方法的安全性建立在某个已知的 NPC 问题的困难性上。但到目前为止，这种努力并没有成功，似乎是因为 NPC 问题关注于问题在最坏情形下的困难性，而密码学需要在绝大多数情形下困难的问题。毕竟，在我们加密文件时，我们要求敌手对所有或者几乎所有的加密消息都很难解密，而不是只针对一部分加密消息，因此密码学是基于平均情形下的复杂性。单向函数恰是平均困难下的一个很好的工具。这类函数容易计算输入的值，而对于大多数输入来说求逆则非常困难。在大量的假设下，包括在平均情形下需要超多项式时间的著名的整数分解问题，我们可以证明这类函数的存在性。

现在加密问题的解答分为两个不同的种类。在私钥密码学中，我们假设两个或者更多个成员共享一个私密“钥匙”，即一个具有适当大小的统计上随机的字符串，并且不为敌手所知。在公钥密码学中，我们放弃这种假设。取而代之的是，每个成员 P 选择一对密钥：加密密钥和解密密钥，二者均从某个相关的分布中随机选取产生。加密密钥用来加密送往 P 的消息是公开的，包括敌手在内每个人都知道。解密密钥由成员 P 保存并用来解密消息。一个著名的加密方案是基于 RSA 函数的。目前我们还不知道如何只利用单向函数存在的假设来构造公钥加密，并且用于公钥加密构造的假设都要求具有某种特殊结构的单向函数存在。

在过去的 20 年中，密码学的任务已经超越了基本的加密范畴——从实现电子货币到公共数据库中隐私保护，到处都有密码学的应用。在这些新的发展中的一个核心要素转变为下述问题的答案，“何谓一个随机字符串以及我们如何生成随机字符串?”。对于该问题的复杂性理论上的回答产生了伪随机生成器的概念，伪随机生成器是密码学中的重要模块，它不仅本身很有研究意义，而且也是密码学中包括加密在内的其他定义的基础。

10.1 单向函数及硬核谓词

10.1.1 单向函数

【定义 10.1】（单向函数） 称函数 $f:\{0,1\}^*\to\{0,1\}^*$ 为单向函数，如果它满足以下两个条件：

（1）易于计算。存在多项式时间算法 A，使得 $\forall x\in\{0,1\}^*$ 有 $\boldsymbol{A}(x)=f(x)$。

（2）难于求逆。对于任意概率多项式时间算法 A'，任意多项式 $p(\cdot)$ 和所有足够大的 $n\in\mathbb{N}$，有 $\Pr[A'(f(U_n),1^n)\in f^{-1}(f(U_n))]<\dfrac{1}{p(n)}$ 成立，其中 U_n 表示在 $\{0,1\}^n$ 上均匀分布的随机变量。

说明：在定义 10.1 中，敌手 A' 为被动敌手，即敌手只能读取密文 $f(x)$，自己生成任何消息的加密（将 f 应用于任意 $x\in\{0,1\}^n$）并执行概率多项式时间计算。成功的攻击即为事件“A' 输出密文 $f(x)$ 的原像”。显然，如果 $f(x)$ 是一一映射函数，则原像将是唯一的并且等于原始明文。敌手算法 A' 将密文 $f(x)$ 和安全参数 1^n 作为输入，该安全参数对应于 x 的二进制长度。由于加密函数在多项式时间内是可计算的，密文的大小 $|f(x)|$ 在 $n=|x|$ 的多项式界内。此外，单向性的保证是概率性的。敌手不是无法找到原始明文，而是以极低概率找到。与简单猜测相比，每个敌手算法的成功概率忽略不计。

在定义 10.1 中，f 的定义域是所有长度有限的二进制字符串的集合。为了进一步讨论，对单向函数的原像和像长度做限制后有如下定义。

【定义 10.2】（长度在 I 中的单向函数） 令 $I \subset \mathbb{N}$ 是一个多项式时间可枚举的集合，即 $\forall n \in \mathbb{N}$，$s_I(n) := \min\{i \in I : i > n\}$ 是多项式时间可计算的。设 f 是长度在 I 中的，即 f 的定义域是 $\bigcup_{n \in I}\{0,1\}^n$。如果 f 是在多项式时间可计算的且 f 长度 n 在 I 中的定义域上求逆困难，称 f 为长度在 I 中的单向函数。

给定这样的函数 f，我们可以构造一个函数 $g:\{0,1\}^* \to \{0,1\}^*$，通过令 $g(x) := f(x')$，其中 x' 是具有 I 中长度的 x 的最长前缀。

【引理 10.1】 令 I 是一个多项式时间可枚举的集合，f 是长度在 I 中的单向函数，那么上面构造的 g 是单向函数。

证明思路： 假设存在一个概率多项式时间算法 B'，它以不可忽略的概率求逆 g，则存在使用 B' 的 PPT 算法 A' 以不可忽略的概率求逆 f。

【定义 10.3】（长度保持的单向函数） 称函数 $f:\{0,1\}^* \to \{0,1\}^*$ 为长度保持的，如果

$$\forall x \in \{0,1\}^* \text{都有} |f(x)| = |x|$$

给定一个任意的单向函数 f，我们可以构造一个长度保持的函数 g，也是单向函数。

【引理 10.2】 如果 f 是单向函数，则存在长度保持单向函数 g。

以下例 10.1～例 10.4 中的函数被认为是单向的，原因是目前还没有已知的有效求逆算法。

【例 10.1】（整数分解问题） 给定一个整数 N 找到它的素因子是困难的。对于该问题目前的算法最佳的运行时间大约为 $2^{O(\sqrt{\log p \log\log p})}$，其中 p 是 N 中的第二大素数因子。因此，对于函数 f_{mult} 将其输入分为两部分并返回把这些部分相乘得到的整数，我们可以推测是单向的。根据整数分解的复杂性和所使用素数的密度，我们可以构造一个基于 f_{mult} 的单向函数。对目前的分解算法来说，最困难的输入为 $N=x \cdot y$，其中 x，y 为大致等长的随机素数。现在普遍使用的密码函数，如 RSA 或 Rabin-Square 等，都与整数分解有关。

【例 10.2】（RSA 函数） 设 $m=pq$，其中 p，q 为两个大的随机素数，e 为一个与欧拉函数 $\phi(m)=(p-1)(q-1)$ 互素的随机数。设 $\mathbb{Z}_m^*$ 为 $\{1,2,\cdots,m\}$ 中与 m 互素的元素组成的集合。那么定义函数为 $f_{p,q,e}(x)=x^e(\bmod m)$。这用于著名的 RSA 公钥密码中。

Rabin 函数 对于合数 m，定义 $f_m(x)=x^2(\bmod m)$。如果可以对 $1/\text{poly}(\log m)$ 多的输入求逆，那么可以在 $\text{poly}(\log m)$ 的时间内分解 m。

RSA 函数和 Rabin 函数是陷门单向函数的例子：如果给定 m 的因子，那么对上述函数求逆就很容易。

【例 10.3】(随机子集和问题) 设 $m=10n$，设 f 的输入为 n 个正的 m 比特的整数 $a_1,a_2,\cdots,a_n$ 和 $\{1,2,\cdots,n\}$ 的子集 S，输出为 $\left(a_1,a_2,\cdots,a_n,\sum_{i\in S}a_i\right)$。注意到 f 将 $n(m+1)$ 比特映到 $m(n+1)$ 比特。当输入为随机选取时，函数似乎难于求逆。

【例 10.4】(离散对数问题) 设 p 为素数，g 为乘法群 $\mathbb{Z}_p^*$ 的生成元，假设函数 $\mathrm{EXP}_{g,p}:x\rightarrow(g^x \bmod p)$ 是单向的，找到 $\mathrm{EXP}_{g,p}$ 的逆的问题称为离散对数问题(简称 DLP)。目前已知的最快的随机算法在亚指数运行时间内工作。与 DLP 相关的一个有趣问题是找到一种算法，该算法将生成一个素数 p 和一个 $\mathbb{Z}_p^*$ 的生成元 g。求解 DLP 的确定性多项式时间算法目前还不知道，只有具有期望多项式时间的随机算法是已知的。ElGamal 密码系统、DH 密钥协商、DDH 问题和 CDH 问题均与 DLP 密切相关。

说明：由于可以在多项式时间内计算单向函数，因此可以通过非确定性多项式时间机器执行破解任务。因此，单向函数存在的必要条件是 P≠NP。此外，如果 NP 包含在 BPP 中，那么破解任务也可以通过概率多项式时间算法以不可忽略的概率来执行。因此，单向函数存在的一个更强的必要条件是 NP⊈BPP。

10.1.2 单向函数簇

在定义 10.1 中，单向函数 f 的定义域是一个无限集合，现在我们讨论无限集合，其中每个函数都定义在某个有限域上。作为启发，我们用例 10.4 中 $\mathrm{EXP}_{g,p}$ 来定义一个密码系统。

(1) 首先定义安全参数 1^n，这用来选择安全级别。

(2) 根据 1^n 我们计算(g,p)，其中 p 是长度为 n 的素数，g 是 $\mathbb{Z}_p^*$ 的生成元。

(3) 如果我们将定义域减少到 $D_p=\{1,\cdots,p-1\}$，则 $\mathrm{EXP}_{g,p}$ 是一一映射函数。因此，我们根据 D_p 划分明文消息并确保 $x\in D_p$。

(4) 最后我们通过应用 $\mathrm{EXP}_{g,p}$ 对 x 进行编码。

由于求逆 $\mathrm{EXP}_{g,p}$ 的难度取决于 p 的选择（如果 $p-1$ 只有非常小的因子，则 $\mathrm{EXP}_{g,p}$ 可以有效地求逆)，因此在此设置下的安全性分析必须不仅考虑难以求逆的性质，还要考虑（2）中计算(p,g)的算法和（3）中的采样算法的概率分布。基于实践，我们给出以下定义。

【定义 10.4】(单向函数簇) 设 I 是一索引集合和 $D_i\subset\{0,1\}^*$ 为有限集，$\forall i\in I$。单向函数簇是一个集合 $F=\{f_i:D_i\rightarrow\{0,1\}^*\}_{i\in I}$，满足如下两个条件。

(1) 存在三个 PPT 算法 S_I，S_D，A，使得：

① S_I 输入 I^n，输出 $i\in\{0,1\}^n\cap I$；

② S_D 输入 $i\in I$，输出 $x\in D_i$；

③ A 输入 $i\in I$ 和 $x\in D_i$，输出 $f_i(x)$。

（2）对于每个 PPT 算法 A'，每个多项式 $p(\cdot)$ 和足够大的 n，有

$$\Pr[A'(f_{I_n}(X_n)),I_n)\in f_{I_n}^{-1}(f_{I_n}(X_n))]<\frac{1}{p(n)}$$

这里 I_n，X_n 是描述 S_I，S_D 输出分布的随机变量。

【引理 10.3】 单向函数存在当且仅当单向函数簇存在。

说明：称一族函数 $\{f_n:\{0,1\}^n\rightarrow\{0,1\}^{m(n)}\}$ 为 $\varepsilon(n)$ 单向的具有安全参数 $s(n)$，如果它是多项式时间可计算的并且对于运行时间为 $s(n)$ 的任意算法 A，有

$$\Pr_{x\in\{0,1\}^n}[A\text{ 计算出 }f_n(x)\text{ 的逆}]\leqslant\varepsilon(n)$$

我们经常假设所研究的单向函数的求逆时间 $s(n)$ 为关于安全参数的超多项式，也就是说，对于任意的 k 有 $s(n)>n^k$。

10.1.3 陷门单向函数簇

这里我们更关注解密的过程。作为加密体制，密文的解密应该在多项式时间内是可计算的。由于加密函数的单向性，解密算法需要额外的附加信息才能在多项式时间内计算明文。此附加信息称为陷门，一旦获得陷门，我们就可以有效地求逆 f。

【定义 10.5】（陷门函数的集合） 设 I 是一索引集合和 $D_i\subset\{0,1\}^*$ 为有限集，$\forall i\in I$。陷门单向函数簇是一个集合 $F=\{f_i:D_i\rightarrow\{0,1\}^*\}_{i\in I}$，满足如下两个条件。

（1）存在四个 PPT 算法 S_I，S_D，A_1，A_2，使得：

① S_I 输入 1^n，输出 $i\in\{0,1\}^n\cap I$ 和陷门 t_i，存在多项式 $\ell(n)$ 有 $|t_i|<\ell(n)$；

② S_D 输入 $i\in I$，输出 $x\in D_i$；

③ A_1 输入 $i\in I$ 和 $x\in D_i$，输出 $f_i(x)$；

④ A_2 对所有的 $i\in I$，$x\in D_i$，$A_2(i,t_i,f_i(x))=x$。

（2）对于每个 PPT A'，每个多项式 $p(\cdot)$ 和足够大的 n，有 $\Pr[A'(f_{I_n}(X_n),I_n)\in f_{I_n}^{-1}(f_{I_n}(X_n))]<\frac{1}{p(n)}$，这里 I_n，X_n 是描述 S_I，S_D 输出分布的随机变量。

说明：公钥密码系统的实现可以受到以下想法的启发。令 $F:=\{f_i\}_{i\in I}$ 是陷门单向函数簇。根据安全参数随机选择一个 $i\in I$，Alice 计算陷门信息 t_i 并将其作为私钥保密，然后 Alice 将函数 f_i 作为公钥分发。Bob 可以使用加密函数 f_i 向 Alice 发送消息 x。对于每个敌手 Eve，在不知道陷门 t_i 的情况下，计算原始明文是不可行的。

例 10.5 和例 10.6 中的单向函数被推测为陷门单向的。

【例 10.5】(整数分解问题) 接例 10.1。设$\{f_n\}$为一族函数，其中$f_n:\{0,1\}^n\times\{0,1\}^n\rightarrow\{0,1\}^{2n}$为$f_n([x]_2,[y]_2)=[x\cdot y]_2$。如果$x$，$y$为素数，由素数分布定理知，当$x$，$y$为$n$比特的随机素数时，该事件发生的概率为$\Theta(1/n^2)$。那么$f_n$求逆较困难。这里$[x]_2$为正整数$x$的二进制表示。

上述函数一个更加困难的版本可以利用随机多项式时间的算法A的存在性得到。给定1^n，生成一个随机的n比特素数。假设A利用$m=\text{poly}(n)$个随机比特，那么A可以看作从m比特字符串到n比特素数的（确定性的）映射。现在设函数$\tilde{f}_m$将(r_1,r_2)映射到$[A(r_1),A(r_2)]_2$，其中$A(r_1)$，$A(r_2)$为算法A利用随机字符串(r_1,r_2)作为输入的素数输出。这个函数对几乎所有的r_1，r_2来说求逆是困难的。人们广泛相信存在$c>1$，$f>0$使得函数族$\tilde{f}_m$为$1/n^c$单向的具有安全参数2^{n^f}。

【例 10.6】(离散对数问题) 接例 10.4。假设p_1，$p_2\cdots$为素数序列，其中p_i的长度为i。设g_i为乘法群$\mathbb{Z}_{p_i}^*$的生成元。对于任意的$y\in\{1,2,\cdots,p_i-1\}$，存在唯一整数$x\in\{1,2,\cdots,p_i-1\}$使得$g_i^x\equiv y(\text{mod }p_i)$。那么$x\rightarrow g_i^x(\text{mod }p_i)$为$\{1,2,\cdots,p_i-1\}$上的置换并且被认为是单向的。我们前面利用随机自归约性证明其逆问题是困难的。

强离散对数假设即为，$\forall$PPT A和足够大的k，$\Pr[A(g,p,y)=x$，满足$g^x\text{mod}p=y]$是可以忽略不计的。在强离散对数假设下，存在基于DLP的单向函数簇。

说明： 我们对于错误参数$\varepsilon(n)$很感兴趣，因为该参数决定了求逆容易的那部分输入。很明显，这些值可能是连续的，但我们考虑两个重要的情形：

(1) $\varepsilon(n)=(1-1/n^c)$，其中c是一个固定的数，换句话说，至少有$1/n^c$的输入难于求逆，该定义常被称为弱单向函数，例 10.5 中的简单单向函数f_n被认为属于此类。

(2) 对于任意的$k>1$，$\varepsilon(n)=1/n^k$，这样的函数被称为强单向函数。可以证明，如果弱单向函数存在，那么强单向函数也存在。如果一个函数既是单向的又是随机自归约的，那么该函数一定是强单向函数。

10.1.4 硬核谓词

在单向性研究的情况下，如果A'找到了一个x'使得$f(x')=f(x)$，则敌手的攻击是成功的。这里没有考虑敌手算法可以找到x的部分信息的情况，如x的最低有效位Lsb或最高有效位Msb。作为一个例子，让我们观察例 10.4 中定义的单向函数候选EXP，当给定EXP(x)时很容易计算x的最低有效位Lsb。

【引理 10.4】 设p是素数，g是$\mathbb{Z}_n^*$的生成元。令$x\in\mathbb{Z}_n^*$，定义$y:=\text{EXP}_{g,p}(x)$。

可以（有效地）计算 x 的最低有效位 Lsb：

$$x\text{ 的 Lsb}:=\begin{cases}1, & \text{若 } y^{\frac{p-1}{2}}\equiv 1 \bmod p\\ 0, & \text{其他}\end{cases}$$

证明：对于素数 p，我们定义映射 $f:\mathbb{Z}_p^*\to\mathbb{Z}_p^*$ 使得 $f(x)\equiv x^2 \bmod p$ 和 $\bmod p$ 的二次剩余集合 $QR(p):=f(\mathbb{Z}_p^*)=\{y\in\mathbb{Z}_p^*:\exists x \text{ 使得 } y\equiv x^2 \bmod p\}$。令 $y\in QR(p)$，ω，$x\in\mathbb{Z}_p^*$，且 $y\equiv\omega^2 \bmod p\equiv x^2 \bmod p$。则下式成立

$$x^2-\omega^2\equiv 0 \bmod p\Rightarrow p\,|\,(x-\omega)(x+\omega)$$

于是，$p\,|\,(x-\omega)$ 或 $p\,|\,(x+\omega)$。从而 $|f^{-1}(y)|\leqslant 2$。显然，$y=f(x)=f(-x)$，且由于 p 不是偶数，则 $x\bmod p\not\equiv -x\bmod p$ 成立。因此，$|f^{-1}(y)|=2$，$\forall y\in QR(p)$，即 $QR(p)$ 元素个数一定有 $\frac{p-1}{2}$。

令 g 是 $\mathbb{Z}_p^*$ 的一个生成元，则 g^x 是二次剩余当且仅当 x 是偶数。另一方面

$$a\in QR(p)\Leftrightarrow a^{\frac{p-1}{2}}\equiv 1 \bmod p,$$

由欧拉准则，则

$$a\in QR(p)\Rightarrow\exists\alpha:a=g^{2\alpha}\Rightarrow a^{\frac{p-1}{2}}=(g^{\alpha})^{p-1}\equiv 1 \bmod p \tag{10-1}$$

并且若 $g^{\beta}\equiv 1\bmod p$，则 β 一定是偶数。由于 x 的最低有效位 Lsb 等于 0 当且仅当 x 是偶数时，我们可以通过式（10-1）来计算它。

于是，单向函数不一定隐藏关于 x 的所有内容，但很明显，x 中至少有一位很难从 $f(x)$ 中检索出来。事实上，在 DLP 的情况下，人们可以证明"猜测" x 的最高有效位 Msb 在某种意义上是困难的，如果有人可以计算出 x 的最高有效位，并且概率不可忽略地大于 1/2，那么存在一种 PPT 算法，可以以不可忽略的成功概率解决 DLP。

一般而言，如果从 $f(x)$ 猜测 $b(x)$ 与求逆 f 一样困难，我们将称 b 为 f 的一个硬核谓词（Hard-core 谓词）。

【定义 10.6】　函数 $f:\{0,1\}^*\to\{0,1\}^*$ 的硬核谓词是一个布尔谓词 $b:\{0,1\}^*\to\{0,1\}$，使得：

（1）存在 PPT 算法 A，对于任意 x，$A(x)=b(x)$；

（2）对于任意 PPT 算法 G，任意多项式 $p(\cdot)$ 和所有足够大的 n，有 $\Pr[G(f(U_n))=b(U_n)]<\frac{1}{2}+\frac{1}{p(n)}$。

下面我们将为特殊形式的单向函数构造一个核心谓词，并说明如何将任意单向函数转换为所需的形式而不会损失"安全性"或"效率"。

【定理 10.1】（通用硬核谓词）　令 f 是一个任意长度保持的单向函数。定义

$g: \bigcup_{n\in\mathbf{N}}\{0,1\}^{2n} \to \{0,1\}^*$ 为 $g(x,r):=(f(x),r)$，满足 $|r|=|x|$。令 $b(x,r)$ 表示 x 与 r 的 mod 2 的内积，即 $b(x,r)=\sum_{i=1}^{n} x_i r_i \bmod 2$，其中 $n:=|x|$，x_i，r_i 分别表示 x，r 的第 i 比特。则 b 是函数 g 的一个硬核谓词。

说明： b 就是计算 x 的一些比特位子集的异或（即⊕运算），子集由 r 引入。因此，定理 10.1 指出，如果 f 是一个单向函数，当给定 $f(x)$ 和子集本身时，猜测这个异或是不可行的。称该谓词 b 为 Goldreich-Levin 硬核谓词。

证明：通过反证法并使用"归约"。我们假设 $b(x,r)$ 可以被算法 G 有效地预测，其概率不可忽略地大于 1/2，我们将得出结论，存在一个有效的算法求逆 f，这与 f 是单向函数的假设相矛盾。

假设 b 不是硬核谓词，则存在 PPT 算法 G，多项式 p' 和无限集 $I'\subset\mathbb{N}$，使得对任意 $n\in I'$，$\Pr[G(g(U_n))=b(U_n)]>\frac{1}{2}+\frac{1}{p'(n)}$。根据 b 的结构，这等价于存在 PPT 算法 G，多项式 p 和无限集 $I\subset\mathbb{N}$，使得对任意 $n\in I$，

$$\Pr[G(g(X_n,R_n))=b(X_n,R_n)]>\frac{1}{2}+\frac{1}{p(n)} \tag{10-2}$$

我们定义 G 满足，由 $f(x)$ 和 r 预测 $b(x,r)$ 的优势为 $\varepsilon(n)$，且

$$\varepsilon(n):=\Pr[G(f(X_n),R_n)=b(X_n,R_n)]-\frac{1}{2}$$

显然，对于任意 $n\in I$，$\varepsilon(n)>\frac{1}{p(n)}$。

接下来，我们将注意力仅限制在 $n\in I$ 上。

观察：存在长度为 n 的比特串子集 S_n，它至少具有元素个数 $\frac{\varepsilon(n)}{2}\cdot 2^n$，并且 G 预测 b 的优势至少为 $\frac{\varepsilon(n)}{2}$。为此，我们先通过应用马尔可夫不等式来证明以下声明。

声明：存在一个集合 $S_n\subseteq\{0,1\}^n$，使得 $|S_n|\geqslant\frac{\varepsilon(n)}{2}\cdot 2^n$，且对任意 $x\in S_n$，$s(x):=\Pr[G(f(x),R_n)=b(x,R_n)]\geqslant\frac{1}{2}+\frac{\varepsilon(n)}{2}$。

接下来，我们将集中考虑在 S_n 中的 x。

对每个满足有输入 $x\in S_n$ 使得 $f(x)=y$ 的 y，我们将构建一个有效的算法以很高的概率找到 x。即 $\Pr[x\in S_n]\geqslant\frac{\varepsilon(n)}{2}$，与 f 的单向性的矛盾。

方法一：作为一个理想实验，我们假设 G 非常好，以至于对任意

$$x \in S_n,\ s(x) \geqslant \frac{3}{4}+\frac{1}{2p(n)} \tag{10-3}$$

在这样的假设下，我们可以很容易地构造一个算法 A 来寻找原像 x。首先，我们记 $x \oplus r := \omega$，满足 $\omega_i := x_i \oplus r_i$。如果 $e_i \subset \{0,1\}^n$ 表示单位坐标串，即除第 i 位为 1 外都等于 0，那么显然下面两式成立

$$b(x,e_i) = x_i,\ \forall x \tag{10-4}$$

$$b(x,r) \oplus b(x,r \oplus e_i) = b(x,r \oplus r \oplus e_i) = b(x,e_i) = x_i,\ \forall x,r \tag{10-5}$$

对于事件 $\mathcal{H}: G(f(x),r) = b(x,r)$ 且 $G(f(x),r \oplus e_i) = b(x,r \oplus e_i)$，其概率为 $\Pr[\mathcal{H} | x \in S_n] > 1 - \frac{1}{\mathrm{poly}(|x|)}$。在此情况下我们可以通过使用式（10-5）来计算 x 的第 i 比特，即 $G(f(x),r) \oplus G(f(x),r \oplus e_i) = b(x,r) \oplus b(x,r \oplus e_i) = x_i$。

由于 $\Pr[\mathcal{H}]$ 不可忽略地大于 1/2，我们可以通过重复上述过程多项式次并由大数定律来搜出 x_i。

方法一的问题是不能削弱式（10-3）的假设。重要的一点是，$\Pr[\mathcal{H}]$ 不可忽略地大于 1/2。我们获得此概率就可以通过使用 G 两次来得到 $b(x,r)$ 和 $b(x,r \oplus e_i)$ 的“猜测”，因此，$\Pr[\mathcal{H}]$ 是 G 成功概率的平方。在现实环境中，G 的优势 $\varepsilon(n)$ 将显著小于 1/4，因此 $\Pr[\mathcal{H}] \leqslant \frac{1}{2}$。这意味着我们不能通过重复和大数定律来改善结果。

方法二：为了设计求逆 f 的算法，我们先构造一个序列 $\{r^J\}_{J \in M}$ 且对每个 r^J 仅使用 G 一次来得到 $b(x,r^J \oplus e_i)$ 的预测。下面所设计的算法 A 中给出了构造序列 $\{r^J\}_{J \in M}$ 的方式，一方面使该序列“足够随机”，另一方面使该序列“结构化”，以便能够对谓词 $b(x,r^J)$ 做出足够好的预测。

下面设计算法 A，使其以不可忽略的概率求逆 f。

设 y 为 A 的输入，令 $n := |y|$，$l := \lceil \log_2(2np(n)^2+1) \rceil$，其中 $p(\cdot)$ 为正多项式函数。A 均匀独立选择 $s_1,\cdots,s_l \in \{0,1\}^n$，并且 A 均匀独立选择 $\sigma_1,\cdots,\sigma_l \in \{0,1\}$。

A 执行如下计算：（1）对每个非空集合 $J \subset \{1,2,\cdots,l\}$，$A$ 计算 $r^J := \oplus_{j \in J} s_j$ 和 $\rho^J := \oplus_{j \in J} \sigma_j$。

（2）对每个 $i \in \{1,\cdots,n\}$ 和每个非空集合 $J \subset \{1,\cdots,l\}$，A 计算 $z_i^J := \rho^J \oplus G(y,r^J \oplus e_i)$，并输出 z_i^J 的大多数值作为 x 的第 i 比特。

为了分析成功概率，我们定义

事件 $\mathcal{F}$：$\forall k=1,\cdots,l$，$\sigma_k = b(x,s_k)$。

事件 $\mathcal{E}$：大多数 $J \subset \{1,\cdots,l\}$，$G(f(x),r^J \oplus e_i) = b(x,r^J \oplus e_i)$。

如果 $\mathcal{F}$ 成立，则 $\forall$ 非空 $J\subset\{1,\cdots,l\}$，$\rho^J=b(x,r^J)$。即事件 $\mathcal{F}$ 可以解释为“猜测” ρ^J 总是正确的。如果 $\mathcal{F}$ 和 $\mathcal{E}$ 成立，那么对于大多数非空子集 $J\subset\{1,\cdots,l\}$，式 $\rho^J\oplus G(f(x),r^J\oplus e_i)=b(x,r^J)\oplus b(x,r^J\oplus e_i)=x_i$ 成立。在这种情况下，A 输出正确的第 i 位。独立于 $\mathcal{F}$，我们观察事件 $\mathcal{E}$ 的概率。

声明：对于每个 $x\in S_n$ 和每个 $1\leqslant i\leqslant n$，有

$$\Pr\left[\,|\{J:b(x,r^J)\oplus G(f(x),r^J\oplus e_i)=x_i\}|>\frac{1}{2}(2^l-1)\right]>1-\frac{1}{2n}$$

证明：对于每个 J 定义一个 0-1 变量，有

$$X_J:=\begin{cases}1, & 若\ b(x,r^J)\oplus G(f(x),r^J\oplus e_i)=x_i\\ 0, & 其他\end{cases}$$

由于 r^J 在 $\{0,1\}^n$ 上均匀分布，因此 $\Pr[X_J=1]=s(x)$ 且 $s(x)\geqslant\frac{1}{2}+\frac{1}{2p(n)}$。此外，$X_J$ 是成对独立的。因此，根据切比雪夫不等式，我们得到 $\Pr\left[\sum_J X_J\leqslant\frac{1}{2}(2^l-1)\right]<\frac{1}{2n}$。此声明得证。

现在，我们能够找到算法 A 成功概率的下限。如果事件 $\mathcal{F}$ 和 $\mathcal{E}$ 成立且 $x\in S_n$，那么 A 肯定是成功的。因此，我们得出结论

$$\Pr[A(y)=x\ 满足\ f(x)=y]\geqslant\Pr[\mathcal{E}\wedge\mathcal{F}\wedge X_n\in S_n]=\Pr[\mathcal{E}]\Pr[\mathcal{F}]\Pr[X_n\in S_n]$$
$$\geqslant\frac{1}{2}\cdot 2^l\cdot\frac{|S_n|}{2^n}=\frac{1}{8np(n)^3+p(n)}$$

即成功概率是不可忽略的。由于 A 调用 $2n\cdot p(n)^2$ 次 G，A 是概率多项式时间算法，故它以不可忽略的成功概率求逆 f。这与 f 是单向的假设矛盾。我们得出结论，“猜测”算法 G 不存在。因此，b 是 g 的硬核谓词。

说明：比特安全性。硬核谓词有多种表现形式，如果函数原像二进制表示的某一个比特为该函数的硬核谓词，那我们便称此位置的比特是该单向函数的困难比特或安全比特。由硬核谓词的定义及定理 10.1 可知，预测安全比特的困难性应与单向函数求逆的困难性是相当的，即函数的单向性可归约到困难比特的安全性，从而单向函数安全性归约到安全比特（随机比特）的可预测性。通过寻找安全比特并加以调用，可以进一步促进对函数单向性的研究。同时，针对安全比特自身的研究也有非常广泛的应用。比如，通过提取安全比特或安全比特串，可以压缩保密信息或加密密钥；也可以利用这些安全比特或者安全比特串构造伪随机数生成器，但需要注意的是，利用安全比特串构建的伪随机数生成器，其效率与单向函数自身结构以及安全比特的分布有关。

单向函数比特安全性的研究主要是基于归约思想，即将比特安全性归约到函数的单向性。这里的归约实质上是Cook归约。具体地，先假设某个比特或比特串不是难以预测的，也就是说，存在一个概率多项式时间算法，根据已知信息可以以足够大的优势恢复出这些比特（串）。我们将该概率多项式时间算法作为一个具备足够预测能力的Oracle调用，然后利用这个Oracle构造概率多项式时间算法，以恢复出单向函数的明文或明文的某些比特，这样就实现了比特安全性到单向函数难以求逆的困难性归约，从而说明相应的比特是安全比特（串）。

目前用来研究单向函数比特安全性的方法大致可分为三类。第一类是利用单向函数自身结构的性质，如加法或乘法同态性，来构造适当的合法密文，并用这些密文询问Oracle得到预测，再将Oracle的预测优势转移到与所研究比特相关的大量信息，从而达到函数求逆。这里需要利用随机化算法、Chernoff不等式等概率工具将Oracle的预测成功优势扩大。第二类是序列译码法。该方法思想最初是Goldreich和Levin先提出并应用的，主要是利用单向函数的Hard-core谓词定义一个编码，针对所有输入应用该编码策略得到一个码C；若该Hard-core谓词可以被以不可忽略的优势预测，在C中就会产生权重较大的坏码字，然后基于Hard-core谓词的预测优势并利用傅里叶反演变换得到一个概率多项式时间的列表译码算法，可以以足够高的概率从C中找出一个足够小的权重较大的码字集合，从所得到的这些码字集合中穷搜可得到明文。第三类方法是隐藏数问题（Hidden Number Problem，HNP）方法，简称隐藏数方法。假定我们有一个具备足够预测能力的Oracle，能够给出关于隐藏数（信息）的部分相关信息（比特串），我们试图找到该隐藏数。为此，我们随机均衡选取一系列的随机参数（样本点），用每个样本点询问Oracle并得到关于隐藏数的相关部分信息，如最大有意义比特，利用这些样本点和所得信息构造格，将隐藏数蕴涵于格中，结合格归约算法和指数和界的估计，可以在概率多项式时间内恢复隐藏数。在格归约算法中，一般需要利用LLL算法或Babai算法寻找格中的近似最短向量，然后以足够大的概率唯一确定所得结果即为要求的隐藏数。相对于前两类单向函数比特安全性的研究方法，隐藏数法不仅对具备同态性的单向函数有很好的研究效果，还可以解决一些非同态单向函数的比特安全性问题。它能说明最大有意义比特串中至少含有一个硬核谓词。

10.2 随 机 性

如果我们具有充足的随机比特的话，那么密码学就变得很容易了。这里给出一个例子。

【例 10.7】(一次一密) 假设消息的发送者和接收者共享一段很长的随机比特的字符串 r，敌手无法得到该字符串。那么实现安全通信就很容易了。对消息 $m\in\{0,1\}^n$ 编码，利用 r 的前 n 比特组成的字符串 s 即可。我们将所有的字符串视为 $GF(2)^n$ 的向量，将 $m+s$ 作为消息 m 的密文。消息接收者通过在密文上加上 s 即可加密消息（在 $GF(2^n)$ 中，有 $s+s=0$）。如果 s 为均匀随机的，那么 $m+s$ 也是均匀随机的。因此无论敌手具有多么强的计算能力，他都无法得到信息的哪怕是一个比特的值。注意到重复利用字符串 s 是绝对需要禁止的（因此称为“一次一密”）。如果发送者重复利用 s 加密另一个消息 m'，那么敌手可以将两次的密文相加得到$(m+s)+(m'+s)=m+m'$，而该结果揭示了之前两个消息的非平凡的信息。

一次一密是每天更换一次“密码本”的古老想法的现代版本。一次一密在概念上非常简单，但是并不适于应用，因为用户需要在事先协商一个秘密的字符串，并且该字符串对于进行的通信来说足够的长。随机字符串难于生成，因为随机性好的比特的产生过程非常慢，往往依赖于量子现象。密码学的解决方法是利用伪随机生成器代替。这是一个确定性的可计算的函数 $g:\{0,1\}^n\to\{0,1\}^{n^c}$（其中 $c>1$）使得如果 $x\in\{0,1\}^n$ 为随机选取的，那么 $g(x)$看起来比较随机。因此只要用户能够得到一个公共的 n 比特的随机字符串，就可以利用生成器产生 n^c 个“看起来随机的”比特，利用该字符串可以加密 n^{c-1}条长度为 n 的消息。在密码学中，这被称为流密码。

显而易见的是，此时我们需要对何谓随机串的问题做一个回答！哲学家和统计学家们为这个问题争论了很长一段时间。

Kolmogorov 的定义为：称一个 n 长字符串为随机的，如果任何描述长度小于 $0.99n$ 且初始状态为空带的图灵机都无法输出该字符串。该定义在某些哲学和技术意义上来说是“正确的”定义，但是其在复杂性理论中不是很有用，这主要是由于按照此定义验证某个字符串是否随机是无法判定的。

20 世纪 80 年代初期，Blum-Micali 和 Yao 给出了复杂性理论上的伪随机性定义。对于字符串 $y\in\{0,1\}^n$ 和 $S\subseteq[n]$，我们利用$y|_S$ 表示 y 在 S 中坐标上的投影。特别地，$y_{[1,\cdots,i]}$代表 y 的前 i 比特。

Blum-Micali 的定义来自这个观察：对于一个统计随机的字符串 y，给定 $y_{[1,2,\cdots,i]}$，无论具有多么强大的计算能力，我们都无法以优于 1/2 的概率预测 y_{i+1}。因此我们可以考虑通过一个预测器来定义“伪随机字符串”，该预测器具有有限的计算能力并且无法从 $y_{[1,2,\cdots,i]}$ 中以优于 1/2 的概率预测 y_{i+1}。该定义具有这样一个缺点：由于可以与一个作为预测机的图灵机相连，因此任意的单个有限字符串可以被预测。为了克服该缺点，字符串分布的伪随机性被定义，而不再是定义单个字符的伪随机性。进一步来说，该定义关注于分布的无限个序列，每个对应一个输入长度。

【定义 10.7】（不可预测性）　设$\{g_n\}$为一个多项式时间可计算的函数族，其中$g_n:\{0,1\}^n \to \{0,1\}^m$并且$m=m(n)>n$。我们称该函数组为$(\varepsilon(n),t(n))$不可预测的，如果对于任意的运行时间为$t(n)$的概率多项式时间算法$A$，对任意足够大的输入长度$n$，都满足

$$\Pr[A(g_n(x)_{\{1,\cdots,i\}})=g_n(x)_{i+1}]\leqslant\frac{1}{2}+\varepsilon(n)$$

其中：概率空间为所有的$x\in\{0,1\}^n$，$i\in\{1,2,\cdots,n]$以及算法A的随机输入。

如果对于每个固定的k，函数族$\{g_n\}$对于任意的$c>1$，为$(1/n^c,n^k)$不可预测的，那么我们称该函数族为多项式时间算法无法预测的。

如果我们允许检验器为任意的多项式时间的图灵机，那么这将使得在密码学中只限制敌手为有界的计算能力的假设是有意义的。复杂性理论早期提出的伪随机生成器，例如线性或者二次同余数生成器不满足上述伪随机性的定义，因为它们的比特位预测可以在多项式时间内实现。

新的定义被给出，它允许检验图灵机一次访问整个字符串。该定义给出的随机性的检验器与人工智能中的更著名的图灵检验相类似。检验图灵机从下面两种渠道得到一个字符串$y\in\{0.1\}^{n^c}$：要么为在$\{0,1\}^{n^c}$上一致随机分布的字符串，要么是将某个随机字符串$x\in\{0,1\}^n$作为某个确定性的函数$g:\{0,1\}^n\to\{0,1\}^{n^c}$的输入产生的字符串。如果检验图灵机认为字符串看起来是随机的，那么就输出1，否则输出0。如果没有多项式时间的检验图灵机以很大优势判定这两个串分别是利用哪种方法产生的，我们称g为伪随机的。

【定义 10.8】（伪随机性）　设$\{g_n\}$为一族多项时间可计算的函数族，其中$g_n:\{0,1\}^n\to\{0,1\}^m$并且$m=m(n)>n$。我们称$g_n$为$(\delta(n),s(n))$伪随机的，如果对于任意的运行时间为$s(n)$的多项式时间算法$A$和任意足够长的$n$，都满足

$$\left|\Pr_{u\in\{0,1\}^{n^c}}[A(u)=1]-\Pr_{x\in\{0,1\}^n}[A(g_n(x))=1]\right|\leqslant\delta(n) \tag{10-6}$$

则称$\delta(n)$为区分概率，称$s(n)$为安全参数。

可以证明定义 10.7 与定义 10.8 是等价的（不考虑安全参数的微小变化），即一个函数族为伪随机的当且仅当其为比特不可预测的。证明中使用的混杂方法成为密码学和复杂性理论的核心概念。等价性中比较麻烦的一个证明方向是从 Blum-Micali 的伪随机性去证明 Yao 的伪随机性，前者在实际中也更重要，而且设计 Blum-Micali 定义的伪随机性也更容易。10.3 节 Goldreich-Levin 给出了一种关于 Blum-Micali 的伪随机性构造。而 Yao 的定义在理论应用中更方便，因为 Yao 的定义允许敌手以不受限的方式访问伪随机字符串。因此，Yao 的定义为我

们能证明的命题和我们所需要的命题建立了联系。

【定理 10.2】(不可预测性与不可区分性) 设 $g_n:\{0,1\}^n\to\{0,1\}^{N(n)}$ 为函数族，满足 $N(n)=n^k$，其中 $k>1$。如果 g_n 为 $\left(\frac{\varepsilon(n)}{2t(n)},t(n)\right)$ 不可预测的，其中 $t(n)\geqslant N(n)^2$，那么 g_n 为 $(\varepsilon(n),t(n))$ 伪随机的。反过来，如果 g_n 为 $(\varepsilon(n),t(n))$ 伪随机的，那么 g_n 为 $(\varepsilon(n),t(n))$ 不可预测的。

证明：由于一个比特预测算法可以用来区分同样长的 $g(x)$ 的随机字符串，所以反方向的证明是平凡的。

为方便，用 N 来代替 $N(n)$。假设 g 为 $(\varepsilon(n),t(n))$ 伪随机的，A 为一个运行时间为 $t(n)$ 的区分算法并且满足

$$\left|\Pr_{x\in\{0,1\}^n}[A(g(x))=1]-\Pr_{y\in\{0,1\}^N}[A(y)=1]\right|>\varepsilon(n) \tag{10-7}$$

考虑算法 A 或者算法 A 的答案相反的算法，我们可以去掉 $|\cdot|$，得到

$$\Pr_{x\in\{0,1\}^n}[A(g(x))=1]-\Pr_{y\in\{0,1\}^N}[A(y)=1]>\varepsilon(n) \tag{10-8}$$

将下面的比特预测算法称为算法 B。假设算法 B 的输入为 $g(x)|_{\leqslant i}$，其中 $x\in\{0,1\}^n$ 并且 $i\in\{0,\cdots,N-1\}$ 随机一致选取的。B 执行下面的步骤："随机选取比特 $u_{i+1},u_{i+2},\cdots,u_N$ 并运行对于输入 $g(x)|_{\leqslant i}u_{i+1}u_{i+2}\cdots u_N$ 算法 A。如果 A 输出 1，B 输出 u_{i+1}，否则 B 输出 $\overline{u_{i+1}}$。"显而易见，B 的运行时间小于等于 $t(n)+O(N(n))<2t(n)$。为了完成定理，我们证明 B 可以以至少为 $\frac{1}{2}+\frac{\varepsilon(n)}{N}$ 的概率预测 $g(x)|_{i+1}$。

考虑 $N+1$ 个分布 $\mathcal{D}_0$ 到 $\mathcal{D}_N$ 的组成的序列

$$\mathcal{D}_0=u_1u_2u_3u_4\cdots u_N$$
$$\mathcal{D}_1=g(x)_1u_2u_3u_4\cdots u_N$$
$$\vdots$$
$$\mathcal{D}_i=g(x)|_{\leqslant i}u_{i+1}u_{i+2}\cdots u_N$$
$$\vdots$$
$$\mathcal{D}_N=g(x)_1g(x)_2\cdots g(x)_N$$

进一步地，用 $\overline{\mathcal{D}_i}$ 表示将 $\mathcal{D}_i$ 中的 $g(x)_i$ 用 $\overline{g(x)_i}$ 代替后形成的新的序列。如果 $\mathcal{D}$ 为上述 $2(N+1)$ 个分布（即 $\mathcal{D}_i,\overline{\mathcal{D}_i},i=0,1,\cdots,N$）中的任意一个，我们将 $\Pr_{y\in\mathcal{D}}[A(y)=1]$ 记为 $q(\mathcal{D})$，式（10-8）可写为

$$q(\mathcal{D}_N)-q(\mathcal{D}_0)>\varepsilon(n) \tag{10-9}$$

进一步，在 $\mathcal{D}_i$ 中，对 $g(x)_i$ 和 $\overline{g(x)_{i+1}}$ 来说，第 $i+1$ 个比特为等可能的

$$q(\mathcal{D}_i)=\frac{1}{2}(q(\mathcal{D}_{i+1})+q(\overline{\mathcal{D}_{i+1}})) \tag{10-10}$$

下面我们分析 B 正确预测 $g(x)_{i+1}$ 的概率。由于 i 为随机选取的，我们有

$$\Pr_{i,x}[B \text{ is corret}] = \frac{1}{N}\sum_{i=0}^{N-1}\frac{1}{2}\Big(\Pr_{i,x}[B\text{'s guess for } g(x)_{i+1} \text{is correct} \mid u_{i+1} = g(x)_{i+1}] + \Pr_{i,x}[B\text{'s guess for } g(x)_{i+1} \text{is correct} \mid u_{i+1} = \overline{g(x)_{i+1}}]\Big)$$

由于 B 的猜测为 u_{i+1} 当且仅当 A 输出 1，因此

$$\Pr_{i,x}[\text{B is corret}] = \frac{1}{2N}\sum_{i=0}^{N-1}(q(\mathcal{D}_{i+1}) + 1 - q(\overline{\mathcal{D}_{i+1}})) = \frac{1}{2} + \frac{1}{2N}\sum_{i=0}^{N-1}(q(\mathcal{D}_{i+1}) - q(\overline{\mathcal{D}_{i+1}}))$$

而由式（10-10）得，$q(\mathcal{D}_{i+1})-q(\overline{\mathcal{D}_{i+1}})=2(q(\mathcal{D}_{i+1})-q(\mathcal{D}_i))$，所以

$$\Pr_{i,x}[\text{B is corret}] = \frac{1}{2} + \frac{1}{2N}\sum_{i=0}^{N-1}2(q(\mathcal{D}_{i+1}) - q(\mathcal{D}_i)) = \frac{1}{2} + \frac{1}{N}(q(\mathcal{D}_N) - q(\mathcal{D}_0)) > \frac{1}{2} + \frac{\varepsilon(n)}{N}$$

定理 10.2 得证。

10.3 伪随机数生成器

伪随机数生成器是否存在？令人奇怪的是，问题的答案是伪随机数生成器存在当且仅当单向函数存在。

【定理 10.3】 单向函数存在当且仅当伪随机数生成器存在。

由于我们具有一些令人满意的候选的陷门单向函数，这个结果帮助我们设计伪随机生成器。如果伪随机生成器被证明是不安全的，那么候选的陷门单向函数事实上为非单向的，因此我们可以得到对于整数分解和离散对数的有效算法。

定理 10.3 的充分性证明是容易的：如果 g 为一个伪随机数生成器，那么它一定为单向函数，因为能够计算 g 的逆的算法一定可以区分 g 的输入和随机字符串。而必要性的证明更加困难并且需要利用单向函数去构造伪随机数生成器。我们只给出单向函数中的单向置换的情形下的构造。定理 10.1 给出如何产生 n^c 个随机比特。为方便，我们记 $x\odot r$ 为 $b(x,r) = \sum_{i=1}^{n} x_i r_i \bmod 2$。

我们已经知道，如果 f 是一个单向置换，那么 $g(x,r)=(f(x),r,x\odot r)$ 为一个伪随机生成器，它将 $2n$ 比特的输出延长为 $2n+1$ 比特的输出。如果我们需要得到更长的延伸，利用下面的方法也是容易的。设 $f^i(x)$ 为 f 在 x 上的 i 次复合，即 $f(f(f(\cdots(f(x))\cdots)))$。

【定理 10.4】 若 f 为单向置换，则

$$g_N(x,r)=(r,x\odot r,f(x)\odot r,f^2(x)\odot r,\cdots,f^N(x)\odot r)$$

为一个伪随机生成器，其中 $N=n^c$，c 为任意大于零的常数。

证明：只需要说明字符串 $(r,f^N(x)\odot r,f^{N-1}(x)\odot r,f^{N-2}(x)\odot r,\cdots,f(x)\odot r,x\odot r)$ 看起来是伪随机的。利用定理 10.2 知，我们只要证明比特预测性是困难的即可。反证法，假设不成立，那么存在一个 PPT 的图灵机 A 使得对于 x，$r\in\{0,1\}^n$ 和 $i\in\{1,2,\cdots,N\}$，有

$$\Pr[A(r,f^N(x)\odot r,f^{N-1}(x)\odot r,\cdots,f^{i+1}(x)\odot r)=f^i(x)\odot r]\geqslant\frac{1}{2}+\varepsilon。$$

我们给出算法 B 满足：对于随机选取的 z，$r\in\{0,1\}^n$，如果给定的 $f(z)$，r 可以以明显优于 1/2 的概率预测 $z\odot r$，进而利用定理 10.1 的方法可以找到 z，与 f 单向性矛盾。

事实上，算法 B 随机选取 $i\in\{1,2,\cdots,N\}$。设 $x\in\{0,1\}^N$ 使得 $f^i(x)=z$。对 B 来说，不存在寻找 x 的有效算法，但是对于 $l\geqslant1$，B 可以有效地计算 $f^{i+l}(x)=f^{l-1}(f(z))$。所以它可以产生字符串 $(r,f^N(x)\odot r,f^{N-1}(x)\odot r,\cdots,f^{i+1}(x)\odot r)$ 并将其作为算法 A 的输入。利用假设，算法 A 可以以优于 1/2 的概率预测 $f^i(x)\odot r=z\odot r$。于是，B 利用定理 10.1 的方法可以找到 z。

10.4 密码应用

10.4.1 伪随机函数

伪随机函数为伪随机生成器的自然扩展。伪随机函数为一个函数 $g:\{0,1\}^m\times\{0,1\}^n\to\{0,1\}^m$，满足对于每个 $K\in\{0,1\}^m$，利用 $g|_K$ 表示从 $\{0,1\}^n$ 到 $\{0,1\}^m$ 的函数，其中 $g|_K(x)=g(K,x)$。这就组成一个函数族包含 2^m 个从 $\{0,1\}^n$ 到 $\{0,1\}^m$ 的函数，每一个与 K 相对应。

我们记所有的从 $\{0,1\}^n$ 到 $\{0,1\}^m$ 的函数的集合为 $\mathcal{F}_{n,m}$，其中 $|\mathcal{F}_{n,m}|=(2^m)^{2^n}$。设 Oracle 为计算从 $\{0,1\}^n$ 到 $\{0,1\}^m$ 中的函数的谕言机，PPT 图灵机为带有该 Oracle 的谕言图灵机，试图判定一个函数是否为下述两种类型之一：要么为从 $\mathcal{F}_{n,m}$ 中随机选取的一个函数，要么为函数 $g|_K$，其中 $K\in\{0,1\}^m$ 为随机选取的。

该 PPT 图灵机允许在选定的任意点处询问 Oracle。称 $g|_K$ 为伪随机函数，如果对于任意 $c>1$，PPT 的图灵机以小于 n^{-c} 的概率判定为两种情形中的哪一类。伪随机函数的构造是一个很有趣的研究课题。下面给出一种如何从一个伪随机生成器 $f:\{0,1\}^m\to\{0,1\}^{2m}$ 中构造一个伪随机函数 g 的思路。

对于任意的 $K\in\{0,1\}^m$，设 T_K 为深度为 n 的完全树，它的每个节点用一个 m

比特的字符串标记。根节点标记为 K。如果树中的一个节点标记为 y，那么它的左子节点标记为 $f(y)$ 的前 m 比特，而右子节点标记为 $f(y)$ 的最后 m 比特。现在定义 $g(K,x)$。对于任意的 $x\in\{0,1\}^n$，将 x 作为在 T_K 中从根节点到叶子的一个标记并且输出叶子处的标记。该构造的正确性作为练习。

一个伪随机函数给出了一种将随机串 K 转换为一个指数长的"看起来随机的"字符串隐含的描述，也就是，函数 $g|_K$ 的所有函数值形成的表。这已经被证明为密码学中的一个强有力的工具，同时，伪随机函数也给出了为什么目前的下界无法从 NP 中区分 P 的一个说明。

10.4.2 语义安全

加密需要保证的最基本的安全类型为语义安全性。非正式地来讲，这意味着从加密的消息中得到的信息也可以在不知道加密消息只知道消息的长度得到。这里不再给出语义安全性的形式化定义，但是我们需要强调的是我们所说的加密函数族，每一个与消息的长度相对应并且加密和解密采用概率算法，这些算法利用一个共享的随机数。另外，对于每个消息，安全性保证对于私钥的选择来说只以较高的概率成立。

现在我们给出一个语义安全加密方案的例子。设 $f:\{0,1\}^n\times\{0,1\}^n\to\{0,1\}^n$ 为伪随机函数生成器。两个成员共享一个私密的随机密钥 $K\in\{0,1\}^n$。当他们中的一个人需要向另一个人发送消息 $x\in\{0,1\}^n$ 时，选取一个随机的字符串 $r\in\{0,1\}^n$ 并将 $(r,x\oplus f_K(r))$ 发送给另一个人。另一个人通过计算 $f_K(r)$ 并与收到的消息的最后 n 比特进行异或运算（XOR）即可得到明文。

10.4.3 去随机化

伪随机生成器的存在意味着对于 BPP 来说具有亚指数时间的确定性算法，这经常被称为 BPP 的去随机化。(这种情形下的去随机化只是部分的，因为它得到的为亚指数时间的确定性算法)

【定理 10.5】 如果对于每个 $c>1$ 来说，存在一个可以抵抗大小为 n^c 的电路的攻击的伪随机生成器，那么 $\mathrm{BPP}\subseteq\bigcap_{\varepsilon>0}\mathrm{DTIME}(2^{n^{\varepsilon}})$。

证明：我们只要证明对于任意的 $\varepsilon>0$，$\mathrm{BPP}\subseteq\mathrm{DTIME}(2^{n^{\epsilon}})$ 即可。

假设 M 为运行时间为 n^k 的 BPP 图灵机。我们可以构造另一个图灵机 M' 使得其输入为 n^{ε}，而后利用伪随机生成器将其伸长为 n^k 比特的字符串，最后利用这个 n^k 比特的随机字符串来模拟 M。显然，M' 通过遍历所有的 n^{ϵ} 长的二进制字符串来模拟，对于每个字符串运行 M'，而后进行多数投票。

接下来需要证明 M 和 M'接受同样的语言。假设不然。那么存在一个无限长的输入串 $x_1, x_2, \cdots, x_n, \cdots$，其中 M 可以以较高的概率区分一个真随机的字符串和一个伪随机的字符串，这是因为对 M 和 M'来说产生不同的结果接受的概率从 2/3 降到 1/2。因此我们可以通过将输入和电路族相连构造一个区分器即可。

说明：设 S 为 $\{0,1\}^n$ 中的子集形成的集合，称子集 $A \subset \{0,1\}^n$ 相对于 S 具有 ε 的偏差，如果对于任意的 $B \in S$，有 $\left|\frac{|B \cap A|}{|S|} - \frac{|A|}{2^n}\right| \leqslant \epsilon$。上述定理表明困难问题的存在性，意味着我们可以降低算法所需要的随机性，这和数学中的偏差理论显然有密切联系。

10.4.4 电话掷币和承诺

两个成员 A 和 B 如何在电话上实现公平的随机掷币呢？如果只有其中一个人投掷硬币，我们无法阻止他对掷币的结果进行欺骗。下面的方法似乎可以解决该问题：两个成员同时掷币并将两者的结果 XOR 作为共享的投币值。即使 B 不相信 A 执行了公平的掷币，只要他的值为随机的，那么最终的 XOR 值也为随机的。不幸的是，这个想法也无法解决上述问题，因为两个成员中先公布投币结果的人处于劣势，另一个人可以通过“调整”他的回答来得到最终想要的投币结果。

这个问题可以利用下面的方案加以解决：我们假设 A 和 B 为无法对于单向置换求逆的多项式时间的图灵机。协议本身称为比特承诺协议。首先 A 选择两个 n 长的字符串 x_A 和 r_A 并发送消息$(f_n(x_A), r_A)$，其中 f_n 为单向置换。这样 A 对字符串 x_A 做承诺而不公开。现在 B 随机选择比特 b 并传送该比特。而后 A 公开 x_A 并同意使用 b 和$(x_A \odot r_A)$的 XOR 作为投币结果。注意到 B 可以验证 x_A 确实为 $f_n(x_A)$中的 x_A，因此 A 在得到 B 的随机比特后无法改变主意。另一方面，利用定理 10.1，B 无法从 A 的消息中预测 $x_A \odot r_A$，因此该方案为安全的。

下面给出两个承诺方案的构造，第一个是基于单向函数的承诺方案，第二个是基于无爪函数族的承诺方案。

基于单向函数的承诺方案（OWF-COMMIT）构造 设 $f: \{0,1\}^* \to \{0,1\}^*$ 是单向置换，令函数 $b: \{0,1\}^* \to \{0,1\}$ 是其硬核谓词。在承诺阶段，要承诺比特值 $v \in \{0,1\}$，发送者 S 均匀选取随机串 $s \in \{0,1\}^n$，计算$(c_0, c_1) = (f(s), b(s) \oplus v)$并发送给接收者 R。在打开阶段，发送者发送打开消息(s', v')，接收者 R 验证 $c_0 = f(s')$和 $c_1 = b(s') \oplus v'$是否均成立。

基于单向函数的承诺方案具有完美绑定性质。在打开阶段，必然有 $v' = v$，原因在于：若 $v' \neq v$，此时承诺值(c_0, c_1)被打开成两个不同的消息。由于 $c_1 = b(s) \oplus v = b(s') \oplus v'$可知，$b(s) \neq b(s')$，于是 $s \neq s'$，这与 $c_0 = f(s) = f(s')$矛盾。承诺

方案的隐藏性质是计算隐藏的，由于 s 是服从均匀分布的，从 $f(s)$ 无法预测 $b(s)$，因此对两个不同值的承诺是计算不可区分的。因此，有以下的定理成立。

【定理 10.6】 假设单向置换存在，承诺方案 OWF-COMMIT 是完美绑定承诺方案。

以下给出基于无爪族的具有完美隐藏性质的承诺方案，用来说明完美隐藏承诺方案的存在性。需要说明的是，具有计算隐藏性质和计算绑定性质承诺方案的存在性，不再一一赘述。

【定义 10.9】 由函数对组成的集族 $\{(f_i^0,f_i^1):i\in\bar{I}\}$ 被称为是无爪的，如果存在三个多项式时间算法 I、D 和 F 满足以下条件：

（1）易于抽样和计算。I 是随机算法，输入 1^n，输出指标集 $\bar{I}$ 中的长度为 n 的指标 i，即 $i\leftarrow I(1^n)$。D 是随机算法，输入 $i\in\bar{I}$ 和 $\sigma\in\{0,1\}$，输出 f_σ 的定义域 D_σ^i 中的点 x，即 $x\leftarrow D(i,\sigma)$。F 是赋值算法，输入 (i,σ,x)，输出函数值 $f_i^\sigma(x)$，即 $F(i,\sigma,x)=f_i^\sigma(x)$。

（2）值域同分布。对每个指标 $i\in\bar{I}$，随机变量 $f_i^0(D(0,i))$ 与 $f_i^1(D(1,i))$ 同分布。

（3）难于求爪。满足 $f_i^0(x)=f_i^1(y)$ 的一对值 (x,y) 称为相对指标值 i 的爪。令 C_i 表示指标值 i 的爪组成的集合。对任意概率多项式时间算法 A，每个正多项式 $p(\cdot)$，对充分大的 n，均有 $\Pr[A(I_n)\in C_{I_n}]\leqslant\dfrac{1}{p(n)}$。其中，$I_n$ 表示算法 $I(1^n)$ 的输出的随机变量。

基于无爪函数族的承诺方案（Claw-free-COMMIT）构造 设 $\{(f_i^0,f_i^1):i\in\bar{I}\}$ 是无爪函数族，算法 I、D 和 F 是相应的指标抽样算法、定义域抽样算法和赋值算法。在承诺阶段，要承诺比特值 $v\in\{0,1\}$，接收者 R 生成随机指标 $i\leftarrow I(1^n)$ 发送给发送者 S。接收到 i 之后，S 首先检查并确认 i 是否在 $I(1^n)$ 的取值范围之内，随后产生随机的原像点 $s\leftarrow D(i,v)$ 并计算 $c=F(i,v,s)$。在打开阶段，发送者打开 (s,v) 发送给接收者，接收者验证 $F(i,v,s)=c$ 是否成立。

承诺方案 Claw-free-COMMIT 具有完美隐藏性质。原因在于：无爪函数对中的两个函数值域同分布。承诺方案的绑定性质是计算绑定性质，原因在于：若被承诺的比特值被打开成 $v'\neq v$，这意味着能够求出无爪函数族的爪，这与困难性假设矛盾。因此，有以下的定理成立。

【定理 10.7】 假设无爪函数族存在，承诺方案 Claw-free-COMMIT 是完美隐藏承诺方案。

基于离散对数的 Pedersen 承诺方案构造 设素数 p 和 q 满足 $q\mid p-1$，设 G 是循环群 $\mathbb{Z}_p^*$ 的阶数为 q 的群，其生成元为 g，且求解 G 上的离散对数问题是困难的。随机选取 $h \leftarrow G$，令承诺方案的公开参数为(p,q,g,h)。在承诺阶段，要承诺消息 $m \in \mathbb{Z}_q^*$，发送者 S 随机选取 $r \leftarrow \mathbb{Z}_q^*$ 并计算 $c = g^r h^m \bmod p$ 作为承诺值。在打开阶段，发送者把(m,r)作为打开值，接收者 R 验证 $c = g^r h^m \mathrm{mod} p$ 是否成立。

Pedersen 承诺方案具有完美隐藏性质，原因在于：由于 r 和 h 的随机性，承诺值 c 在 G 中是均匀分布的。该承诺方案的绑定性质是计算绑定性质，原因在于：若被承诺的比特值被打开成 $m' \neq m$，这意味着 $c = g^r h^m \equiv g^{r'} h^{m'} \bmod p$，即 $r + m\log_g h = r' + m'\log_g h$，从而能够求出 $\log_g h$，这与困难性假设矛盾。

10.4.5 安全多方计算

协议中具有 k 个成员，第 i 个成员拥有一个秘密输入 $x_i \in \{0,1\}^n$。他们希望共同计算函数$f(x_1, x_2, \cdots, x_k)$，其中$f: \{0,1\}^{nk} \rightarrow \{0,1\}$为每个成员都知道的多项式时间可计算函数。显然，各成员可以交换他们的输入并且每个成员可以单独计算函数f。尽管如此，这将使得每个成员知道其他成员的私有输入，这在很多情形下是不希望发生的。

我们称一个计算f的安全多方协议为安全的，如果协议结束后没有成员可以了解到除了$f(x_1, x_2, \cdots, x_k)$之外的其他信息。它的形式化定义的灵感来自于伪随机数生成器的定义，并且对于每个成员 i，其在协议执行中收到的比特和完全随机的比特在计算上无法区分。

这些协议的存在性一直是研究的热点。Yao 证明了 $k=2$ 时的存在性；Goldreich，Micali 和 Wigderson 证明了一般的 k。这里我们不再描述协议的细节，只需了解证明中利用了计算f的电路。

10.4.6 格密码

传统上格主要应用于密码攻击分析。近几年来，由于 Ajtai 的惊人发现，格可用于构造密码方案，其系列工作激发了理解格的复杂性及其与密码学关系的极大兴趣，由此导致格受到了很多关注，被认为在密码学中有巨大的潜力。这项工作重要的另一个关键原因之一是，把困难问题的平均情况和最坏情况联系起来了。Ajtai 证明了，对任意格，近似因子为 $\gamma(n) = n^c$，如果没有算法可以近似解决（判断）最短向量问题（SVP），则从某些样本空间里随机选取一个格，解决该格 SVP 是难的，其中这样的样本空间是容易找到。这意味着，密码方案的安全性可基于格问题的最难情形，即“若一个人能成功攻破密码方案，即使以某些小概率，则可解某些格问题的任何实例”，由此构造密码系统不再存在选择分布问题。

此后，许多学者建议利用格去解决密码学中一些问题，如抗碰撞哈希函数和公钥体制。构造抗碰撞哈希函数类似于 Ajtai 的单向函数，很好地说明如何利用格去构造密码函数且难度等价于解决格的某些近似问题。应当注意，基于某种数学难问题构造的密码函数，如果攻破此密码函数与攻破该数学难问题最坏情况难度类似，则是非常好的构造。对于格问题，已知的所有近似算法（如 LLL 算法）在解决平均难问题上比解决最坏情况更加有效。因此，我们可以合理假设“没有多项式概率算法能近似解决在最坏情况下的格问题，且近似因子很小”。值得注意是，有一类假设：当随机从一个样本空间里选取一个格，不存在多项式概率算法以不可忽略的概率解决。此类假设是不合理的，因为能否成功很大部分取决于样本分布。例如，我们不知道有算法能近似解决格最坏情况下问题，其近似因子不大于$\sqrt{n}$，因此可以假设“没有多项式概率算法能近似解决在最坏情况下的格问题，且近似因子很小”。然而，如果我们考虑随机选取的格，那么作为输入的 n 个不相关的基向量是随机选取，有很大的概率这些基向量距离最短且向量在近似因子$\sqrt{n}$内，针对这种情况随机输入一个格，平均而言能近似解决其 SVP 问题。Ajtai 的研究结果令人惊叹的是：针对格，他提供了一个详细的概率分布，使得从这个分布里随机抽取一个格，假设解决其中的某些格问题的最坏情况没有有效算法，那么解决这些格问题是困难的。

下面给出基于格几种公钥加密方案和单向函数构造的实例。我们这里随机选取一个格来做任何数学运算。这个随机格的每一个格点都在整数格$\mathbb{Z}^n$中的，这样其中的每一个格点的坐标都是整数。因为计算机系统的特点，并且也为了方便计算，我们一般都会选择一个比较大的数字 q 来作为我们所有涉及的数字的上限。这样的格被称作 q 阶随机格 $q\mathbb{Z}^n$（q-ary Random Lattice），其要满足 $q\mathbb{Z}^n\subseteq\Lambda\subseteq\mathbb{Z}^n$，其中，$q\mathbb{Z}^n$代表了包含了一个 mod 的循环群。

1） GGH 加密体制

GGH 加密体质由 Goldreich，Goldwasser 和 Halevi 提出，是利用格来设计公钥加密方案最直观的方法。构造的思想如下：任给一个格基，可以很容易地生成一个靠近某个格点的向量（即通过在格点上加入一个小的扰动向量）。然而，从靠近格的向量返回到原始格点（给定一个任意的格）似乎很难。因此，在某格点上加上一个小的干扰向量就可以看成一个单向计算。

2） Ajtai-Dwork 密码体制

Ajtai 和 Dwork 于 1997 年提出了基于格的两个相关的密码体制。第一个密码体制是一个一般的框架。第二个密码体制展现出了最坏情况和平均情况的联系。

3） NTRU

NTRU 是一个基于多项式环上运算的公钥加密方案，它与某类格中的格问题密切相关。NTRU 也可以用 q-模的偶数维双循环格的形式描述（具体构造可参考 Hoffstein，Pipher，Silverman 和 Micciancio 等的工作）。该密码方案的优势是加、解密速度快，而且公钥尺寸与基于数论的密码系统的相当。目前关于 NTRU 的主要问题是安全性问题，其中包括：NTRU 使用的是一类特殊格，该类格中的问题是否与一般情况的格问题一样难，即这些问题的精确求解或近似求解是否为 NP 困难的？对于这类特殊格，证明最坏情况与平均情况的联系是否类似于由 Ajtai 对一般格的证明？从理论角度上，关于 NTRU 我们仍知之甚少，但是它良好的实用性无疑值得我们对其理论内涵开展更深入的研究。

4）基于 CVP 的单向函数

CVP 问题可以被转化为在一个格的基本区域中搜索一个短向量 $\boldsymbol{e}$ 之后，我们可以根据短向量的和格的基本区域，尝试构造出如下单向函数：

首先，我们随机选取一个困难的格作为单向函数的密钥；然后输入一个短向量，并且这个向量的长度为 $\|\boldsymbol{x}\| \leqslant \beta$。这个单向函数的输出 $f_A(\boldsymbol{x})=\boldsymbol{x} \bmod \Lambda$（即为这个短向量在这个格中求模运算得出的结果）。

粗略地说，该单向函数其实就是把一个距离原点半径为 β 范围内的一个球体中的任意一个向量映射到了这个格的基本区域中。β 的值会对我们构造的单向函数有质的影响。

如果 $\beta<\lambda_1(\Lambda)/2$，即 β 小于格中最短向量的一半，则映射到基本区域后，我们之前的一个球体会被拆分成各个小块散落在每个格点周围。因为格点之间的距离肯定不能短于格的最短向量，而球体的半径比最短向量的一半还小，因此映射的结果不会有任何重合。此时单向函数是单射，即每一个映射空间中的点都对应了至多一个输入空间中的点。

当 β 的值变大至 $\beta>\lambda_1(\Lambda)/2$ 之后，很多球面的部分重合。此时这单向函数会有碰撞，即 f_A 不再是单射。如果继续扩大 β 的值使之大于整个格的覆盖半径之后，整个映射空间都被球体给覆盖。此时，所有的映射空间中的点都有至少一个对应输入空间中的点，该单向函数是一个满射。

当然，我们也可以继续扩大这个圆的半径，使得整个基本区域被几乎均匀覆盖。于是，$f_A(\boldsymbol{x})$ 是一个均匀（uniform）覆盖输出空间的单向函数，其构造似乎很难被找到对应的逆。

5）基于 SIS 问题的单向函数

基于 CVP 的单向函数构造简单地说就是，我们把一个短向量映射到格当中，因为很难通过映射本身来找回原始的输入值，因此这个映射可以被看作是一个单向的映射。这是基于几何意义上的单向函数，在计算机系统中很难被有效地运用。1996 年，Ajtai 基于这一思路，提出了在整数格中的单向函数。

随机生成一个矩阵 $\boldsymbol{A}\in\mathbb{Z}_q^{n\times m}$作为公开部分，SIS（Short Integer Solution）问题就是，给定 $\boldsymbol{A}$，能否找到一个“短向量” $\boldsymbol{x}\in\{0,\pm1\}^m$（这里要求二进制的原因是为了确保这个向量足够短，理论上也可以使用 $O(l)$ 范围内任何区间），使得 $\boldsymbol{Ax}=\boldsymbol{0} \bmod q$。这样一个求解短向量的问题即为 SIS 问题。

基于 SIS 我们可以构造单向函数：给定整数 m，n，$q\in\mathbb{Z}$，随机选择一个 $n\times m$ 阶的矩阵 $\boldsymbol{A}\in\mathbb{Z}_q^{n\times m}$作为密钥，得到函数 $f_{\boldsymbol{A}}$，对于输入 $\boldsymbol{x}\in\{0,1\}^m$，即一个长度为 m 的二进制向量，输出为 $f_{\boldsymbol{A}}(\boldsymbol{x})=\boldsymbol{Ax} \bmod q$。由此我们得到格中单向函数 $\{f_{\boldsymbol{A}}$：随机选取 $\boldsymbol{A}\in\mathbb{Z}_q^{n\times m}\}$。

注意，这个单向函数的输出值就是 $\boldsymbol{A}$ 张成的格 $\Lambda_q(\boldsymbol{A})$ 中的一个格点。只要矩阵的维数满足 $m>n\cdot\log q$，并且 SIVP 问题困难，$f_{\boldsymbol{A}}(\boldsymbol{x})=\boldsymbol{Ax} \bmod q$ 就是一个合理的单向函数。

下面我们给出基于 SIS 的单向函数在单次（One-Time）签名和承诺方案中的应用。

1）单次（One-Time）安全签名

随机生成 SIS 问题的矩阵 $\boldsymbol{A}$ 并输出；然后选取随机的短向量组成矩阵和短向量 $(\boldsymbol{X},\boldsymbol{x})$ 作为签名私钥，并用 $(\boldsymbol{Y},\boldsymbol{y})=(f_{\boldsymbol{A}}(\boldsymbol{X}),f_{\boldsymbol{A}}(\boldsymbol{x}))$ 作为签名公钥。给定消息 m 后执行如下：

签名：对于消息 m，签名为 $\boldsymbol{X}m+\boldsymbol{x}=\boldsymbol{\sigma}$。

签名验证：若 $f_{\boldsymbol{A}}(\boldsymbol{\sigma})=f_{\boldsymbol{A}}(\boldsymbol{X}m+\boldsymbol{x})=f_{\boldsymbol{A}}(\boldsymbol{X})m+f_{\boldsymbol{A}}(\boldsymbol{x})=\boldsymbol{Y}m+\boldsymbol{y}$，则接受；否则拒绝。

2）承诺方案

下面给出两个基于 SIS 问题的承诺方案，第一个是基于 SIS 问题的承诺方案，第二个是基于环上小整数解假设（R-SIS）和环上带错误学习（R-LWE）假设的 BDLOP 承诺方案。

（1）选取两个随机的 SIS 问题的矩阵 $\boldsymbol{A}_1$ 和 $\boldsymbol{A}_2$；对于信息 $\boldsymbol{m}\in\{0,1\}^m$，我们随机选择向量 $\boldsymbol{r}\in\{0,1\}^m$，输出承诺 $C(\boldsymbol{m},\boldsymbol{r})=f_{[\boldsymbol{A}_1,\boldsymbol{A}_2]}(\boldsymbol{m},\boldsymbol{r})=\boldsymbol{A}_1\boldsymbol{m}+\boldsymbol{A}_2\boldsymbol{r}$。这即为对 $\boldsymbol{m}\in\{0,1\}^m$ 的承诺。其打开阶段与 Pedersen 方案类似。

（2）BDLOP 承诺方案。

【定义 10.10】 设环 $R=\mathbb{Z}[X]/\langle\Psi_\ell\rangle$，$R_q=\mathbb{Z}_q[X]/\langle\Psi_\ell\rangle$，其中 $\Psi_\ell\in\mathbb{Z}[X]$ 是第 ℓ 个分圆多项式，素数 $q=1 \bmod \ell$。令参数 $k\geqslant1$，$B>0$，该环上的小整数解问题 R-SIS$_{k,B}$描述为：输入均匀选取的列向量 $\boldsymbol{a}\in R_q^k$，寻找非零的短向量 $\boldsymbol{s}\in R_q^{k+1}$ 使其满足 $(\boldsymbol{1},\boldsymbol{a}^{\mathrm{T}})\cdot\boldsymbol{s}=\boldsymbol{0}$ 且 $\|\boldsymbol{s}\|_2\leqslant B$。

【定义 10.11】 设环 $R=\mathbb{Z}[X]/\langle\Psi_\ell\rangle$，$R_q=\mathbb{Z}_q[X]/\langle\Psi_\ell\rangle$，其中 $\Psi_\ell\in\mathbb{Z}[X]$ 是第 ℓ 个分圆多项式，素数 $q=1 \bmod \ell$。令参数 $m\geqslant1$，β 是 R 上的有界分布，

该环上的 R-LWE$_m$ 问题描述为：对于 $\boldsymbol{s}\leftarrow\beta^n$，$\boldsymbol{a}\leftarrow R_q^m$ 和 $\boldsymbol{e}\leftarrow\beta^{mn}$，区分$(\boldsymbol{a},\boldsymbol{as}+\boldsymbol{e})$与 $R_q^m\times R_q^{mn}$ 上的均匀分布。

BDLOP 承诺方案 设正整数 n 和 d 均是 2 的方幂，第 $2n$ 个分圆多项式环为 $R=\mathbb{Z}[X]/\langle X^n+1\rangle$，素数 q 满足条件 $q-1\equiv 2d\bmod(4d)$ 且$\frac{1}{\sqrt{d}}\cdot q^{1/d}\geqslant 1$。

（1）公开参数：承诺所用的公开参数是两个多项式列向量 $\boldsymbol{b}_0$ 和 $\boldsymbol{b}_1$ 的转置 $\boldsymbol{b}_0^{\mathrm{T}}=(\boldsymbol{1},b_{01},\cdots,b_{0\alpha})$和 $\boldsymbol{b}_1=(0,1,b_{12},\cdots,b_{1\alpha})$，其中，多项式 b_{0j}是 R_q 中均匀选取的，即 $b_{0j}\leftarrow R_q$，$j=1,\cdots,\alpha$；多项式 b_{1i}也是 R_q 中均匀选取的，即 $b_{1i}\leftarrow R_q$，$i=2,\cdots,\alpha$。

（2）承诺阶段：要承诺消息多项式 $\boldsymbol{m}\in R_q$，发送者 S 首先选取随机短多项式列向量 $\boldsymbol{r}=\begin{pmatrix} r_0\\ \vdots\\ r_\alpha\end{pmatrix}\in R_q^{\alpha+1}$，比如一种选取方式为：令 $\boldsymbol{r}$ 中每个多项式的每个系数均在$\{-1,0,1\}$中选取，且满足取±1 的概率各为 5/16，取 0 的概率为 6/16。利用 $\boldsymbol{r}$，S 以如下方式计算得到两个多项式 $\boldsymbol{c}_0$ 和 $\boldsymbol{c}_1$

$$\begin{pmatrix}\boldsymbol{c}_0\\ \boldsymbol{c}_1\end{pmatrix}=\begin{pmatrix}\boldsymbol{b}_0^{\mathrm{T}}\\ \boldsymbol{b}_1^{\mathrm{T}}\end{pmatrix}\boldsymbol{r}+\begin{pmatrix}\boldsymbol{0}\\ \boldsymbol{m}\end{pmatrix}=\begin{pmatrix}1 & b_{01} & b_{02} & \cdots & b_{0\alpha}\\ 0 & 1 & b_{12} & \cdots & b_{1\alpha}\end{pmatrix}\begin{pmatrix}r_0\\ r_1\\ \vdots\\ r_\alpha\end{pmatrix}+\begin{pmatrix}\boldsymbol{0}\\ \boldsymbol{m}\end{pmatrix}$$

并把多项式列向量$\begin{pmatrix}\boldsymbol{c}_0\\ \boldsymbol{c}_1\end{pmatrix}$作为对消息 $\boldsymbol{m}$ 的承诺值，发送给接收者 R。

（3）打开阶段：发送者发送打开消息元组$(\boldsymbol{m}',\boldsymbol{r}',\boldsymbol{f})$给接收者 R，其 $\boldsymbol{m}'$和 $\boldsymbol{f}$ 是多项式且$\boldsymbol{f}\neq\boldsymbol{0}$，$\boldsymbol{r}=\begin{pmatrix} r_0'\\ \vdots\\ r_\alpha'\end{pmatrix}\in R_q^{\alpha+1}$ 是由多项式组成的列向量。承诺方案的接收者 R 验证 $\|\boldsymbol{r}'\|\leqslant 2B=22\kappa(\alpha+1)\sqrt{n}$且如下式子成立

$$\boldsymbol{f}\begin{pmatrix}\boldsymbol{c}_0\\ \boldsymbol{c}_1\end{pmatrix}=\begin{pmatrix}\boldsymbol{b}_0^{\mathrm{T}}\\ \boldsymbol{b}_1^{\mathrm{T}}\end{pmatrix}\boldsymbol{r}'+\boldsymbol{f}\begin{pmatrix}\boldsymbol{0}\\ \boldsymbol{m}\end{pmatrix}=\begin{pmatrix}1 & b_{01} & b_{02} & \cdots & b_{0\alpha}\\ 0 & 1 & b_{12} & \cdots & b_{1\alpha}\end{pmatrix}\begin{pmatrix}r_0'\\ r_1'\\ \vdots\\ r_\alpha'\end{pmatrix}+\boldsymbol{f}\begin{pmatrix}\boldsymbol{0}\\ \boldsymbol{m}'\end{pmatrix}$$

其中：κ 是与安全参数呈多项式关系的量。

说明： BDLOP 承诺方案的打开实际上是松弛的打开（Relaxed Opening），需

要借助一个额外的多项式 $\boldsymbol{f}$ 进行验证，验证式与承诺时的计算式存在差别（当 $\boldsymbol{f}=\mathbf{1}$ 时验证式即为承诺时的计算式）。实际上，造成这种松弛打开的原因在于 BDLOP 承诺方案目前只具有松弛的零知识证明，用于证明证明者知道关于被承诺消息的知识，上述松弛打开中的参数 $\|\boldsymbol{r}'\|$ 的取值范围是由该松弛零知识证明的抽取性质确定的。具体地，关于被承诺消息的松弛打开零知识证明运行如下：

（1）证明者第一步：证明者从中心为 0、标准方差为 ξ 的离散高斯分布 $D_{0,\xi}$ 上随机选取多项式列向量 $\boldsymbol{y}\in R_q^{\alpha+1}$，即 $\boldsymbol{y}\leftarrow D_{0,\xi}^{n(\alpha+1)}$，计算多项式 $\boldsymbol{w}=\boldsymbol{b}_0^{\mathrm{T}}\cdot\boldsymbol{y}$ 并发送给验证者，其中的点乘是多项式矩阵乘法；

（2）验证者第一步：验证者从挑战空间 $\mathcal{C}$ 中选取随机的挑战多项式 $\boldsymbol{c}$ 发送给证明者。这里，为了保证零知识证明的知识抽取能够抽取出被承诺的消息，要求挑战空间满足集合 $\overline{\mathcal{C}}=(\mathcal{C}-\mathcal{C})\setminus\{0\}$ 中任意多项式均环 R_q 中可逆，其中 $(\mathcal{C}-\mathcal{C})$ 为 $\mathcal{C}$ 中元素做差后组成的集合。上面方案的构造中，条件“素数 q 满足条件 $q-1\equiv 2d \bmod (4d)$ 时且 $\frac{1}{\sqrt{d}}\cdot q^{1/d}\geqslant 1$” 能够保证环 R_q 上所有 ℓ_∞ 范数不超过 1 的多项式均是可逆的。此时，我们可以选用的挑战空间 $\mathcal{C}$ 为

$$\mathcal{C}=\{\boldsymbol{c}\in R_q:\|\boldsymbol{c}\|_\infty\leqslant 1,\|\boldsymbol{c}\|_1\leqslant\kappa\}。$$

（3）证明者第二步：证明者计算多项式列向量 $\boldsymbol{z}=\boldsymbol{y}+\boldsymbol{cr}$，并运行拒绝采样算法 $\mathrm{Rej}(\boldsymbol{z},\boldsymbol{cr},\xi)$ 以便决定是否发送 $\boldsymbol{z}$ 给验证者。当 $\mathrm{Rej}(\boldsymbol{z},\boldsymbol{cr},\xi)$ 输出 0 时，他发送 $\boldsymbol{z}$ 给验证者，否则直接输出终止符 $\perp$。其中，拒绝采样算法如下：

随机选取 $u\leftarrow[0,1)$，如果 $u>\frac{1}{3}\exp\left(\frac{-2\langle\boldsymbol{z},\boldsymbol{cr}\rangle+\|\boldsymbol{cr}\|^2}{2\xi^2}\right)$，则返回 0；否则，返回 1。

（4）验证者第二步：验证者验证 $\|\boldsymbol{z}\|\leqslant B$ 且 $\boldsymbol{b}_0^{\mathrm{T}}\cdot\boldsymbol{z}=\boldsymbol{w}+\boldsymbol{cc}_0$ 是否成立，若成立输出 1，否则输出 0。

第（1）步的参数 ξ 通常取为 $\xi=11\|\boldsymbol{cr}\|=11\kappa\sqrt{\alpha+1}$，由于 $\boldsymbol{z}$ 中每个多项式的系数的绝对值以较大概率不超过 $\sqrt{2}\xi$，于是 $\boldsymbol{z}$ 的 ℓ_2 范数上界为 $\xi\sqrt{2(\alpha+1)n}$。因此，取 $B=\xi\sqrt{2(\alpha+1)n}=11\kappa(\alpha+1)\sqrt{2n}$ 即可。在抽取证据时，可以从如下形式的两个能通过验证的消息副本 $(\boldsymbol{w},\boldsymbol{c},\boldsymbol{z})$ 和 $(\boldsymbol{w},\boldsymbol{c}',\boldsymbol{z}')$ 中得到如下式子

$$\boldsymbol{b}_0^{\mathrm{T}}\cdot\boldsymbol{z}=\boldsymbol{w}+\boldsymbol{cc}_0$$
$$\boldsymbol{b}_0^{\mathrm{T}}\cdot\boldsymbol{z}'=\boldsymbol{w}+\boldsymbol{c}'\boldsymbol{c}_0$$

从而 $\boldsymbol{b}_0^{\mathrm{T}}\cdot(\boldsymbol{z}-\boldsymbol{z}')=(\boldsymbol{c}-\boldsymbol{c}')\boldsymbol{c}_0$，于是被承诺消息为 $\boldsymbol{m}'=[(\boldsymbol{c}-\boldsymbol{c}')\boldsymbol{c}_1-\boldsymbol{b}_1^{\mathrm{T}}(\boldsymbol{z}-\boldsymbol{z}')](\boldsymbol{c}-\boldsymbol{c}')^{-1}$。可以看出，$\boldsymbol{r}'=\boldsymbol{z}-\boldsymbol{z}'$ 和 $\boldsymbol{f}=\boldsymbol{c}-\boldsymbol{c}'$ 即为上面打开阶段的多项式列向量 $\boldsymbol{r}'$ 和式项式 $\boldsymbol{f}$。从而，$\boldsymbol{r}'$ 满足 $\|\boldsymbol{r}'\|=\|(\boldsymbol{z}-\boldsymbol{z}')\|\leqslant 2B=22\kappa(\alpha+1)\sqrt{2n}$。

BDLOP 承诺方案具有计算隐藏性质，原因在于：对不同消息的承诺值是计算不可区分的，否则可以构造多项式时间算法打破 R-LWE 假设。该承诺方案的绑定性质是计算绑定性质，原因在于：若被承诺的比特值被打开成 $\boldsymbol{m}'\neq\boldsymbol{m}$，这意味着可以从 $\boldsymbol{c}_1=\boldsymbol{b}_1^{\mathrm{T}}\boldsymbol{r}+\boldsymbol{m}=\boldsymbol{b}_1^{\mathrm{T}}\boldsymbol{r}'+\boldsymbol{m}'$得出 $\boldsymbol{r}'\neq\boldsymbol{r}$，从而由 $\boldsymbol{c}_0=\boldsymbol{b}_0^{\mathrm{T}}\boldsymbol{r}=\boldsymbol{b}_0^{\mathrm{T}}\boldsymbol{r}'$能够求得 R-SIS 问题的解，与困难性假设矛盾。综上，BDLOP 承诺方案是计算隐藏和计算绑定的。

关于格密码的进一步了解，请参考相关的密码文献。

参考文献

[1] MICCIANCIO D, GOLDWASSER S. Complexity of Lattice Problems: a cryptographic perspective [M]. Boston: Kluwer Academic Publishers, 2002.

[2] GOLDREICH O. Foundations of cryptography: basic applications [M]. 北京：电子工业出版社，2003.

[3] GOLDREICH O. Computational complexity: a conceptual perspective [M]. 北京：人民邮电出版社，2010.

[4] ARORA S, BARAK B. computational complexity: a modern approach [M]. London: Cambridge University Press, 2009.

[5] PAPADIMITRION C H. Computational complexity [M]. 北京：清华大学出版社，2004.

[6] 堵丁柱，葛可一，王杰. 计算复杂性导论 [M]. 北京：高等教育出版社，2002.

[7] 吕克伟. 计算复杂性基础 [M]. 北京：国防工业出版社，2012.

[8] SU D, LV K W. A new hard-core predicate of paillier's trapdoor function [C]//Progress in Cryptology-I 2009, December 13-16, 2009, New Delhi. Springer Verlag, Heidelberg, 2009: 263-271.

[9] SU D, LV K W. Paillier's trapdoor function hides $\Theta(n)$ bits [J]. Science China Information Sciences, 2011, 54 (9): 1827-1836.

[10] ANGLUIN D, VALIANT L G. Fast probabilistic algorithms for hamiltonian circuits and Matchings [J]. Journal of Computer and System Sciences, 1979, 18 (2): 155-193.

[11] GAREY M, JOHNSON D S. Computers and intractability: a guide to the theory of NP-completeness [J]. J. Assoc. Comput. Mach., 1979, 23: 555-565.

[12] ROSENCRANTZ D J, STEARNS R E, LEWIS P M. An analysis of several heuristics for the travelling salesman problem [J]. SIAM J. Comp., 1977, 6: 563-581.

[13] CRISTOFIDES N. Worst case analysis of a new heuristic for the travelling salesman problem: technical report, graduate school of industrial administration [R]. Carnegie-Mellon University: Pittsburgh, 1976.

[14] BENDER E, WILF H S. A theoretical analysis of backtracking in the graph coloring problem [J]. Journal of Algorithms, 1985, 6: 275-282.

[15] PALMER E M., Graphical evolution, an introduction to the theory of randomgraphs [J]. SIAM Review, 1987, 29 (4): 651-652.

[16] AGRAWAL M, KAYAL N, SAXENA N. Primes is in P [J]. Annals of Mathematics, 2004, 160: 781-793.

[17] BLUM M, MICALI S. How to generate cryptographically strog sequences of pseudorandom bits [J]. SIAM J. Computing, 1984, 13 (4): 850-863.

[18] AKAVIA A, GOLDWASSER S, SAFRA S. Proving hard-core predicates using list decoding [C]//Proceedings of the 44th Annual IEEE Symposium on Foundations of Computer Science, October, 2003. IEEE Computer Society, Los Alamitos, 2003: 146-157.

[19] HÅSTAD J, SCHRIFT A W, SHAMIR A. The discrete logarithm modulo a composite hides bits [J]. Journal

of Computer and System Sciences, 1993, 47: 376-404.

[20] GOLDREICH O, LEYIN L. Hard-core predicate for any one-way function [C]//Proceedings of 21st ACM Symposium on the Theory of Computing, February 1989. Association for Computing Machinery, New York, NY, United States, 1989: 25-32.

[21] BONEH D, VENKATESAN R. Hardness of computing the most significant bits of secret keys in Diffie-Hellman and related schemes [C]//Koblitz N (ed) Advances in cryptology- CRYPTO'96, Santa Barbara, California, August 18 - 22, 1996. Lecture notes in computer science, vol 1109, pp. 129 - 142: Springer, Berlin 1996.

[22] CATALANO D, GENNARO R, HOWGRAVE-GRAHAM N. Paillier' s trapdoor function hides up to $O(n)$ bits [J]. Journal of Cryptology, 2002, 15 (4): 251-269.

[23] HÅSTAD J, NÄSLUND M. The security of individual RSA bits [C]//39th Annual Symposium on Foundations of Computer Science, FOCS '98, November 8-11, 1998. Palo Alto, California, USA. IEEE Computer Society, 1998: 510-521.

[24] ALEXI W, CHOR B, GOLDREICH O, et al. RSA and Rabin functions: Certain parts are as hard as the whole [J]. SIAM J. Computing, 17 (2): 194-209, 1988.

[25] AJTAI M, DWORK C. A public-key cryptosystem with worst-case/average-case equivalence [C]//Proceedings of 29th Annual ACM Symposium on Theory of Computing (STOC97), El Paso Texas, May 4-6, 1997. Association for Computing Machinery, New York, 1997: 284-293.

[26] AJTAI M. Generating hard instances of the short basis problem [C]//26th International Colloquium on Automata, Languages and Programming (ICALP 1999), Prague, Czech Republic, July 11-15, 1999. Springer Berlin Heidelberg, 1999: 1-9.

[27] AJTAI M. Generating hard instances of lattice problems [C]//Proceedings of 28th Annual ACM Symposium on Theory of Computing, Philadelphia Pennsylvania, May 22-24, 1996. Association for Computing Machinery, New York, 1996: 99-108.

[28] AJTAI M, KUMAR R, SIVAKUMAR D. A sieving algorithm for the shortest lattice vector problem [C]//Proceedings 33rd Annual ACM Symposium on Theory of Computing, Hersonissos Greece, July 2001. Association for Computing Machinery, New York, 2001: 601-610.

[29] BLÖMER J, SEIFERT J P. On the complexity of computing short linearly independent vectors and short bases in a lattice [C]//Proceedings of the 31st ACM Symposium on Theory of Computing, Atlanta Georgia, May 1-4, 1999. Association for Computing Machinery, New York, 1999: 711-720.

[30] MICCIANCIO D. Improving lattice based cryptosystems using the Hermite normal form [C]//Cryptography and Lattices Conference-CaLC 2001, March 29-30, 2001, Providence, Rhode Island. Lecture Notes in Computer Science 2146. Springer-Verlag, Berlin Heidelberg, 2001: 126-145.

[31] REGEV O. On lattices, learning with errors, random linear codes, and cryptography [C]//Proceedings of the Thirty-seventh Annual ACM Symposium on Theory of Computing. Baltimore MD USA, May 22-24, 2005. Association for Computing Machinery, New York, 2005: 84-93.

[32] REGEV O, ROSEN R. Lattice problems and norm embeddings [C]//Proceedings of thethirty-eighth annual ACM Symposium on Theory of Computing. Seattle WA, May 21-23, 2006. Association for Computing Machinery, New York, 2006: 447-456.